用微课学

Web 前端开发基础

主编 韩少云 王春梅

高等教育出版社·北京

内容简介

本书是高等教育出版社与达内时代科技集团（以下简称达内集团）联合出品的程序类新形态一体化教材，由达内集团诸多开发经验及授课经验丰富的一线讲师编写。本书以信息技术（IT）互联网企业实际用人的要求为导向，总结近几年国家应用型本科及示范性高职院校 Web 前端技术专业教学改革经验及达内集团在 IT 培训行业十多年的经验编写而成。

本书以培养读者能够完成符合互联网行业需求的效果炫酷的 Web 前端页面为学习目标，注重实际开发技术的应用。全书共 14 章，前 7 章为 HTML 相关知识的讲解，包括 Web 基础知识、HTML 快速入门、网页中的文本、使用列表、超链接和图像、表格、表单；后 7 章为 CSS 的相关知识讲解，包括 CSS 基础、文本格式化、CSS 背景、尺寸与框模型、列表样式、表格样式、定位与显示。每章都由本章重点、基础知识、案例演示、本章小结等模块组成，并辅以实例演示，提供案例源代码。

本书配套有微课视频、授课用 PPT、课程标准、章节设计、素材图片和案例源代码等数字化教学资源。与本书配套的数字课程已在"智慧职教"（www.icve.com.cn）网站上线，学习者可登录网站进行学习及资源获取，详见"智慧职教服务指南"，也可发邮件至编辑邮箱 **1548103297@qq.com** 获取相关资源。

本书可作为应用型本科院校和高等职业院校互联网应用技术专业的课程教材，也可作为互联网开发者的学习和参考用书。

图书在版编目（CIP）数据

Web 前端开发基础 / 韩少云，王春梅主编 . --北京：高等教育出版社，2019.11

ISBN 978-7-04-051901-3

Ⅰ.①W… Ⅱ.①韩… ②王… Ⅲ.①网页制作工具-高等职业教育-教材 Ⅳ.①TP393.092.2

中国版本图书馆 CIP 数据核字（2019）第 081041 号

策划编辑	马万里	责任编辑	刘子峰	封面设计	张志奇	版式设计	于 婕
插图绘制	于 博	责任校对	张 薇	责任印制	毛斯璐		

出版发行	高等教育出版社	网 址	http://www.hep.edu.cn
社 址	北京市西城区德外大街 4 号		http://www.hep.com.cn
邮政编码	100120	网上订购	http://www.hepmall.com.cn
印 刷	高教社（天津）印务有限公司		http://www.hepmall.com
开 本	787 mm×1092 mm 1/16		http://www.hepmall.cn
印 张	18		
字 数	400 千字	版 次	2019 年 11 月第 1 版
购书热线	010-58581118	印 次	2019 年 11 月第 1 次印刷
咨询电话	400-810-0598	定 价	48.00 元

本书如有缺页、倒页、脱页等质量问题，请到所购图书销售部门联系调换
版权所有 侵权必究
物 料 号 51901-00

智慧职教服务指南

基于"智慧职教"开发和应用的新形态一体化教材，素材丰富、资源立体，教师在备课中不断创造，学生在学习中享受过程，新旧媒体的融合生动演绎了教学内容，线上线下的平台支撑创新了教学方法，可完美打造优化教学流程、提高教学效果的"智慧课堂"。

"智慧职教"是由高等教育出版社建设和运营的职业教育数字教学资源共建共享平台和在线教学服务平台，包括职业教育数字化学习中心（www.icve.com.cn）、职教云 2.0（zjy2.icve.com.cn）和云课堂（APP）三个组件。其中：

● 职业教育数字化学习中心为学习者提供了包括"职业教育专业教学资源库"项目建设成果在内的大规模在线开放课程的展示学习。

● 职教云实现学习中心资源的共享，可构建适合学校和班级的小规模专属在线课程（SPOC）教学平台。

● 云课堂是对职教云的教学应用，可开展混合式教学，是以课堂互动性、参与感为重点贯穿课前、课中、课后的移动学习 APP 工具。

"智慧课堂"具体实现路径如下：

1. 基本教学资源的便捷获取

职业教育数字化学习中心为教师提供了丰富的数字化课程教学资源，包括与本书配套的电子课件（PPT）、微课、教学设计、课程标准、习题答案等。未在 www.icve.com.cn 网站注册的用户，请先注册。用户登录后，在首页或"课程"频道搜索本书对应课程"Web 前端开发"，即可进入课程进行在线学习或资源下载。

2. 个性化 SPOC 的重构

教师若想开通职教云 SPOC 空间，可将院校名称、姓名、院系、手机号码、课程信息、书号等发至 1548103297@qq.com，审核通过后，即可开通专属云空间。教师可根据本校的教学需求，通过示范课程调用及个性化改造，快捷构建自己的 SPOC，也可灵活调用资源库资源和自有资源新建课程。

3. 云课堂 APP 的移动应用

云课堂 APP 无缝对接职教云，是"互联网+"时代的课堂互动教学工具，支持无线投屏、手势签到、随堂测验、课堂提问、讨论答疑、头脑风暴、电子白板、课业分享等，帮助激活课堂，教学相长。

前　言

  大多数读者学习 HTML 和 CSS 与学习其他计算机语言一样，都是从大量的例子开始，这样可以提高学习兴趣，并降低学习难度。但是，研究并模仿别人的例子只是学习的开始，并不能作为学习的全部。因为只通过例子来学习，不能彻底、全面地掌握相关的技术要点。要想做到真正掌握并熟练应用，则需要通过语言参考书全面、系统、详细地学习语法、语义以及各种细节，并学会区分好的和不好的做法。请记住，学习本课程的目的不仅仅是编写页面，而是设计并创建出用户需要的页面。

  作为开发 Web 页面的程序员，为了创建有效并吸引人的 Web 页面，需要学习更多技术，主要包括：

  ➢ (X)HTML(5)：用于创建页面的结构，如页面标题、段落排列以及页面之间的链接。

  ➢ CSS：用于控制文档的外观，如文本的字体、大小、颜色和背景色等。使用 CSS 控制文档的外观，可以实现文档数据和表现的真正分离。

  ➢ JavaScript：脚本语言，可以为页面添加交互性，并为页面添加客户端的动态效果。

  本书的目的是让读者熟练掌握 Web 前端技术，并精通其语法、语义和应用。本书深入浅出，从基本的语法和语义入手，先详细地介绍每个知识点及其特征，再辅以丰富的实例演示，以便读者更好地了解各知识点的实际应用。

  本书由韩少云、王春梅主编。本书可以作为 Web 前端初学者的入门教程，同时本书也讲解了许多 Web 前端开发中需要注意的问题，并介绍了很多具体的解决方案和技巧，因此也适用于已经从事 Web 前端开发工作，希望更进一步理解 Web 前端编程语言以便创建更优秀前端页面的读者。

编　者

2019 年 7 月

目 录

第 1 章 Web 基础知识 ... 001

1.1 Web 与 Internet ... 002
- 1.1.1 Internet 简介 ... 002
- 1.1.2 Web 简介 ... 002
- 1.1.3 Web 与 Internet 的关系 ... 002

1.2 Web 的工作原理 ... 003
- 1.2.1 Web 的运行方式 ... 003
- 1.2.2 HTTP ... 004
- 1.2.3 Web 的编写语言 ... 004
- 1.2.4 Web 浏览器 ... 004
- 1.2.5 Web 服务器 ... 005

1.3 Web 相关技术 ... 005
- 1.3.1 动态 Web 与静态 Web ... 005
- 1.3.2 动态 Web 的客户端技术 ... 005
- 1.3.3 动态 Web 的服务器端技术 ... 006

1.4 HTML、XHTML 和 HTML5 ... 006
- 1.4.1 HTML 的标准之路 ... 006
- 1.4.2 HTML 和 CSS ... 007
- 1.4.3 HTML 和 XHTML ... 008
- 1.4.4 HTML5 ... 008

1.5 本章小结 ... 009

第 2 章 HTML 快速入门 ... 010

2.1 基础语法 ... 011
- 2.1.1 标记语法 ... 011

- 2.1.2 元素 ········· 012
- 2.1.3 块级与内联元素 ········· 012
- 2.1.4 元素嵌套 ········· 013
- 2.1.5 属性和值 ········· 013
- 2.1.6 HTML 文件的命名 ········· 013
- 2.1.7 HTML 与 XHTML 的规范区别 ········· 014
- 2.2 标准属性 ········· 015
  - 2.2.1 核心属性 ········· 015
  - 2.2.2 语言属性 ········· 015
  - 2.2.3 键盘属性 ········· 016
  - 2.2.4 UI 事件属性 ········· 016
- 2.3 文档结构 ········· 016
- 2.4 版本信息 ········· 017
  - 2.4.1 严格型 ········· 017
  - 2.4.2 过渡型 ········· 017
  - 2.4.3 框架型 ········· 017
  - 2.4.4 HTML5 版本 ········· 017
- 2.5 <html>元素 ········· 018
- 2.6 文档头部内容 ········· 019
  - 2.6.1 创建页面标题 ········· 019
  - 2.6.2 声明编码 ········· 019
  - 2.6.3 设置页面关键字 ········· 020
- 2.7 <body>元素 ········· 020
- 2.8 案例：第一个(X)HTML 文档 ········· 021
  - 2.8.1 案例描述 ········· 021
  - 2.8.2 案例分析 ········· 021
  - 2.8.3 案例实现 ········· 021
- 2.9 本章小结 ········· 021

第 3 章 网页中的文本 ········· 022

- 3.1 显示文本 ········· 023
  - 3.1.1 空格和流 ········· 023
  - 3.1.2 注释 ········· 023
  - 3.1.3 特殊字符 ········· 024
- 3.2 段落 ········· 025
  - 3.2.1 使用<p>元素创建段落 ········· 025
  - 3.2.2 使用
元素换行 ········· 025

3.2.3　使用<hn>元素创建分级标题 ·· 026
　　3.2.4　使用<pre>元素实现文本的预格式化 ································· 026
3.3　文本表现元素 ·· 027
　　3.3.1　简单修饰元素<b>、<i>和<u> ·· 027
　　3.3.2　删除线元素<s>和<strike> ··· 027
　　3.3.3　文字上下标元素<sup>和<sub> ··· 028
　　3.3.4　水平线元素<hr> ··· 029
3.4　块级元素和内联元素 ·· 030
　　3.4.1　理解块级元素和内联元素 ··· 030
　　3.4.2　分组元素<div> ·· 030
　　3.4.3　分组元素<span> ·· 031
3.5　案例：使用网页中的文本 ·· 032
　　3.5.1　案例描述 ·· 032
　　3.5.2　案例分析 ·· 032
　　3.5.3　案例实现 ·· 033
3.6　本章小结 ·· 033

第 4 章　使用列表 ·· 034

4.1　无序列表 ·· 035
　　4.1.1　创建无序列表 ·· 035
　　4.1.2　选择标志 ·· 035
　　4.1.3　列表的嵌套 ·· 036
4.2　有序列表 ·· 036
　　4.2.1　创建有序列表 ·· 036
　　4.2.2　选择标志 ·· 037
　　4.2.3　改变起始值和编号 ·· 038
　　4.2.4　列表的嵌套 ·· 038
4.3　定义列表 ·· 039
4.4　案例：使用列表 ·· 039
　　4.4.1　案例描述 ·· 039
　　4.4.2　案例分析 ·· 040
　　4.4.3　案例实现 ·· 040
4.5　本章小结 ·· 041

第 5 章　超链接和图像 ·· 042

5.1　超链接的路径 ·· 043
　　5.1.1　目录和目录结构 ·· 043

5.1.2 URL 的组成 ··· 043
5.1.3 相对 URL 和绝对 URL ··················· 044
5.1.4 <base> 元素 ······································ 045
5.2 添加超链接 ·· 046
5.2.1 使用 <a> 元素 ································· 046
5.2.2 链接到文档 ······································ 046
5.2.3 链接到 E-mail 地址 ······················· 047
5.2.4 链接到锚点 ······································ 047
5.2.5 在特定的窗口打开 ·························· 048
5.2.6 设置默认的显示窗口 ······················ 049
5.2.7 创建其他类型的链接 ······················ 049
5.3 图像概述 ·· 050
5.3.1 图像格式 ·· 050
5.3.2 大小和分辨率 ·································· 050
5.4 添加图像 ·· 051
5.4.1 <img> 元素 ······································ 051
5.4.2 使用 alt 属性 ··································· 052
5.4.3 设置图像的大小 ······························ 052
5.5 使用图像作为链接 ······································ 053
5.6 <object> 元素 ·· 054
5.6.1 <object> 元素的基本用法 ··············· 054
5.6.2 使用 <object> 元素添加其他对象 ··· 055
5.6.3 <param> 元素 ·································· 057
5.7 案例：使用超链接和图像 ·························· 058
5.7.1 案例描述 ·· 058
5.7.2 案例分析 ·· 059
5.7.3 案例实现 ·· 060
5.8 本章小结 ·· 060

第 6 章 表格 ·· 062

6.1 表格概述 ·· 063
6.2 创建表格 ·· 063
6.2.1 表格的基本结构 ······························ 063
6.2.2 <table>元素 ····································· 064
6.2.3 <tr> 元素 ·· 067
6.2.4 <td> 和 <th> 元素 ··························· 069
6.3 表格的高级应用 ·· 070

- 6.3.1 为表格添加标题 ... 070
- 6.3.2 使用行分组 ... 071
- 6.3.3 使用 \<colgroup\> 元素创建列分组 ... 072
- 6.3.4 创建不规则表格 ... 074
- 6.3.5 表格嵌套 ... 076

6.4 案例：使用表格 ... 077
- 6.4.1 案例描述 ... 077
- 6.4.2 案例分析 ... 078
- 6.4.3 案例实现 ... 078

6.5 本章小结 ... 080

第7章 表单 ... 081

7.1 表单概述 ... 082
- 7.1.1 什么是表单 ... 082
- 7.1.2 使用 \<form\> 元素创建表单 ... 083
- 7.1.3 向服务器发送表单数据 ... 084
- 7.1.4 表单控件 ... 085

7.2 \<input\> 元素 ... 085
- 7.2.1 单行文本框 ... 085
- 7.2.2 密码框 ... 087
- 7.2.3 复选框 ... 087
- 7.2.4 单选按钮 ... 089
- 7.2.5 标准按钮 ... 090
- 7.2.6 图像按钮 ... 091
- 7.2.7 提交按钮 ... 091
- 7.2.8 重置按钮 ... 092
- 7.2.9 隐藏域 ... 093
- 7.2.10 文件域 ... 094

7.3 选项框 ... 095
- 7.3.1 \<select\> 元素 ... 095
- 7.3.2 \<option\> 元素 ... 097
- 7.3.3 选项分组 ... 097

7.4 其他元素 ... 098
- 7.4.1 \<button\> 元素 ... 098
- 7.4.2 \<textarea\> 元素 ... 099
- 7.4.3 使用 \<label\> 元素创建标签 ... 100
- 7.4.4 为表单控件分组 ... 101

7.5 案例：使用表单 ………………………………………………………………… 102
　　7.5.1 案例描述 …………………………………………………………………… 102
　　7.5.2 案例分析 …………………………………………………………………… 103
　　7.5.3 案例实现 …………………………………………………………………… 103
7.6 本章小结 ………………………………………………………………………… 105

第 8 章　CSS 基础 …………………………………………………………………… 106

8.1 CSS 概述 ………………………………………………………………………… 107
　　8.1.1 CSS 示例 …………………………………………………………………… 107
　　8.1.2 CSS 简介 …………………………………………………………………… 109
　　8.1.3 CSS 基础语法 ……………………………………………………………… 109
　　8.1.4 样式表中的错误 …………………………………………………………… 110
　　8.1.5 在样式规则中添加注释 …………………………………………………… 111
8.2 使用 CSS ………………………………………………………………………… 111
　　8.2.1 内联样式表 ………………………………………………………………… 111
　　8.2.2 内部样式表 ………………………………………………………………… 112
　　8.2.3 外部样式表 ………………………………………………………………… 113
　　8.2.4 外部样式表的优点 ………………………………………………………… 115
8.3 层叠 ……………………………………………………………………………… 115
　　8.3.1 继承性 ……………………………………………………………………… 115
　　8.3.2 层叠性 ……………………………………………………………………… 116
　　8.3.3 层叠次序 …………………………………………………………………… 117
8.4 定义选择器 ……………………………………………………………………… 119
　　8.4.1 通用选择器 ………………………………………………………………… 119
　　8.4.2 元素/类型选择器 …………………………………………………………… 119
　　8.4.3 类选择器 …………………………………………………………………… 120
　　8.4.4 多类选择器 ………………………………………………………………… 120
　　8.4.5 分类 ………………………………………………………………………… 122
　　8.4.6 选择器分组 ………………………………………………………………… 123
　　8.4.7 id 选择器 …………………………………………………………………… 124
　　8.4.8 后代选择器 ………………………………………………………………… 125
　　8.4.9 子元素选择器 ……………………………………………………………… 127
　　8.4.10 兄弟选择器 ………………………………………………………………… 128
　　8.4.11 伪类 ………………………………………………………………………… 130
8.5 案例：使用样式表 ……………………………………………………………… 134
　　8.5.1 案例描述 …………………………………………………………………… 134
　　8.5.2 案例分析 …………………………………………………………………… 135

8.5.3　案例实现 ··· 135

8.6　本章小结 ·· 137

第 9 章　文本格式化 ·· 138

9.1　控制字体 ·· 139

9.1.1　字体与字体系列 ··· 139

9.1.2　CSS 通用字体系列 ·· 140

9.1.3　指定字体（font-family） ·· 141

9.1.4　CSS 长度单位 ··· 142

9.1.5　设置字的大小（font-size） ··· 143

9.1.6　设置字体样式（font-style） ·· 147

9.1.7　字体加粗（font-weight） ··· 148

9.1.8　小型大写字母显示文本（font-variant） ···························· 149

9.1.9　组合设置（font） ··· 150

9.2　控制文本格式 ··· 151

9.2.1　文本颜色（color） ··· 151

9.2.2　文本排列（text-align） ··· 151

9.2.3　文本缩进（text-indent） ··· 153

9.2.4　行高（line-height） ··· 154

9.2.5　文本阴影（text-shadow） ·· 156

9.2.6　文本修饰（text-decoration） ·· 156

9.2.7　字符大小写转换（text-transform） ································· 157

9.3　案例：文本格式化 ··· 158

9.3.1　案例描述 ··· 158

9.3.2　案例分析 ··· 159

9.3.3　案例实现 ··· 159

9.4　本章小结 ·· 161

第 10 章　CSS 背景 ··· 162

10.1　背景色 ··· 163

10.2　背景图像 ··· 164

10.2.1　背景图片（background-image） ·································· 164

10.2.2　背景重复（background-repeat） ·································· 165

10.2.3　背景定位（background-position） ······························· 167

10.2.4　背景图片的固定（background-attachment） ··················· 170

10.2.5　背景图片的尺寸（background-size） ···························· 170

10.3　组合设置 ··· 171

目录

- 10.4 案例：使用 CSS 背景 ························ 172
  - 10.4.1 案例描述 ························ 172
  - 10.4.2 案例分析 ························ 172
  - 10.4.3 案例实现 ························ 173
- 10.5 本章小结 ························ 174

第11章 尺寸与框模型 ························ 176

- 11.1 尺寸 ························ 177
  - 11.1.1 高度和宽度 ························ 177
  - 11.1.2 max-width 和 min-width 属性 ························ 178
  - 11.1.3 max-height 和 min-height 属性 ························ 179
  - 11.1.4 overflow 属性 ························ 179
- 11.2 框模型概述 ························ 181
  - 11.2.1 框模型简介 ························ 181
  - 11.2.2 框模型示例 ························ 182
  - 11.2.3 auto 值 ························ 183
- 11.3 边框 ························ 184
  - 11.3.1 边框样式（border-style）························ 184
  - 11.3.2 边框宽度（border-width）························ 187
  - 11.3.3 边框颜色（border-color）························ 189
  - 11.3.4 组合设置（border）························ 190
  - 11.3.5 边框与背景 ························ 191
  - 11.3.6 边框倒角 ························ 191
  - 11.3.7 边框阴影 ························ 192
- 11.4 边距 ························ 192
  - 11.4.1 内边距（padding）························ 193
  - 11.4.2 外边距（margin）························ 195
  - 11.4.3 外边距合并 ························ 198
- 11.5 轮廓 ························ 202
  - 11.5.1 轮廓样式（outline-style）························ 202
  - 11.5.2 轮廓宽度（outline-width）························ 203
  - 11.5.3 轮廓颜色（outline-color）························ 204
  - 11.5.4 组合设置 ························ 204
- 11.6 案例：CSS 尺寸与框 ························ 204
  - 11.6.1 案例描述 ························ 204
  - 11.6.2 案例分析 ························ 205
  - 11.6.3 案例实现 ························ 205

11.7 本章小结 ... 207

第12章 列表样式 ... 208

12.1 列表 ... 209
12.2 列表项标志（list-style-type） ... 209
    12.2.1 无序列表项标志 ... 209
    12.2.2 有序列表项标志 ... 210
12.3 列表项位置（list-style-position） ... 211
12.4 列表项图像（list-style-image） ... 213
12.5 组合设置 ... 213
12.6 marker-offset 属性 ... 214
12.7 案例：CSS 列表属性 ... 214
    12.7.1 案例描述 ... 214
    12.7.2 案例分析 ... 215
    12.7.3 案例实现 ... 215
12.8 本章小结 ... 216

第13章 表格样式 ... 217

13.1 CSS 表格属性 ... 218
    13.1.1 垂直方向对齐（vertical-align） ... 218
    13.1.2 使用其他 CSS 样式属性 ... 219
    13.1.3 表格特有的属性 ... 221
13.2 边框合并（border-collapse） ... 222
13.3 边框间距（border-spacing） ... 223
13.4 空单元格设置（empty-cells） ... 225
13.5 标题位置（caption-side） ... 226
13.6 显示规则（table-layout） ... 226
13.7 案例：CSS 表格属性 ... 227
    13.7.1 案例描述 ... 227
    13.7.2 案例分析 ... 228
    13.7.3 案例实现 ... 228
13.8 本章小结 ... 232

第14章 定位与显示 ... 233

14.1 定位概述 ... 234
    14.1.1 定位机制 ... 234
    14.1.2 普通流定位 ... 234
    14.1.3 position 属性 ... 236

14.1.4　偏移属性 …………………………………………………………… 236
14.2　几种常用的定位 ……………………………………………………………… 237
　　14.2.1　相对定位 …………………………………………………………… 237
　　14.2.2　绝对定位 …………………………………………………………… 240
　　14.2.3　固定定位 …………………………………………………………… 243
　　14.2.4　堆叠顺序 …………………………………………………………… 244
　　14.2.5　垂直对齐 …………………………………………………………… 246
14.3　浮动定位 ……………………………………………………………………… 249
　　14.3.1　浮动概述 …………………………………………………………… 249
　　14.3.2　浮动属性（float）…………………………………………………… 250
　　14.3.3　行框和清理 ………………………………………………………… 254
　　14.3.4　清除浮动（clear）…………………………………………………… 254
14.4　显示 …………………………………………………………………………… 257
　　14.4.1　显示方式（display）………………………………………………… 257
　　14.4.2　是否可见（visibility）……………………………………………… 260
　　14.4.3　处理溢出（overflow）……………………………………………… 262
　　14.4.4　图像裁剪（clip）…………………………………………………… 263
　　14.4.5　光标（cursor）……………………………………………………… 265
　　14.4.6　透明度（opacity）…………………………………………………… 266
14.5　案例：CSS 定位与显示 ……………………………………………………… 266
　　14.5.1　案例描述 …………………………………………………………… 266
　　14.5.2　案例分析 …………………………………………………………… 268
　　14.5.3　案例实现 …………………………………………………………… 268
14.6　本章小结 ……………………………………………………………………… 271

第1章 Web基础知识

本章重点

本章介绍 Web 前端开发技术的入门知识，着重让读者了解 Web 的工作原理，理解 Web 应用，熟悉 Web 开发的相关技术，对于 Web 开发建立初步的概念。

本章首先介绍 Internet 的一些基础知识以及 Internet 上几种主要的应用，并着重介绍 Web 这种目前在 Internet 上最为广泛的应用；然后介绍 Web 的运行原理、结构组成、通信协议、编写语言以及运行方式；最后立足于 Web 静态页面编写语言中的 HTML，介绍此语言的发展之路、语言特点以及具体应用，为后续学习打下坚实的基础。

本章资源

1. 文本　第 1 章　章节设计
2. 图片　第 1 章　示例图片
3. PPT　第 1 章　Web 基础知识
4. 微课视频 001　Web 前端基础知识概述
5. 微课视频 002　Web 与 Internet
6. 微课视频 003　Web 的工作原理
7. 微课视频 004　Web 相关技术
8. 微课视频 005　HTML、XHTML 和 HTML5

微课视频 001
Web 前端基础
知识概述

1.1　Web 与 Internet

提到 Internet（因特网），大家都非常熟悉，都知道网络可以连通世界。那么，网络究竟是什么呢？

中国计算机学会编著的《英汉计算机词汇》，将 Internet 正式译为"因特网"：一种国际互联网。简单来说，因特网是相互连接的计算机的集合。单台计算机只能实现个人信息数据的管理计算，而因特网可以将成千上万的计算机设备连接起来，进行实时连接与信息资源共享。所以，从技术角度可以认为，Internet 就是一个相互衔接的信息网，是由那些使用公用语言相互通信的计算机连接而成的全球网络。因此，也有人将其称为全球最大的信息超市。

1.1.1　Internet 简介

Internet 是冷战时期的产物，其原意为互联的网络。所有接入 Internet 的局域网、城域网或个人计算机中，所使用的操作系统和软件不尽相同。那么，如何将它们有机地组织在一起，以实现资源共享和相互通信呢？这就需要一个网络协议。Internet 的网络协议就是 TCP/IP 。TCP/IP 实际上是 Internet 所使用的一组协议集的统称，TCP 和 IP 是其中最基本，也是最重要的两个协议。TCP/IP 使用的是分组交换技术，其原理是将信息分为若干不超过规定大小的信息包来进行传送。

Internet 提供的主要的常用服务有 Mail、WWW、FTP、Telnet 等。

1.1.2　Web 简介

Web 的全称为 World Wide Web，简称 WWW，也叫 3W、W3，中文译为万维网、全球信息网或全球资讯网。它是 Internet 上最普遍的一种应用，用户通过它，可以得到文本、图像、声音、动画和虚拟现实的多媒体信息服务。

Web 的服务特点在于高度的集成性，它能把各种类型的信息（如文字、图片、声音和视频等）和服务（如 News、FTP、Telnet、Gopher、Mail 等）无缝连接，提供生动的图形用户界面。而这些图形用户界面可以被称之为文档，所以万维网其实就是无数文档的集合，这些文档驻留在因特网的某个地方。为了让所有的用户都可以无缝地共享这些文档，必须有特定的文档编写方式以及传输方式，以实现资源共享和相互通信。Web 采用 HTML 作为文档的编写语言，使用 HTTP 进行数据通信。

1.1.3　Web 与 Internet 的关系

通过前面的描述可知，Internet 和万维网（Web）并不是一回事，Web 只是 Internet 上的一种服务而已，只不过由于万维网作为在 Internet 上最受欢迎的服务，几乎成为了 Internet 的代名词。

随着技术的不断进步和发展，Internet 上的服务也在不断变化，而万维网本身也在服务方式上发生了巨大的改变。现在不仅可通过台式计算机或笔记本电脑访问 Web，而且可通过手机等移动设备访问 Web，等待着和 Web 连接的还有其他智能设备。总之，人们的目标是能够更加方便、直观、多感官地利用 Internet 交流信息。

1.2 Web 的工作原理

Web 是基于 Internet 的一个多媒体信息服务系统，它基于 B/S（Browser/Server，浏览器/服务器）模式，整个系统由 Web 服务器、浏览器和通信协议 3 部分组成。Web 服务器上存储文档文件，而浏览器通过特定的通信协议（HTTP）与服务器实现交互，从而实现浏览文档的目的。

1.2.1 Web 的运行方式

微课视频 003
Web 的工作原理

Web 由遍布在 Internet 上的无数台被称为 Web 服务器的计算机组成。一个服务除了提供自身的独特信息服务外，还"指引"存放在其他服务器上的信息。那些被指引的服务器又指引着更多的服务器。各服务器之间通过"链接"操作来完成相互访问。通常，这些链接在网页中是带有下画线的、具有不同色彩和亮度的词、词组或者图形等标记；当鼠标移到带有链接的部分时，鼠标的光标通常变成一只小手的形状。此时，单击鼠标，计算机会根据链接站点的内容作出相应的反应，如跳转到 Internet 上的另一个站点，或 Web 上的一个新的网页。链接将各个 Web 站点像链子一样连起来，用户可根据需要顺藤摸瓜地寻找到所需信息。

用 HTML 编写的文档往往被称为超文本文档，所以 Web 就是一个超文本文件的集合。超文本文件是 Web 的基本组成单元，也称为网页或 HTML 文档、Web 页等，通常是以 .html 或 .htm 为扩展名的文件，Web 页之间通过超文本中的超链接组织在一起。

Web 中的信息（以超文本的形式）是通过一问一答的方式进行交互的，即网络浏览器作为客户端提出访问某个网页的请求，Web 服务器作为服务端作出应答并把这个网页发送给浏览器，如图 1-1 所示。

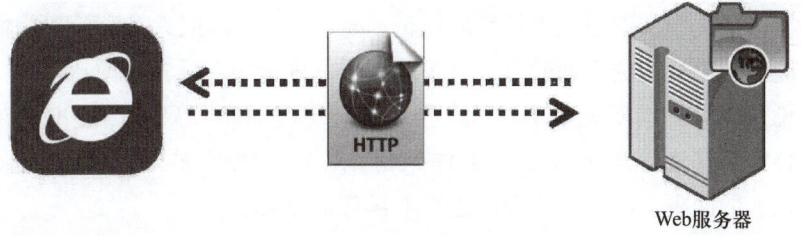

图 1-1

从一次单击（click）到浏览器获得一张网页的过程如下：
（1）浏览器用 URL 查询 DNS，DNS 返回 IP 地址。
（2）浏览器用这个 IP 地址建立与服务器的连接。

(3)浏览器通过该连接向服务器发送一个 HTTP 请求。

(4)基于该请求的内容,服务器找到相应的文件,并根据文件的扩展名形成一个 MIME 类型的 HTTP 回答消息,再发送给浏览器,关闭本次连接。

(5)根据消息头,浏览器按某种方式显示该文件内容或者执行其他命令。

1.2.2 HTTP

HTTP(Hypertext Transfer Protocol,超文本传输协议)是客户端浏览器或其他程序与 Web 服务器之间的应用层通信协议。

当想浏览一个网站的时候,只要在浏览器的地址栏里输入网站的地址,如 http://www.microsoft.com/intl/cn/index.html 就可以了。这个地址称为 URL(Uniform Resource Locator,统一资源定位符)。一个 URL 中必须包含通信协议的类别,如 "http://"。协议的作用是告诉浏览器信息在哪里和如何与信息的拥有者交互,即指明请求的服务类,表示文件的运行是遵循超文本传输协议的。

在浏览器的地址框中输入一个 URL 或是单击一个超链接时,URL 就确定了要浏览的地址。浏览器通过 HTTP 将 Web 服务器上站点的网页代码提取出来,并翻译成对应的网页页面。

1.2.3 Web 的编写语言

HTML(Hypertext Markup Language,超文本标记语言)是编写 Web 页的语言。它是一个扩展性很强的语言,可以嵌套用脚本语言(如 VBScript、JavaScript 等)编写的程序段。

HTML 是一种规范,一种标准。因为网页文件本身是一种文本文件,通过在文本文件中添加标记符,以告诉浏览器如何显示其中的内容(如文档的结构、文字的位置、画面的安排、图片的显示等)。浏览器得到网页文件后,则按顺序阅读网页文件,并一一解释那些标记中的内容,从而展现丰富的页面。例如:

```
<img src="happy.jpg" width="300" />
```

这就是一段纯文本,但是包含特殊的标记<img>,这个标记只有交给专门的浏览器软件解释,才能显示出特定的页面效果(会显示一个宽度为 300 像素的图片)。

由此可见,网页的本质就是 HTML。但是仅仅使用 HTML 只能创造出比较普通的页面,通过结合使用其他的 Web 技术(如 CSS、脚本语言、服务器端技术、组件等),可以创造出功能强大的网页。因而,HTML 是 Web 编程的基础。

1.2.4 Web 浏览器

因为 Web 文档是包含特定标记的文本,所以需要特定的软件来翻译解释这些标记,以显示为页面。这种特定的 Web 客户软件,通常被称为浏览器。它主要用于连接 Web 服务器、解释执行由 HTML 编写的文档,并将执行结果显示在用户的屏幕上。

目前比较常见的 Web 浏览器产品有 Firefox、IE、Chrome、Safari 等。

需要注意的是，对于不同的浏览器，对同一标记符可能会有不完全相同的解释，因而可能会有不同的显示效果。

1.2.5　Web 服务器

Web 服务器的主要功能是提供网上信息浏览服务，是一种执行服务程序的软件或软件集合。Web 页通常以文件的方式按照一定的目录结构存放在 Web 服务器所在的计算机中，Web 服务器要指定存放这些文件的根目录为网站的主目录。

1.3　Web 相关技术

Web 相关的技术有很多，有开发页面的 HTML，有实现样式的 CSS，有添加客户端功能的脚本语言，还有各种服务器端技术。

1.3.1　动态 Web 与静态 Web

传统的 Web 被认为是"静态"的，因为用户浏览的页面在设计时已完全决定，用户是被动的。另外，传统 Web 没有提供一种用户提交信息的机制。

微课视频 004
Web 相关技术

动态 Web 是一些技术的总称，最初用来代表那些能够接收用户鼠标或键盘消息和使用的环境信息，让浏览器根据这些信息动态决定页面的显示方式，从而产生动态效果。最初，实现这些动态效果的主要技术是客户端脚本语言（如 JavaScript、VBScript 等）和可下载的组件技术（如 Active 控件、Applet 小程序等）。随着 Web 的普及，人们不满足于 Web 仅仅作为展示工具，还希望利用 Web 来完成某些业务。这样，动态 Web 就出现了能执行服务器端程序以及和数据库交互的技术，它们通常是运行在服务器端的软件的集合，如 CGI、ASP、PHP、JSP 等。

所以动态 Web 通常分为两种：
- 能够动态地安排 Web 页面元素的显示方式；
- 具有动态交互性的 Web 页面。

能够动态地安排 Web 页面元素的显示方式，通常使用客户端技术实现；而实现页面的动态交互性，则需要结合服务器端技术实现。

1.3.2　动态 Web 的客户端技术

动态 Web 的客户端技术，常用于实现页面的一些不需要和服务器发生交互的动态效果。例如：自动控制包含在网页中的 HTML 元素，以实现一些动态效果（例如让文字走动）；响应用户鼠标和键盘消息；根据用户的软硬件环境决定页面的显示等。

实现这些动态效果的常用技术有脚本语言和可下载组件。它们运行于客户端，由浏览器来解释运行，脚本语言中比较通用的是 JavaScript。要想开发出生动的网页，必须学习 JavaScript。

可下载组件是指在服务器端经过编译或者半编译，然后下载到客户端执行（客户端往往需要安装必需的执行组件），以实现一些特殊效果，如动画、多媒体播放等。

1.3.3 动态 Web 的服务器端技术

服务器端技术提供了一种服务器端程序的运行环境，可以和数据库进行交互。如果浏览的一个网页要求用户进行注册，则该网页往往就采用了这些技术。要提醒注意的是，与前面介绍的客户端脚本（运行在客户端）有所区别，这些程序运行在服务器端。

服务器端技术大多提供了数据库访问的能力，因为 Web 上的数据大多是保存在数据库中的。利用服务器端技术很容易构造一个 Web 服务器和数据库之间的业务中间层，大大提高了 Web 的应用范围。

1.4 HTML、XHTML 和 HTML5

HTML 具有普遍适应性。因为 HTML 文档为纯文本格式，所以任何计算机都可以读取它。但是尽管如此，并非意味着每个人所看到的文件效果是相同的。因为这些页面的实际显示效果取决于浏览器软件的解析方式。即使用当今最流行的浏览器，如 IE、Firefox、Safari 和 Opera 等，包括手持设备，它们显示网页的方式并不完全相同。所以，除了创建页面，还必须以适当的方式设计页面，让尽可能多的访问者尽量访问到相同效果的页面。

1.4.1 HTML 的标准之路

提到 HTML 的标准之路，则不得不先看看浏览器的争斗过程。

微课视频 005
HTML、XHTML
和 HTML5

1994 年，网景通信公司（Netscape）挑起了浏览器争端的开始。它为了吸引用户，抛弃了普适性，创建了一套只有 Netscape 能够处理的 HTML 扩展，如彩色文本、照片等，而使用其他浏览器则会得到错误或者古怪的结果。但是，人们却很喜欢这种吸引人的扩展，因为它能够让页面变得更绚烂。而后来，微软公司出于同样的目的，也增加了只有微软的 IE 浏览器能够识别的非标准扩展。随着时间的推移，越来越多的浏览器加入了这个争端。曾经有机构统计过，在浏览器之争的高潮时期，Web 设计者要浪费高达 35% 的时间来应付各种浏览器所专有的标记，以适应各种浏览器的显示。

这种混乱在 W3C 推出了 HTML 的标准之后得到了缓解。

W3C（World Wide Web Consortium）是一个非营利性的负责为 HTML 制定标准的机构，负责关于万维网标准的制定。

W3C 对 Web 混乱状态采取的第一项措施就是对专有的扩展实现标准化，吸收到正式规范中，并于 1996 年 1 月 14 日推出 HTML3.2。新的 HTML3.2 标准还注重了兼容性的提高，因而得到了业界的广泛支持。W3C 同时还鼓励各浏览器厂商尽可能支持正式的 HTML 标准，从而使得根据标准编写的网页在不同的浏览器中有一致的表现。

1.4.2　HTML 和 CSS

HTML3.2 的推出虽然缓解了浏览器的混乱争端，但是也存在一些问题。其中，最重要的问题就是在此版本中，HTML 将内容、结构和样式等指令都组合在一个文档中。这样虽简单，但却不够强大，也不利于页面的维护和扩展。例如，如果需要设计一个具有一定样式的表格，那么使用 HTML3.2 的标准可能需要如此编写 HTML 标记：

```
<table width="650px" height="142px" border="1" bordercolor="red">
…
</table>
```

这种书写方式虽然可以实现效果：一个具有一定宽度和高度的表格，设置了表格的边框宽度以及边框颜色。但是，这种书写方式却非常不利于样式的重用、维护和扩展。假设，如果还有另外一个表格和此表格使用相同的样式，则意味着需要将上述代码重复书写。而且，如果需求发生改变，如将表格的边框颜色修改为绿色，则意味着需要修改多处代码。这将使设计者陷入无休止的重复代码修改之中。如何解决这个问题呢？

W3C 设计了一个新的标准——HTML4.0。在此标准中，样式可以和内容与结构分离，即网页文档（HTML 代码）只负责网页的内容，而网页的样式可以由单独的系统来负责（CSS 代码），这样极大地提高灵活性。CSS 的最初规范主要以实现 HTML 格式化的效果为目标，后来又引入了一些新功能，所以现在 CSS 不仅能够实现 HTML 的格式化，还可以实现专业的布局。

例如，依然是上面的例子，可以将样式单独提出来（此处使用 CSS 的语法，会在后续章节详细叙述），代码如下：

```
table {
    width:650px;
    height:142px;
    border:1px solid red;
}
```

而原有的 HTML 页面的代码只需要留下如下的标记即可：

```
<table>
…
</table>
```

由上面的例子可以看出，将样式和页面分离以后，可以极大地提高样式使用的灵活度，并提高页面的可维护度和可扩展性。而正是因为在新的 HTML4 标准中，已经使用了标准的 CSS 语法来应用样式，W3C 将原有的大多数格式化元素划分出来，并标识为"已废弃"，不鼓励使用它们。

1999 年 12 月 24 日，W3C 推荐标准 HTML4.01。此版本是在 4.0 的上做了微小改进，一直沿用至今。

1.4.3　HTML 和 XHTML

即使已经有了 HTML4.01 标准，但市面上的 HTML 文档依然包含一些糟糕的代码。例如下面的 HTML 代码在某些浏览器下仍然可以工作得很好，即使它没有遵守 HTML 规则：

```
<html>
    <head>
        <title>This is bad HTML</title>
    <body><h1>Bad HTML</body>
```

上述代码中，有些标记是不完整的——没有结束标记。例如<head>和<html>标记，只有开始，没有结束。这种有问题的代码，在某些浏览器下仍可以运行。另外，目前有太多不同的浏览器技术，某些浏览器运行在计算机中，某些浏览器则运行在移动电话和手持设备上，例如 iPad 或者 iPhone。而这些设备根本没有能力和手段来解释糟糕的标记语言。

该问题的解决方案是 XML（Extensible Markup Language，可扩展标记语言）。它的长处是严格注意大小写、引号、结束标记以及其他细节。但是 XML 只能用于记载和描述数据，而不能用于显示数据。因此，通过把 HTML 和 XML 各自的长处加以结合，得到了在现在和未来都能派上用场的标记语言——XHTML。

XHTML（Extensible HyperText Markup Language，可扩展超文本标记语言），可以被所有支持 XML 的设备读取，同时在其余的浏览器升级至支持 XML 之前，XHTML 使设计者有能力编写出拥有良好结构的文档，这些文档可以很好地工作于所有的浏览器，并且可以向后兼容。

XHTML 于 2000 年的 1 月 26 日成为 W3C 标准。它与 HTML4.01 几乎是相同的，但是它是更严格、更纯净的 HTML 版本，其目标是取代 HTML。

1.4.4　HTML5

在 HTML5 出现以前，几乎所有的页面都需要依赖 Flash 或者 Silverlight 等浏览器插件来实现特定的功能（如绘图、动画等），如果因为某种原因导致插件不能正常下载或者运行，那么用户将无法正常浏览页面。为了解决 Web 页面过多地依赖浏览器插件的现状，也为了能够让 HTML 更好地适应 Web 开发的需要，必须开发 HTML 的新版本。

HTML5 的目标是简化 Web 程序的开发，通过书写简洁的 HTML 代码就可以开发出理想的 Web 程序。

另外，HTML5 并非仅仅用来表示 Web 内容，它的使命是将 Web 带入一个成熟的应用平台，在这个平台上，视频、音频、图像、动画等都被标准化。因此，HTML5 可以说是近十年来 Web 标准最巨大的飞跃。

HTML5 为 HTML 添加了一些新特性，但是这些新特性基于 HTML、CSS、DOM 以及 JavaScript，而且可以减少页面对外部插件的需求（例如 Flash 或者 Silverlight），能够实现更优秀的错误处理，可以提供更多取代脚本的标记。

那么，究竟如何选择呢？HTML5 在兼容了 HTML4.01 和 XHTML 的基础上，提供了很多重要的新特性，可以在移动设备上支持多媒体，改变用户与网页文档的交互方式，提高用户体验。HTML5 将会取代之前制定的 HTML4.01、XHTML1.0 标准，以期能在互联网应用迅速发展的时候，使网络标准达到符合当代的网络需求，为桌面和移动平台带来无缝衔接的丰富内容。

1.5 本章小结

Internet 是一个把分布于不同位置、不同类型的计算机用各种传输介质连接起来，形成网络，以实现数据的共享和信息的传输。基于这个网络，可以提供很多种服务，例如 WWW、FTP、Mail、Telnet、BBS 等。而 WWW（简称 Web）作为无数个网页和网络站点的集合，构成了 Internet 上最主要的部分，它实际上是多媒体的集合，由超链接串联起来。

Web 建立在客户机/服务器模型之上。首先需要由 HTML 编写各种 HTML 文档存放于各网络站点的服务器，而客户机的浏览器以 HTTP 为基础发送请求到服务器，服务器得到请求后，返回页面数据到客户端的浏览器，从而实现页面的查看。但是，如果只是使用 HTML 编写页面，功能可能比较简单，因此需要结合各种其他技术（如脚本技术、服务器端技术等）来实现功能强大的页面。

正是因为 HTML 文档是由浏览器软件来解释运行的，因此浏览器软件的解释能力将直接影响页面的显示效果。为了实现统一的页面显示，W3C 一直致力于制定并推广 HTML 标准。随着 Web 的不断发展以及标准的逐步修订，HTML5 成为了开放 Web 标准的基石。它是一个完整的编程环境，适用于跨平台应用程序、视频和动画、图形、风格、排版和其他数字内容发布工具，以及广泛的网络功能等。

第 2 章　HTML 快速入门

 本章重点

本章主要介绍 HTML 的入门知识，有如下重点：

（1）HTML 的一些相关术语。这些术语将伴随读者学习以及开发 Web 页面的整个过程。

（2）HTML 的基础语法。读者需要掌握如何书写正确的标记，如何书写元素以及属性标记。

（3）文档的标准结构。读者需要知道一个标准 Web 文档的组成结构，了解版本信息，掌握如何书写正确结构的文档。

注意：因为 HTML4 和 XHTML1 的大部分标记相同，而 HTML5 是在二者基础上做了扩展和更新，因此在具有相同性质的情况下，则使用(X)HTML 代表均有的内容。如果需要突出显示 HTML 或者 XHTML 所特有的标记，则会使用各自的名称，如"HTML 的单标记可以不需要结束符号"，而 HTML5 所扩展的内容，将在单独的章节进行讲解。

 本章资源

1. 文本　第 2 章　章节设计
2. 图片　第 2 章　示例图片
3. PPT　第 2 章　HTML 快速入门
4. 微课视频 006　基础语法
5. 微课视频 007　标准属性
6. 微课视频 008　文档结构
7. 微课视频 009　文档头部内容
8. 微课视频 010　案例：第一个(X)HTML 文档
9. 案例源代码　chapter_02_code

2.1 基础语法

（X）HTML 文档中的文本信息大都用标记（markup）引起来，即（X）HTML 中的 M，它包含需要特殊显示的部分。（X）HTML 主要有三种标记类型：元素、属性和值。

2.1.1 标记语法

（X）HTML 用于描述功能的符号称为"标记"，例如前面用过的<p>和<body>等。标记在使用时必须使用尖括号括起来，有些标记还必须成对出现。

如果一段文本并没有使用任何标记括起来，则在浏览器显示时会使用默认的样式设置。但是，如果将这些文本用某些标记括起来，再使用浏览器显示，则会根据标记的使用显示出特定的效果。例如，书写如下代码：

```
Some text here.
<h1>Some text here. </h1>
```

上述代码在浏览器中的显示效果如图 2-1 所示。

由此可见，两行文本之所以呈现出不同的显示效果，原因就在于标记的使用。因此，学习（X）HTML 其实就是在学习各种标记的使用。

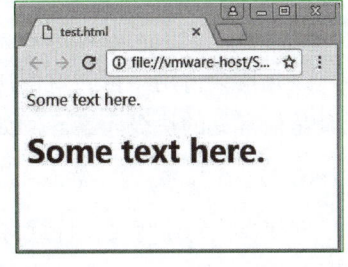

图 2-1

（X）HTML 的标记有如下三种表达方式。

● 双标记：双标记由开始标记和结束标记组成，必须成对使用，开始和结束标记中间可以包含内容。开始标记告诉浏览器从此处开始执行某标记所特有的功能，而结束标记表示功能的结束，在标记前加一个正斜杠（/）表示。语法为：

```
<标记>内容</标记>
```

绝大多数的标记都是双标记，例如前面例子中的<h1>标记。

● 单标记：只需要使用开始标记即可。语法为：

```
<标记/>
```

最常用的单标记是
，它表示换行。在 XHTML 中，总是需要结束标记，而在 HTML 中，结束标记可以不写。为了兼容性，建议使用 XHTML 的规范，即添加结束标记。例如
，而不是
。

● 带属性的标记：属性用于修饰标记。语法为：

```
<标记 属性1="值1"  属性2="值2">内容</标记>
```

或者

```
<标记 属性1="值1"  属性2="值2" />
```

在 XHTML 中，属性值必须包含在引号中，但是在 HTML 中，引号可以省略。同样，建议使用 XHTML 的标准语法。

2.1.2 元素

每一对尖括号包围的部分，称为元素。例如由<body>和</body>包围的部分就叫作 body 元素。元素就像是小标签，用于标识网页文档的不同部分。所以在分析一个网页文档时我们会说：这是一个文档主体（body）或者这是一个段落（p）；在修改页面的时候会说：添加一个段落元素或者 p 元素。元素可以包含文本内容和其他元素，也可以是空的，例如前面所述的空标记。

针对网页文档，往往会如图 2-2 所示来称呼它们。

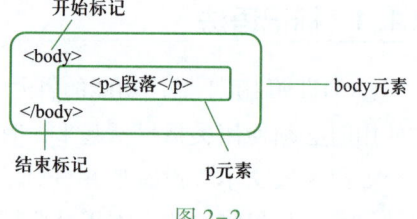

图 2-2

2.1.3 块级与内联元素

元素可以是块级（block-level）元素或者内联（inline）元素。

块级元素是指一些元素可以在浏览器中用一个矩形框（块）来表示，它们总是在新行上显示，就像一个新段落一样。如果加入一个块级元素后，即使该元素中不显示任何内容，该元素会占用一行，就像用一个空白矩形来作为占用符一样。<div>、<body> 和 <p> 元素是最常见的块级元素。例如，查看如下代码：

```
The first line. <div>text in div</div>The second line.
```

即使在代码编写时，特意将一些文本和<div>元素书写于同一行，但页面在浏览器中显示时，依然会显示出换行的效果，如图 2-3 所示。这是因为，块级元素（<div>）会占用整行。

内联元素指可以在当前行中显示的元素，常用于在文档中插入到块级元素中，从而可以控制在块元素内进行如强调、引用、斜体等特殊格式变化。常用的内联元素包括 <span>（内联元素分组）、<sub>（下标）、<sup>（上标）等。

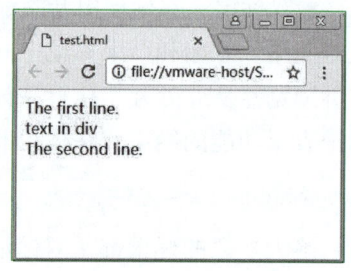

图 2-3

如果需要实现一行文本中的部分文本与众不同，则可以使用内联元素。例如，查看如下代码：

```
<p>some text,<sub>sub text</sub>,other text</p>
```

位于<sub>标记中的文本则会显示为下标的形式，但并不影响整行的布局，页面效果如图 2-4 所示。

所以，如果用比较形象的话来表述，块级元素就像一个段落，或者可以看成独占一行的矩形四方块，可以位于

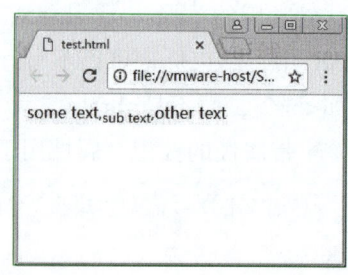

图 2-4

页面的任何位置；而内联元素则像一个单词，出现在块级元素里。

2.1.4 元素嵌套

一个元素可以包含另一个元素，称为元素嵌套，也称为父元素和子元素。外层的元素称为父元素，被包含的元素称为子元素。而子元素还可以嵌套子元素，可以形成类似一棵树的结构。实际上，任何网页都可以根据其元素的层次关系创建其"家谱"，从而显示页面上每个元素之间的层次关系，并且唯一地标识每个元素。例如，有如下代码片断：

```
<body>
    <a>我的链接</a>
    <h1>我的标题</h1>
</body>
```

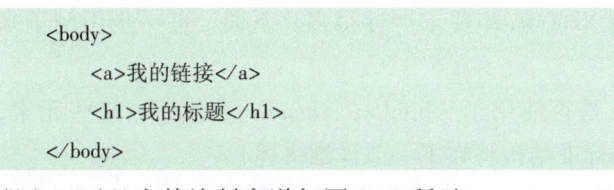

图 2-5

那么，可以为其绘制家谱如图 2-5 所示。

需要注意的是，如果元素中包含其他元素，则每个元素必须正确地嵌套。例如：

`<div>a<p>b</p>c</div>`	正确
`<div>a<p>b</div>c</p>`	错误

2.1.5 属性和值

属性是指元素标记的属性。例如，<hr> 标记可以在网页中插入一条水平线，但是，如果需要设置这条线的粗细、颜色、对齐方式等，则需要为 <hr> 标记添加属性，以进行额外的设置。属性的语法为：

```
<标记 属性 1="值 1"　属性 2="值 2">内容</标记>
```

属性位于开始标记里，属性与属性之间、属性与标记之间用空格隔开。属性和属性的值之间用等号连接。在 XHTML 中，属性必须包含在引号中。属性的定义没有先后顺序的严格区分，如果不定义属性，则使用默认设置；如果属性重复定义，则使用最后一次定义的值。

有些属性可以接收任何值，而有些属性则有一定的限制。例如，控制颜色的属性可以接收颜色名称，或者表示颜色的红绿蓝成分的十六进制数字；控制大小和长度的属性可以接收数字或者百分比；而有些属性引用其他文件，则接收 URL 形式的值；有些属性只能接收枚举值（预定义值），例如排列的属性，只能接受 right、left 之类的枚举值。例如：

```
<hr size="5" align="right" width="100%" color="green" />
```

2.1.6 HTML 文件的命名

网页文档需要一个有效的文件名称，用于标识自己。在用记事本或者其他开发工具开发完(X)HTML 文档后，需要合理命名，以便使访问者更容易地找到并访问页面，也确保浏览器能够正确地处理页面。为(X)HTML 文件命名有如下规则：

- 文件的扩展名为.htm或者.html。
- 文件名可以由大小写英文字母、汉字、数字或者下画线组成。
- 名字中不要包含空格等特殊字符。
- 文件名区分大小写。

2.1.7　HTML 与 XHTML 的规范区别

在第 1 章中介绍过，HTML4 和 XHTML1 的语法规范大都相同，且大部分标记也相同，即使用相同的元素、属性和值。但是在语法的细节上，二者有差异。

HTML 的书写要求相对较宽松，而 XHTML 却要求严谨得多。下面，进一步用例子来查看它们之间的差异。

- HTML 可以直接书写，并不在意是否使用了 \<html\>、\<head\>、\<body\> 这些元素，而 XHTML 则必须使用这些（关于文档标准结构将在下一节详细讲述）。
- HTML 允许忽略某些结束标记，而 XHTML 要求每个元素（包括空元素，即只有开始标记的单标记）都有结束标记。

例如，在 HTML 中可以这样写：

```
<img src="happy.jpg" align="left">
```

但是，在 XHTML 中，必须加上结束标记，要求这样写：

```
<img src="happy.jpg" align="left" />
```

- HTML 不区分大小写，而 XHTML 要求所有的元素、属性和值都必须使用小写字母。

例如，在 HTML 中可以这样写：

```
<IMG SRC="happy.jpg" align="left">
```

但是，在 XHTML 中，必须全部使用小写，要求这样写：

```
<img src="happy.jpg" align="left" />
```

- 如果属性和值相同，则 HTML 允许忽略属性值，而 XHTML 要求必须声明所有的值。

例如，在 HTML 中可以这样写：

```
<hr width="75%" noshade>
```

但是，在 XHTML 中，必须使用完整的属性声明，要求这样写：

```
<hr width="75%" noshade="noshade" />
```

- 对于一些简单的属性值（如只包含字母、数字和一些简单符号），HTML 允许不使用引号，而 XHTML 要求必须使用引号将属性的值包含起来。

XHTML 的书写要求可能显得过于严格，或者过于烦琐。事实上，XHTML 的严谨性可以保持代码的一致性，保持良好的结构，避免非标准的标记，从而为以后的扩展和维护带来方便，而且严谨性可以得到浏览器的一致支持。对于以扩展新功能为主的 HTML5 而言，它兼容两种方式。

2.2 标准属性

每个元素都有自己所特有的属性，但是有些属性是绝大多数 HTML 和 XHTML 标记都支持的属性，称为标准属性。正因为这些属性能够被几乎所有的元素使用，所以在这里先介绍这些标准属性，避免每次遇到它们时重复描述。

微课视频 007
标准属性

标准属性可以分为几个组：核心属性、语言属性、键盘属性和事件属性。

2.2.1 核心属性

核心属性主要有 4 个：id、title、class 和 style。对于能够附带这些属性的元素而言，这些属性有时具有专门的含义，这里描述这些属性的普通用法。

需要注意的是，以下标记不提供核心属性：<base>、<head>、<html>、<meta>、<param>、<script>、<style> 以及 <title>。

1. id 属性

id 属性规定文档内元素的唯一的 id，用于唯一标识页面内的任何元素。例如，id 属性可用作链接锚以便链接到文档中的特定部分；或者可以用于指定元素，从而可以通过 JavaScript 脚本代码或通过 CSS 样式与文档中的某个元素的内容关联。

id 属性的语法如下（其中，string 为该属性的值）：

```
id = "string"
```

2. title 属性

title 属性规定关于元素的额外信息，这些信息通常会在鼠标移到元素上时显示一段工具提示文本。

3. class 属性

class 属性规定元素的类名，常用于指向样式表中的类，也可以利用它通过 JavaScript 脚本代码来改变带有指定 class 的元素。关于使用 class 属性规定样式的具体用法见第 8 章。

需要注意的是，class 属性不能在以下元素中使用：<base>、<head>、<html>、<meta>、<param>、<script>、<style> 以及 <title>。

4. style 属性

在 XHTML1.0 中该属性被标识为逐渐淘汰，如果需要使用 CSS 规则来指定元素的显示方式，最好使用样式表。

2.2.2 语言属性

语言属性主要有 3 个：dir、lang 和 xml:lang，它们常用于编写具有不同语言和字符集的页面。大多数(X)HTML 元素都可以使用这些属性，但是以下元素除外：<base>、
、<frame>、<frameset>、<hr>、<iframe>、<param> 以及<script>。

值得注意的是，即使是最新版的浏览器也不能很好地支持这些属性，因此在使用这些属性时需要先确定浏览器的支持程度。

1. dir 属性

dir 属性用于设置元素中内容的文本方向，其值可以取 ltr（文本从左向右排列，是默认值）或者 rtl（文本从右向左排列，常用于某些语言，如阿拉伯语）。

2. lang 属性和 xml:lang 属性

lang 属性用于设置元素中内容的语言代码。XHTML 中保留这个属性主要是为了与早期 HTML 版本的兼容，在新的 XHTML 规范中，lang 属性已经被 xml：lang 属性所替代。因此，XHTML 规范建议在 XHTML1.0 文档中同时使用 lang 属性和 xml：lang 属性，以在不同的浏览器之间获得最大的兼容性。

lang 属性的值是 ISO-639 标准两字符语言代码，如果希望指定某种语言的方言，可以在语言代码后面紧跟一个破折号（半字长）和一个子代码名称。例如：

```
lang ="en"
lang ="en—us"
lang ="zh"
```

上述代码分别表示语言为英语、美国英语和中文。

2.2.3 键盘属性

键盘属性主要有两个：accesskey 和 tabindex，它们常用于设置元素的快捷访问键和焦点接收顺序。只有用户能够交互的元素才可以接收焦点。

快捷键是指当用户按下指定的字符时就可以跳转到某个元素，可以附带此属性的元素有：<a>、<area>、<input>、<label>、<legend> 和 <textarea>。

2.2.4 UI 事件属性

使用 UI 事件属性可以将事件与脚本代码相关联。例如，当用户单击某个按钮时，可以改变文档中某段文本的颜色。

目前的主流浏览器中都内置有大量的事件处理器。这些处理器会监视特定的条件或用户行为，例如鼠标单击或在浏览器窗口中完成加载某个图像。通过使用客户端的 JavaScript 脚本代码，可以将某些特定的事件处理器作为属性添加给特定的标记，并可以在事件发生时执行一个或多个 JavaScript 命令或函数。

关于事件属性的具体用法，可以参见 JavaScript 相关书籍。

2.3 文档结构

编写网页文档时，首先需要在文档的开始添加版本声明，也叫作文档类型声明，往往称之为版本信息。

除了版本信息，剩下的就是整个页面的内容，而整个页面需要包含在开始标

微课视频 008
文档结构

记<html>和结束标记</html>之间,如同2.1.7小节讲解XHTML规范时所述。在<html>元素中,包含两个主要的部分,文件头部分(<head>元素)和主体部分(<body>元素)。

2.4 版本信息

如前所述,HTML会有一些不同版本的文档存在。为了能够让浏览器辨识文档的版本、类型和风格,需要在文档的起始处用DOCTYPE声明指定当前文档的版本和风格。如果在网页中提供了版本信息,则有利于验证页面中的代码是否符合当前的版本和风格。当不写明究竟是使用哪种版本时,浏览器会自动以标准格式解释。

目前有4种版本:严格型、过渡型、框架型和H5版本。在选择使用哪种版本之前,应先了解这些版本的区别。

2.4.1 严格型

严格型(X)HTML的特点是其禁止使用那些废弃的标记,即严格遵守XHTML1.0的标准,其版本声明为:

```
<!DOCTYPE html PUBLIC "-//W3C//DTD XHTML 1.0 Strict//EN" http://www.w3.org/TR/xhtml1/DTD/xhtml1-strict.dtd">
```

严格型版本用于告诉XHTML的向前路径,如果可以避免使用逐渐淘汰的元素和属性,则编写的代码就遵循此版本。

2.4.2 过渡型

在尝试将结构和格式化分开的过程中,W3C标出了一些最终将从规范中删除的元素,而过渡型和框架型版本都认为废弃标记是有效的。该版本仍允许开发人员使用HTML4中不赞成使用的标记。其版本声明为:

```
<!DOCTYPE html PUBLIC "-//W3C//DTD XHTML 1.0 Transitional//EN" http://www.w3.org/TR/xhtml1/DTD/xhtml1-transitional.dtd">
```

2.4.3 框架型

框架型版本主要用于创建使用框架技术的Web页面。框架型版本的声明如下:

```
<!DOCTYPE html PUBLIC "-//W3C//DTD XHTML 1.0 Frameset//EN" http://www.w3.org/TR/xhtml1/DTD/xhtml1-frameset.dtd">
```

过渡型和框架型版本都认为废弃标记是有效的,它们之间唯一的差异就是后者允许使用框架。

2.4.4 HTML5版本

HTML5中,声明版本信息时并不需要书写复杂的版本声明,只需要添加如下代码即可:

<!DOCTYPE HTML>

需要说明的是，<!DOCTYPE> 声明必须位于 HTML5 文档中的第一行，也就是位于 <html> 标记之前。该标记告知浏览器文档所使用的 HTML 规范。因此，如果希望编写 HTML5 文档，则需要使用如下结构的代码：

```
<! DOCTYPE HTML>
<html>
    <head>
        <title>Title of the document</title>
    </head>
    <body>
        The content of the document…
    </body>
</html>
```

HTML5 中的 DOCTYPE 之所以如此简单，是因为文档的版本信息主要是写给文档验证器用的，而不是为了浏览器使用。假设书写了一个 HTML3.2 文档，且文档开头的版本信息也确实使用了 HTML3.2 的 DOCTYPE 声明，但是在文档中的某个地方却使用了 HTML4.01 中才出现的一个元素，如遇到这种情况，浏览器应当如何处理？它会因为这个元素出现在比 DOCTYPE 声明的 HTML 版本更晚的规范中，就不解释呈现该元素吗？结论是不会。浏览器依然会解释并呈现该元素，这是浏览器的健壮性所决定的。因此，浏览器并不会检查任何格式类型，而编写文档的验证器会根据 DOCTYPE 的声明来检查文档中那些不符合版本的地方。

另外，HTML5 的另一个设计原理是，它必须向前、向后兼容，即除了兼容以前的版本，还要兼容未来的 HTML 版本，不管是 HTML6 还是 HTML7。正因为如此，HTML5 中并没有把一个版本号放在 DOCTYPE 的声明中。

介绍完这些类型的版本信息后，如何选择就成为了一个问题。如果坚持不再使用废弃的标记，则建议选择严格型；反之，如果依然在使用废弃的标记，则在过渡型和框架型之间选择。事实上，目前的很多页面都是使用 H5 型。

2.5 <html>元素

<html>元素是整个(X)HTML 文档的包含元素，紧跟在 DOCTYPE 的文档类型声明之后。每个 XHTML 文档都必须有一个起始标记 <html>，且必须以一个结束标记</html>结束。虽然并非所有版本中都要求包含 <html> 元素，但是依然建议在所有的文档中都包含它。

仅有两个元素是<html>元素的直接子元素，即<head>和<body>，它们分别代表页面的头部内容和主体内容。所以，在编写网页时，是有固定的模板可以遵循的。首先，在文档的开头，用 DOCTYPE 来声明要使用什么样的风格；然后用<html>元素标记出实际代码的起始位置；加入<head>和<body>元素，最后输入</html>。以后的任务就是为<head>和

<body>元素添加具体内容。

2.6 文档头部内容

微课视频009
文档头部内容

<head>元素是所有其他头元素的容器，它紧跟在起始标记<html>之后。在头部分，可以为页面定义与当前页面相关的全局信息，例如定义页面的标题，为搜索引擎提供关于页面的信息，添加样式表或者编写脚本等。

每个 <head> 元素应当包含一个 <title> 元素以指定文档的标题，还可以不限顺序地包含如下元素的任意组合。

- <meta>元素：用于包含与文档相关的信息，如关键字、文档描述等。
- <script>元素：用于包含脚本。
- <base>元素：用于指定页面的 URL，将在第 5 章介绍。
- <object>元素：用于包含图像、动画等其他组件，将在第 5 章介绍。
- <link>元素：用于连接到外部文件，如样式文件，将在第 8 章介绍。
- <style>元素：用于在文档中包含 CSS 样式，将在第 8 章介绍。

除了标题以外，头元素中的其他内容对于页面的访问者而言是不可见的。

2.6.1 创建页面标题

创建每个页面时，应该给页面指定一个标题。标题内容位于 <title> 元素中，代码如下：

```
<title>我的第一个 HTML 网页</title>
```

页面标题应该是简短的、描述性的信息，对于优秀的页面标题，访问者根据标题就能够大致了解该页面的内容。

在大多数浏览器中，页面标题出现在窗口的标题栏上，如图 2-6 所示。

<title>元素除了可以为页面添加标题，在访问者浏览器的历史列表和书签都会使用页面标题。

图 2-6

另外，像 Yahoo 和 Google 这样的搜索引擎会使用页面标题，因此页面标题会直接影响网页在搜索结果中的位置，即页面标题与搜索词越接近，则它在结果列表中出现的位置就越高。

2.6.2 声明编码

所有文本文件都使用某种字符编码保存，而(X)HTML 也不例外。因为存在多种编码格式，所以最好在(X)HTML 代码中声明页面是以哪种编码方式保存的。这样，在具有不同默认编码的系统上，浏览器就可以根据编码的声明正确地选择，从而更容易正确查看页面中的字符。

在页面的头部，使用 <meta> 元素声明字符编码，代码如下：

```
<meta http-equiv="content-type" content="text/html;charset=encoding" />
```

上述代码中的 encoding 是用来保存文件的字符编码，如 UTF-8、UTF-16 或者 GB2132 等。因此，如果页面上有如下代码：

```
<meta http-equiv="content-type" content="text/html;charset=utf-8" />
```

那么，当浏览器看到这个 <meta> 元素时，就会知道这个页面是使用 UTF-8 进行编码的，则会正确地显示页面。因此，<meta> 元素中声明的编码方式必须与保存文件时实际使用的编码方式相同。

正是因为网页的字符编码依赖于保存它的方式，所以如果以纯文本格式保存，且没有选择编码，则文档可能采用当前系统语言的默认编码进行保存。例如，中文 Windows 的默认编码是 GB2312。而如果用户使用默认编码非 GB2312 的浏览器查看时，则可能发生错误。

2.6.3 设置页面关键字

前一节讲述了如何使用 <meta> 元素为页面添加编码信息，用 <meta> 元素添加的信息往往被称为网页的元信息，即页面的一些信息。使用 <meta> 元素除了可以定义编码方式，还可以定义如关键字、作者信息、网页过期时间等。(X)HTML 文件的头部可以有多个 <meta> 标记，每个 <meta> 标记定义网页的某个方面的元信息。

网页中的关键字主要是为搜索引擎服务的，设置关键字可以提高网页被搜索引擎搜索到的概率。使用 <meta> 元素设置页面关键字的语法如下：

```
<meta name="keywords" content="value" />
```

keywords 用于说明使用 <meta> 元素定义的是页面的关键字，而 value 说明的则是为网页定义的具体关键字的内容，可以定义多个关键字。例如：

```
<meta name="keywords" content="html,xhtml,css" />
```

如此定义后，当利用搜索引擎搜索时，使用 html、xhtml、css 中任何一个关键字都可以搜索到该网页。

2.7 <body>元素

<body>元素出现在 <head> 元素之后，它包含用户能够在浏览器主窗口中看到的 Web 页面内容，这部分内容称为主体内容。主体内容可以包含的内容很广泛，从第 3 章开始除了框架以外所有的内容都可以包含在主体中。因此，<body> 是(X)HTML 文档的主要组成部分。

<body> 元素中可以附带一些属性，如果使用的是 Transitional XHTML 和 HTML4.1，则可以在 <body> 元素中使用几个将逐渐被淘汰的属性：background、bgcolor、alink、link、vlink 和 text。

既然<body>元素的这些属性是逐渐被淘汰的，那么究竟可不可以使用呢？就像在解释 HTML 的规范发展过程，以及介绍 HTML 和 XHTML 的区别中解释的一样，这些属性不符合 XHTML 的严格规范，是 HTML4.1 的规范。因此，如果希望构建完全规范的 XHTML 页面，则不要使用它们而是改为使用后面章节中介绍的样式属性来进行设置。另外，出于对

页面的可维护性的考虑，也建议大家尽量不要使用这些属性。

2.8 案例：第一个(X)HTML文档

微课视频010
案例：第一个
(X)HTML文档

2.8.1 案例描述

该案例主要通过创建一个(X)HTML文档，让读者熟悉并掌握基础语法、文档结构、代码错误检查、页面文档的运行等。

2.8.2 案例分析

创建一个(X)HTML文档的步骤如下：
（1）新建一个纯文本文件，并修改扩展名为.htm或者.html。
（2）为该文档添加某种版本信息。
（3）创建 <html> 元素，并添加头部元素和主体元素。
（4）在头部元素中定义标题、编码方式和关键字信息。
（5）在主体部分添加一些文本。
（6）在浏览器中查看效果。

2.8.3 案例实现

案例代码如下：

```
<!DOCTYPE html>
<html>
    <head>
        <title>HTML 文档</title>
        <meta http-equiv="content-type" content="text/html;charset=utf-8" />
        <meta name="keywords" content="html,xhtml,css" />
    </head>
    <body>
        我的第一个 (X)HTML 页面
    </body>
</html>
```

2.9 本章小结

XHTML作为HTML的最新规范，对于标记的语法进行了严格的规定，包括元素的规范、属性的规范等。在构建网页文件时，最好符合这些规范，以保证页面的可维护性。在(X)HTML标准的基础上，加入HTML5的新元素和属性，可以构建功能更为炫酷的页面。

第3章　网页中的文本

 本章重点

本章主要介绍网页中文本的编写，有如下重点：
(1) 网页中文本的处理方式，如何书写注释以及如何处理特殊字符。
(2) 控制文本段落，使用文本表现元素和短语元素。
(3) 块级元素和内联元素的区别。

注意：有许多用来改变字体、大小和颜色的格式化元素，虽然它们在技术上依然是合法有效的，并且得到了广泛的支持，但是样式表（CSS）正在逐渐取代这些格式化元素，在阅读时请注意提示。

另外，因为每种浏览器以其特定的方式显示每种元素，因此，不同的浏览器显示的字体、大小可能不同，同一块文本占用的空间也可能不同，甚至显示的字型都可能不同。至于如何控制文本的外观样式将在后面的CSS章节介绍。

 本章资源

1. 文本　第3章　章节设计
2. 图片　第3章　示例图片
3. PPT　第3章　网页中的文本
4. 微课视频011　显示文本
5. 微课视频012　段落
6. 微课视频013　文本表现元素
7. 微课视频014　块级元素和内联元素
8. 微课视频015　案例：使用网页中的文本
9. 案例源代码　chapter_03_code

3.1 显示文本

文本是网页上的基本成分，直接书写的文本会用浏览器默认的样式显示出来，而被包含在标记中的文本则会被显示为标记所拥有的样式。因此，在开始学习使用标记文本的元素之前，需要了解网页文本的显示方式以及处理方式。

微课视频 011
显示文本

3.1.1 空格和流

有时候可能会认为，如果在两个单词中间放置几个连续的空格，或者用 Tab 键缩进多个空白制表符，则在屏幕上这些空格将出现在这两个单词中间，但是实际情况并非如此。(X)HTML 会把多个空格或制表符压缩成单个空格，即只显示一个空格，这种情况称为空格折叠。或者在源文档（编辑情况下）中按回车键开始一个新行，或者连续按回车键放置多个空行，那么在显示时，也会被转换为单个空格或者完全忽略它们。例如，书写如下代码：

```
Some          text          here.
Some text here.

With sunshine, water, and careful tending, roses will bloom several times in a season.
```

上述代码在浏览器中的显示效果如图 3-1 所示。

由图 3-1 可以看出，浏览器会将多个空格和多个回车处理为一个空格。同时，当浏览器显示文本时，如果到达某行的末尾，则会自动换行以继续显示文本。

这种处理空格的方式实际上非常有用。开发人员可以在代码中添加多个空格以利用它们缩进代码，使其更易于阅读，而这些空格却不会在实际的页面上显示。本书中的代码都会采用这种方式以便于阅读，如果希望在文档中保留空格，需要使用特定的元素，这些在后续章节会有介绍。

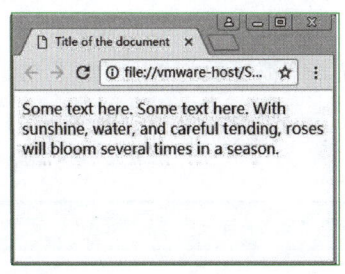

图 3-1

3.1.2 注释

可以在 (X)HTML 文档中添加注释，这些注释只在编辑文档情况下可见，在浏览器展示页面时并不会显示。为代码添加适当的注释是一种良好的编码习惯，特别是在复杂的文档中，适当的注释可以向查看代码的人指示文档的各个部分以及其他注意事项，并帮助理解和维护代码。

在 (X)HTML 文档中添加注释的语法如下：

```
<!--注释的文本内容-->
```

"<!--" 和 "-->" 之间的任何内容都不会显示在浏览器中，但是可以在文档的源代码中看到。可以将注释放置在任何标记之间，甚至可以注释整段代码，但是注释不可以嵌套在其他注释中。例如，查看如下代码：

```
<body>
    <!--Here is the title of contents-->
    <h2> Welcome to my florist website! </h2>
</body>
```

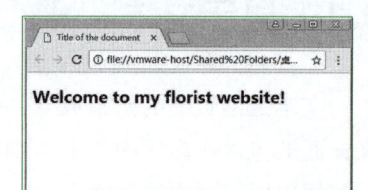

图 3-2

上述代码在浏览器中的显示效果如图 3-2 所示（注释在浏览器中不可见）。

3.1.3 特殊字符

HTML 过去被限制为 ASCII 字符，只包括英文字母、数字和几个最常用的符号，因此，如果需要在(X)HTML 文档中使用一些具有特殊意义的字符（如尖括号）或者那些无法用键盘直接输入的字符（如版权符号©），则需要使用一组不同的字符来表示，这组字符称为字符实体，或者转义字符。例如，当希望在浏览器中直接显示尖括号时，不能直接在文档中输入尖括号，这样浏览器会将其后面的字母作为标记来解释。

当使用字符实体时，在浏览器中会显示为特定的字符。例如，可以定义如下代码：

```
<p>The &lt;p&gt; element. </p>
<p>&copy; 2011 by tarena. </p>
```

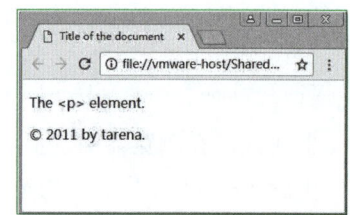

图 3-3

上述代码在浏览器中的显示效果如图 3-3 所示（字符实体被替换为了对应的符号）。

常用的字符实体见表 3-1。

表 3-1 常用的字符实体

字　　符	数 字 实 体	命 名 实 体
&	&#38;	&amp;
<	&#60;	&lt;
>	&#62;	&gt;
"	&#34;	&quot;
空格		
©	&#169;	&copy;
®	&#174;	&reg;
¥	&#165;	&ren;
TM	&#8482;	&trade;

3.2 段落

如前所述,在编辑源文档时,按回车键开始一个新行,或者连续按回车键放置多个空行,无法实现网页文本真正的换行效果。因此,如果需要在(X)HTML 文档中实现文本的换行,需要下面这些与段落编辑相关的元素。

微课视频 012
段落

3.2.1 使用<p>元素创建段落

<p> 元素提供了结构化文本的一种方式,包含在起始标记 <p> 和结束标记 </p> 之间的文本会用单独的段落显示,即与前后的文本都换行分开,且会添加一段额外的垂直空白距离,作为段落间距。例如,查看如下代码:

```
<body>
    Some text here. <p>The first paragraph. </p>
    <p>The second paragraph. </p>Some text here.
</body>
```

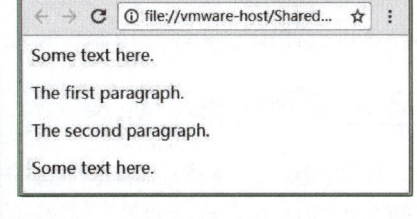

图 3-4

上述代码在浏览器中的显示效果如图 3-4 所示。

<p>元素有 align 属性,用于对齐段落中的文本。例如,查看如下代码:

```
<body>
    <p align="center">The first paragraph. </p>
    <p align="right">The second paragraph. </p>
</body>
```

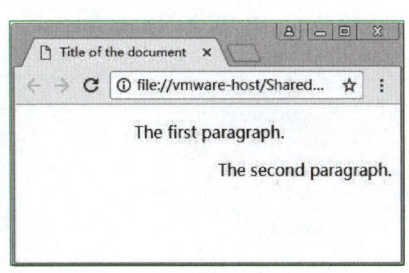

图 3-5

上述代码在浏览器中的显示效果如图 3-5 所示。

align 属性的值可以取 left、center 和 right,分别用于表示段落中的文本居左、居中和居右排列。但是,align 属性已经逐渐被淘汰,因此,如果要设置文本排列,依然建议使用 CSS 中的样式进行控制。

3.2.2 使用
元素换行

浏览器会根据元素块或者窗口的宽度自动地对文本实现换行,如果需要在源文档编辑时创建换行,则可以使用
 元素在任何地方创建手工换行。

当使用
 元素时,它后面跟随的内容将从下一行开始显示。
 元素是一种空元素,不需要内容,也不需要结束标记,代码如下:

```
<br />
```

对于那些应该紧挨着出现的文本行(行与行之间不需要很大的距离),则非常适合使

用
 标记。例如，查看如下代码：

```
<body>
    <p>To start a new line,we can use the &lt;br /&gt; element. So, the next <br />word will appear on a new line. </p>
</body>
```

上述代码在浏览器中的显示效果如图 3-6 所示。

可以使用多个
 元素在行或者段落之间创建额外的空行。
 元素过去常和已经废弃的 clear 属性一起使用，以控制围绕着图像的文本，这一功能已经被 CSS 的 clear 属性取代；另外，还可以使用 CSS 样式控制行之间的间距。

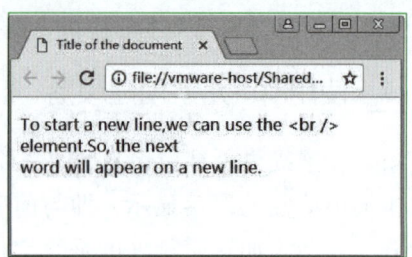

图 3-6

3.2.3 使用<hn>元素创建分级标题

经常需要为文档添加某些形式的标题，例如，某段描述文本需要大字标题，表单上需要题头以描述表单的目的等。而对于较长的文本，标题有助于描述文档的结构。

(X)HTML 允许在网页中建立最多 6 级标题，分别使用元素<h1>、<h2>、<h3>、<h4>、<h5>和 <h6> 实现，即常说的 <hn> 标记。这里的 n 就是 1~6 的数字，使用哪个数字取决于要创建的标题级别。虽然浏览器可能会以不同的方式显示这些标题，但是 <h1> 标题是最大的标题，而<h6>为最小的标题。例如，查看如下代码：

```
<body>
    <h1>h1 text</h1>
    <h2>h2 text</h2>
    <h3>h3 text</h3>
    <h4>h4 text</h4>
    <h5>h5 text</h5>
    <h6>h6 text</h6>
</body>
```

图 3-7

上述代码在浏览器中的显示效果如图 3-7 所示。

往往将标题看作层次化的分隔标志。默认情况下，大多数浏览器显示的<h1>、<h2> 和 <h3> 元素内容大于文本在文档中的默认显示大小；<h4> 元素的内容与默认文本大小相同；而 <h5> 和 <h6> 元素的内容则相对小一些。

3.2.4 使用<pre>元素实现文本的预格式化

通常，浏览器会将源文档编辑时的所有额外的回车和空白自动压缩，并且根据窗口宽度自动换行。如果希望文本的显示格式与它在编辑时的格式相同，则可以使用预格式化的文本，即<pre> 元素。

放在起始标记 <pre> 和结束标记 </pre> 之间的文本将保留源文档中的格式，即保留原来的换行和文本中的空白，而且，即使当文本到了窗口的边界时，也不会换行。例如，查看如下代码：

```
<body>
    Some text here.
    <pre>
        function myFirstFunction( ){
            alert("Welcome!");
        }
    </pre>
    Some text here.
</body>
```

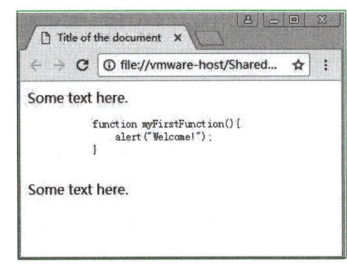

图 3-8

上述代码在浏览器中的显示效果如图 3-8 所示（会保留编辑时的换行和空白，且使用相等大小的等宽字体显示）。

3.3 文本表现元素

如果使用过文字处理程序，如 Word 等，则对于将文本设置为粗体、斜体或者添加下画线会很熟悉。在(X)HTML 中，会有相应的文本表现元素来实现这些文本外观效果。这些文本表现元素仅影响文档的表现，建议使用 CSS 达到相同的效果。

微课视频 013
文本表现元素

3.3.1 简单修饰元素<b>、<i>和<u>

突出显示一段文本的一种方法就是将它们显示为粗体或者斜体。出现在 <b> 元素中的文本将加粗显示，而出现在 <i> 元素中的文本将显示为斜体。如果需要为某段文本添加下画线，则可以使用 <u> 元素。例如，查看如下代码：

```
<body>
    The following words use a <b>bold text</b> element.
    <br />
    The following words use an <i>italic text</i> element.
    <br />
    The following words would be <u>underline text</u>.
</body>
```

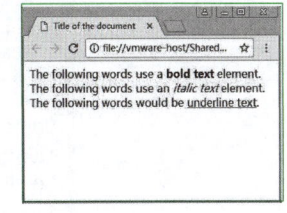

图 3-9

上述代码在浏览器中的显示效果如图 3-9 所示。

3.3.2 删除线元素<s>和<strike>

删除线元素可以在文本内容上显示一条删除线，显示为一条通过文本的细线。常用于标记那些放弃的内容文本，其中<s>是<strike>的缩写形式。例如，查看如下代码：

```
<body>
    The following words use a <s>strikethrough text</s> element.
</body>
```

上述代码在浏览器中的显示效果如图 3-10 所示。

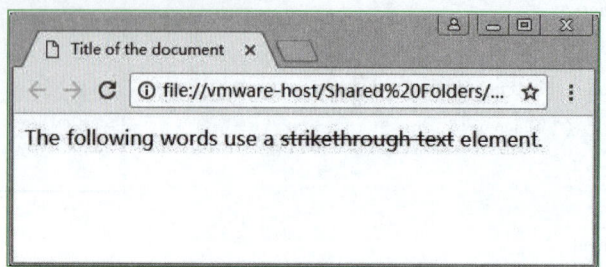

图 3-10

3.3.3 文字上下标元素<sup>和<sub>

比主文本稍高或者稍低的字母或数字分别称为上标和下标。<sup> 元素中的内容以上标的形式显示，而 <sub> 元素中的内容以下标的形式显示，两者显示的字符高度只有其他字符高度的一半。上标和下标元素常用于显示化学分子式，如 H_2O 等。例如，查看如下代码：

```
<body>
    Some text here. <br />
    The following words use a <sup>superscript text</sup> element. <br />
    The following words use a <sub>subscript text</sub> element. <br />
    Some text here.
</body>
```

上述代码在浏览器中的显示效果如图 3-11 所示。

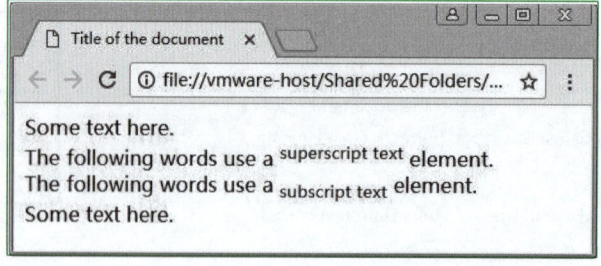

图 3-11

> 💡 **注意**
>
> 大多数浏览器会自动将上标和下标字符的字体减少几像素。
> 另外，因为上标和下标字符会在上行和下行之间产生较大的行间距，所以使用上标和

下标会轻微扰乱行之间的均匀布局。可以通过 CSS 中的样式改变字体大小和行高来解决这个问题。

3.3.4 水平线元素 `<hr>`

大多数浏览器都完全支持的一种图形元素是水平线。`<hr>` 元素用于在页面上创建一条水平线，常用于将页面的不同部分隔开。

`<hr>` 是一个空元素，类似于换行元素 `<br />`，使用方法如下：

```
<hr />
```

出现在 `<hr/>` 后面的文本将出现在水平线后面的新段落中。

`<hr>` 元素还可以附带一些属性，用于控制水平线的外观。`<hr>` 元素可附带的属性见表 3-2。

表 3-2 `<hr>` 的常用属性

属性	描述	取值
size	线的高度	像素数
width	线的宽度	像素数或者文档宽度的百分比
align	水平对齐方式	left/right/center
noshade	没有阴影的实心线	noshade
color	线条颜色	颜色单词或者数值

例如，查看如下代码：

```
<body>
    Some text here.
    <hr size="3" color="green" width="50%" align="left" noshade="noshade" />
    Some text here.
</body>
```

上述代码在浏览器中的显示效果如图 3-12 所示。

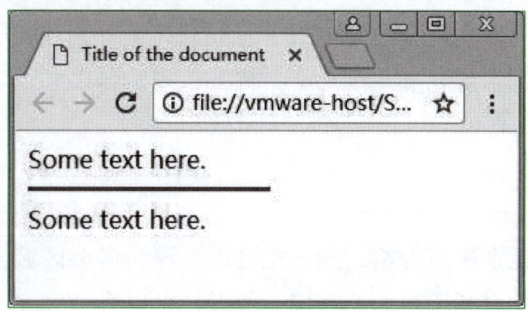

图 3-12

需要注意的是，虽然可以用表 3-2 中的属性控制 `<hr>` 元素的外观，但是这些属性已经被标识为废弃，依然建议使用 CSS 中的样式来控制水平线的外观。

3.4 块级元素和内联元素

微课视频 014
块级元素和
内联元素

到目前为止，已经介绍了很多元素。事实上，可以被包含在 <body> 元素中的所有元素其实可以分为两类：块级元素和内联元素（inline 元素，也会被翻译为行内元素）。从字面意义上来讲，这种划分只是概念上的，但是对于 (X)HTML 的其他功能（例如页面布局）来说，这种划分具有重要影响。

3.4.1 理解块级元素和内联元素

在屏幕上显示时，块级元素的前面和后面都会自动换行，如同存在换行符一样。也就是说，默认情况下，块级元素会独占一行。例如，<p>、<hn>、<pre>和<hr>都是块级元素。在显示这些元素中间的文本时，都将从新行中开始显示，其后的内容也将在新行中显示。

而内联元素往往出现在句子里，在浏览器中显示时不会换行，如<b>、<i>、<u>、<sub>和 <sup>等。

可以这样理解，如果元素是块级的，则总是在新行上显示，好比书中的一个新段落；而元素如果是内联的，那么只能在当前行中显示，就像段落中的一个单词。块级元素是网页上比较大的结构，因此常包含其他块级元素、内联元素和文本；而内联元素一般只能包含其他内联元素和文本。例如，查看如下代码：

```
<body>
    This is a new page.
    <h1>A <i>Block-Level</i> Element</h1>
</body>
```

上述代码在浏览器中的显示效果如图 3-13 所示（<h1>中的内容显示时从新行开始）。

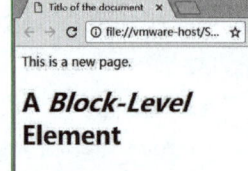

图 3-13

> **注意**
>
> 在 Strict XHTML 中，块级元素可以包含其他块级元素和内联元素，但是内联元素只能出现在块级元素中，它们不能包含块级元素。例如，<i> 标记可以被 <h1> 标记包含，但是它自己不能包含 <h1> 标记。

3.4.2 分组元素<div>

经常需要对页面的元素进行分组，例如把页面分隔为多个区域，就可以对这些区域单独进行样式设置，这非常有利于页面的布局。或者，可以将一些文本分在一个组里，然后对这个组进行样式的定义。

可以使用 <div> 元素把文档分割为独立的、不同的部分。<div> 是一个块级元素，意味着其中的内容会独占一行。它可以用作严格的组织工具，并且不使用任何格式与其关联。如果用 id 或 class 来标记 <div>（添加 CSS 中的样式），那么该标记的作用会变得更加有效。

经常使用 <div> 元素来组合块级元素，这样就可以使用样式对它们进行格式化。例如，查看如下代码：

```
<body>
    Some text here.
    <div style="color:#00FF00">
        <h3>This is a header</h3>
        <p>This is a paragraph. </p>
    </div>
    Some text here.
</body>
```

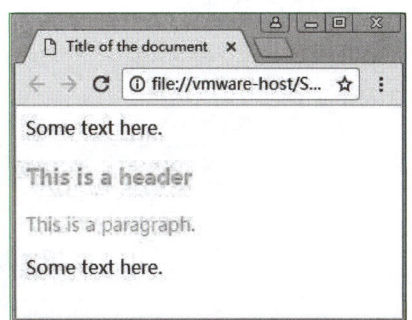

图 3-14

上述代码在浏览器中的显示效果如图 3-14 所示（<div>元素前后的内容会换行，且其中的文本会显示为绿色）。

3.4.3 分组元素<span>

另一方面，可以使用 <span>元素来分组内联元素。<span>元素自身对文档在浏览器中的显示外观没有任何影响，只有对它应用样式时，它才会产生视觉上的变化。因此，如果句子或者段落的某个部分要分组，则可以使用<span>元素。例如，查看如下代码：

```
<body>
    <p>This is a paragraph. The following words would be <span style="color:#00FF00">green</span>. </p>
</body>
```

上述代码在浏览器中的显示效果如图 3-15 所示（<span>元素中的文本会显示为绿色）。

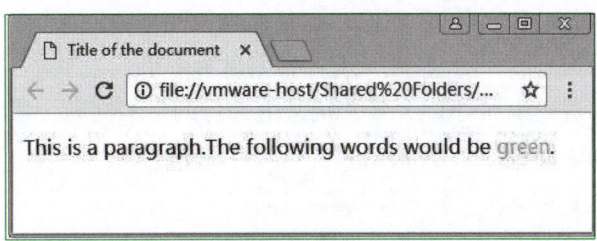

图 3-15

注意

如果不对 <span> 元素应用样式，那么 <span> 元素中的文本与其他文本不会有任何视觉上的差异。

3.5 案例：使用网页中的文本

3.5.1 案例描述

本案例中，需要创建一个页面，使用各种文本标记建设网页，所得到的网页效果如图 3-16 所示。

图 3-16

微课视频 015
案例：使用网
页中的文本

3.5.2 案例分析

实现本案例的步骤如下：
（1）新建一个纯文本文件，并修改扩展名为 .htm 或者 .html。
（2）为该文档添加某种版本信息。
（3）创建 <html> 元素。
（4）添加头部元素和主体元素。
（5）在头部元素中定义标题。
（6）为<body>元素添加 align 属性，设置居中显示效果。
（7）在<body>元素中添加<h1>元素，定义第一行的文本标题。
（8）继续添加<hr>元素定义分隔线。
（9）继续添加 3 个 <h3> 元素定义书籍名称。
（10）继续添加<u>元素定义带有下画线效果的文本。
（11）继续添加<i>元素定义其他文本。
（12）测试页面。

3.5.3 案例实现

案例代码如下：

```
<!DOCTYPE html>
<html>
<head>
    <title>网页中的文本</title>
</head>
<body>
        <h1>近 24 小时畅销<span style="color:red">榜</span></h1>
        <hr width="50%" />
        <h3>宇宙的奥秘</h3>
        <h3>青春无悔  华年似水</h3>
        <h3>三体</h3>
        <u>更多&gt;&gt;</u><br /><br />
        <i>Copyright (&copy;) XX 网, All Rights Reserved 音像制品经营许可证 XX 网 8 号</i>
</body>
</html>
```

3.6 本章小结

本章主要介绍如何使用(X)HTML 的文本标记显示网页中的文本。这些元素用于描述文本结果，如标题元素、段落元素、各种表现元素等，其中，对于某些元素的使用多于其他元素。从后面章节开始，将多次使用本章中的这些元素。

另外，虽然有许多用来改变字体、大小和颜色的格式化元素，且它们在技术上是合法有效的，也被广泛支持和认可，但是样式表正在逐渐取代它们。同时，还要注意，不要只是关注文本的换行和表现格式化，适当地结构化文本更有助于文档的维护和功能扩展。

第4章 使用列表

 本章重点

本章主要介绍网页中列表的使用，有如下重点：

（1）列表的作用及适用场景。

（2）使用各种列表来展示文本内容。

（3）列表的复杂用法。

（X）HTML规范包含用来创建条目列表的元素，可以创建有序列表、无序列表、自定义列表和目录列表，还可以在一种列表中嵌套另外一种列表。对于概括网页上的内容而言，使用列表是非常方便的。

所有的列表都由主要代码和包含代码组成。主要代码指定希望创建的列表类型，如有序或者无序列表；而包含代码则指定列表中的列表项，用于指示具体的列表内容。

 本章资源

1. 文本　　第4章　章节设计
2. 图片　　第4章　示例图片
3. PPT　　第4章　使用列表
4. 微课视频016　列表概述
5. 微课视频017　无序列表
6. 微课视频018　有序列表
7. 微课视频019　其他列表
8. 微课视频020　案例：使用列表
9. 案例源代码　chapter_04_code

微课视频016
列表概述

4.1 无序列表

无序列表可能是 Web 上用得最多的一种列表,它可以列出页面上没有特定次序的任何项目。

4.1.1 创建无序列表

如果希望在页面上放置项目符号列表,则可以利用<ul>元素(代表无序列表)编写列表。<ul>元素只表示开始一个无序列表,其中只能包含具体的列表项元素。列表中包含的每一项都必须包含在起始标记<li>和结束标记</li>之间(li 代表列表项 list item)。例如,书写如下代码:

```
<body>
    <ul>
        <li>one</li>
        <li>two</li>
        <li>three</li>
    </ul>
</body>
```

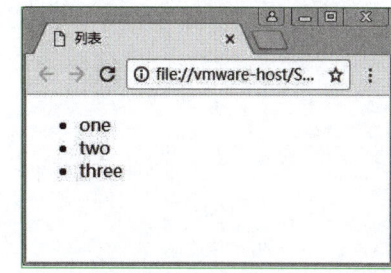

图 4-1

上述代码在浏览器中的显示效果如图 4-1 所示。

默认情况下,无序列表中的列表项自动地从左外边距缩进,且列表项前面显示实心的圆点符号,可以使用 type 属性(见 4.1.2 节)选择不同的符号,还可以使用 CSS 进行其他样式定义。

在 <ul> 中最好只包含 <li> 元素,所有需要显示的文本放置在 <li> 元素中。如果在 <ul> 和 <li> 元素中间还包含其他文本,可能会导致奇怪的显示效果。

4.1.2 选择标志

创建无序列表时,可以使用 type 属性选择列表项左边出现的标志,也称为着重号或编号。可以为 <ul> 元素添加 type 属性,为整个列表设置标志样式,也可以为 <li> 元素添加 type 属性,为单独的列表项指定标志样式。<li> 元素中的 type 属性会覆盖 <ul> 元素中 type 属性的设置。

type 属性的取值有 3 种:disc(实心圆形,为默认值)、circle(空心圆形)和 square(实心矩形)。例如,查看如下代码:

```
<body>
    <ul>
        <li>one</li>
        <li type="circle">two</li>
        <li type="square">three</li>
    </ul>
</body>
```

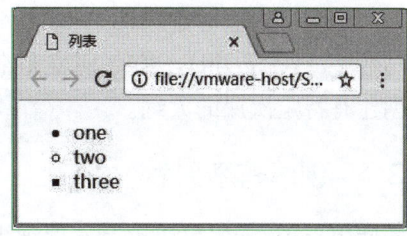

图 4-2

上述代码在浏览器中的显示效果如图 4-2 所示。

4.1.3 列表的嵌套

列表中能够嵌套其他列表，即列表中会包含多个单独的列表，而每个列表对应于原列表中的一项。

无论嵌套的位置如何，在默认情况下，无序列表的第一级将采用实心圆点符号，第二级采用空心圆点符号，第三级和后续各级采用方块符号。例如，查看如下代码：

```html
<body>
    <ul>
        <li>
            Web 基础知识
            <ul>
                <li>Web 与 Internet</li>
                <li>Web 的工作原理</li>
                <li>Web 相关技术</li>
            </ul>
        </li>
        <li>
            HTML 快速入门
            <ul>
                <li>相关术语</li>
                <li>基础语法</li>
                <li>文档结构</li>
            </ul>
        </li>
    </ul>
</body>
```

图 4-3

上述代码在浏览器中的显示效果如图 4-3 所示。

4.2 有序列表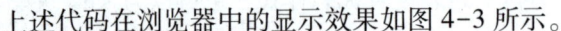

有时，希望列表是有序的。在有序列表中，列表中每一项的前缀不是符号，而是有特定次序意义的，如数字（1、2、3）或者字母（a、b、c）或者罗马数字（i、ii、iii）。有序列表非常适合于提供对完成某一任务的分步式说明，或者用来创建有特定次序的大纲。

4.2.1 创建有序列表

使用 <ol> 元素可以编写有序列表，同样，<ol> 元素中只能包含 <li> 元素，用来表示有序列表中的每一个列表项。例如，查看如下代码：

```
<body>
    <ol>
        <li>one</li>
        <li>two</li>
        <li>three</li>
        <li>four</li>
    </ol>
</body>
```

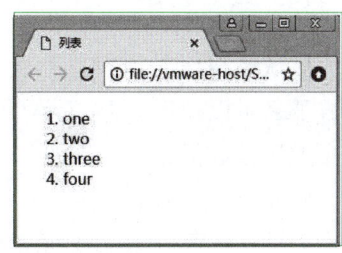

图 4-4

上述代码在浏览器中的显示效果如图 4-4 所示。

默认情况下，有序列表中的列表项用阿拉伯数字（如 1、2、3 等）进行编号，且列表项自动缩进。

4.2.2 选择标志

创建有序列表时，也可以使用 type 属性选择列表项左边出现的编号。可以为 <ol> 元素添加 type 属性，为整个列表设置标志样式，也可以为 <li> 元素添加 type 属性，为单独的列表项指定标志样式。<li> 元素中的 type 属性会覆盖 <ol> 元素中的 type 属性。

有序列表中 type 属性的取值见表 4-1。

表 4-1 有序列表中 type 属性的取值

type 属性的值	描述	示例
1	阿拉伯数字（默认值）	1、2、3、4、5
a	小写字母	a、b、c、d、e
A	大写字母	A、B、C、D、E
i	小写罗马数字	i、ii、iii、iv、v
I	大写罗马数字	I、II、III、IV、V

例如，查看如下代码：

```
<body>
    <ol type="i">
        <li>one</li>
        <li>two</li>
        <li type="a">three</li>
        <li>four</li>
    </ol>
</body>
```

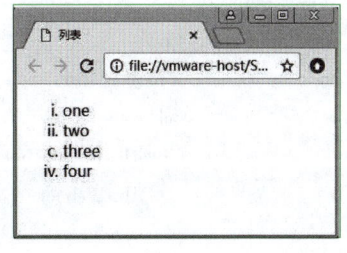

图 4-5

上述代码在浏览器中的显示效果如图 4-5 所示。

4.2.3 改变起始值和编号

默认情况下，列表总是从 1 开始，如果希望有序列表的编号从 1 之外的某个数值开始，那么可以使用 <ol> 元素的 start 属性来指定列表的起始数值。start 属性的值必须是列表项顺序的数值表示，例如，在使用大写字母排序的有序列表中，如果希望列表从 D 开始，则 start 的值应该为 4。

另外，还可以为 <li> 元素设置 value 属性，以指定某个具体列表项的编号。value 属性的值也只能是数值表示，浏览器会自动将数字转换为具体的标志类型。例如，在使用大写字母排序的有序列表中，如果希望某个列表项的序号为 C，则 value 的值应该为 3。使用 value 属性修改某个列表项的编号后，后续列表项也会相应地重新编号。例如，查看如下代码：

```
<body>
    <ol type="a" start="2">
        <li>one</li>
        <li>two</li>
        <li value="4"    type="I">three</li>
        <li>four</li>
    </ol>
</body>
```

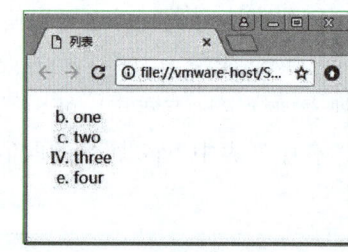

图 4-6

上述代码在浏览器中的显示效果如图 4-6 所示。

4.2.4 列表的嵌套

使用有序列表的嵌套，尤其适用于创建大纲，此时可能有多层列表项。例如，可能希望编号一个类似于目录大纲的列表，这个列表会包含多个单独的列表，而每个列表对应于编号列表中的一项。

无论嵌套的位置如何，有序列表在默认情况下总是显示阿拉伯数字的编号，但可以修改为其他类型的编号。例如，查看如下代码：

```
<body>
    <ol>
        <li>
            Web 基础知识
            <ol type="i">
                <li>Web 与 Internet</li>
                <li>Web 的工作原理</li>
                <li>Web 相关技术</li>
            </ol>
        </li>
        <li>
```

```
            HTML 快速入门
            <ol type="i">
                <li>相关术语</li>
                <li>基础语法</li>
                <li>文档结构</li>
            </ol>
        </li>
    </ol>
</body>
```

图 4-7

上述代码在浏览器中的显示效果如图 4-7 所示。

4.3 定义列表

（X）HTML 还提供了定义列表。定义列表是一种特殊类型的列表，这种列表用于提供术语及术语后面简短的文本定义和描述。定义列表非常适用于创建词汇表，或者用来创建多层分级目录。

定义列表包含在一个 <dl> 元素中，<dl> 元素中包含多个交替出现的 <dt> 元素和 <dd> 元素。每个 <dt> 元素的内容是即将定义的一个术语，而紧随其后的 <dd> 元素中包含对于 <dt> 中术语的详细解释。<dd> 中的文本内容会自动相对于临近的前一个 <dt> 中的内容向右缩进一段距离。例如，查看如下代码（为了代码的可读性，在 <dd> 元素标记前添加了缩进编辑，这并不影响其实际表现）：

微课视频 019
其他列表

```
<body>
    <dl>
        <dt>Unordered list</dt>
            <dd>A list of bullet points. </dd>
        <dt>Ordered list</dt>
            <dd>An ordered list of points,such as a numbered set of steps. </dd>
        <dt>Definition list</dt>
            <dd>A list of terms and definitions. </dd>
    </dl>
</body>
```

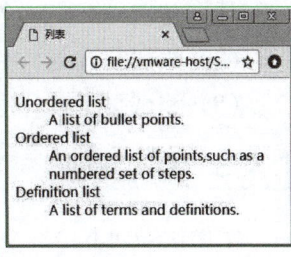

图 4-8

上述代码在浏览器中的显示效果如图 4-8 所示。

4.4 案例：使用列表

4.4.1 案例描述

本案例中需要创建一个页面，使用列表实现如图 4-9 所示的效果。

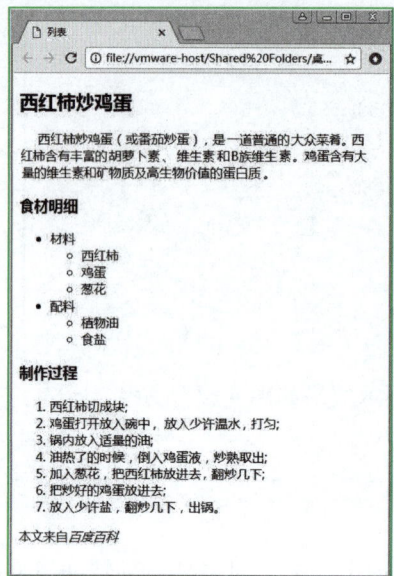

微课视频 020

案例：使用列表

图 4-9

4.4.2 案例分析

实现本案例的步骤如下：

（1）新建一个纯文本文件，修改扩展名为 .htm 或者 .html，并创建文档的结构（如版本信息、头部信息和主体元素等）。

（2）使用<h2>元素创建文本标题。

（3）使用<p>元素创建段落描述文本。

（4）使用<h3>元素创建另一个文本标题。

（5）使用嵌套的列表定义"食材明细"的分级文本。

（6）使用<h3>元素创建"制作过程"的标题文本，并使用列表创建相关过程的文本。

（7）添加其他文本。

（8）测试页面。

4.4.3 案例实现

案例代码如下：

```
<!DOCTYPE html>
<html>
    <head>
        <title>网页中的文本</title>
    </head>
    <body>
        <h2>西红柿炒鸡蛋</h2>
        <p>    西红柿炒鸡蛋(或番茄炒蛋)，是一道普通的大众菜肴。西红柿含
```

```
有丰富的胡萝卜素、维生素和 B 族维生素。鸡蛋含有大量的维生素和矿物质及高生物价值的蛋白质。</p>
            <h3>食材明细</h3>
            <ul>
                <li>材料
                    <ul>
                        <li>西红柿</li>
                        <li>鸡蛋</li>
                        <li>葱花</li>
                    </ul>
                </li>
                <li>配料
                    <ul>
                        <li>植物油</li>
                        <li>食盐</li>
                    </ul>
                </li>
            </ul>
            <h3>制作过程</h3>
            <ol>
                <li>西红柿切成块;</li>
                <li>鸡蛋打开放入碗中,放入少许温水,打匀;</li>
                <li>锅内放入适量的油;</li>
                <li>油热了的时候,倒入鸡蛋液,炒熟取出;</li>
                <li>加入葱花,把西红柿放进去,翻炒几下;</li>
                <li>把炒好的鸡蛋放进去;</li>
                <li>放入少许盐,翻炒几下,出锅。</li>
            </ol>
            本文来自<i>百度百科</i>
        </body>
</html>
```

4.5 本章小结

(X)HTML 规范包含用来创建条目列表的特殊代码,可以用来创建符号列表、编号列表、定义列表或者其他列表。这些列表常用来以条目的方式概括网页上的内容。

所有列表都是由主要代码和次要代码构成。主要代码指定要创建的列表类型,如 <ol> 表示有序列表,<ul> 表示无序列表,<dl> 表示定义列表;次要代码指定创建的列表项,如 <li> 表示除定义列表以外的其他列表项,而<dt> 和<dd> 用来表示定义列表中的列表项。

对于无序列表和有序列表,可以为列表设置格式,如为列表项选择标志,改变有序列表的起始值和编号等。如果需要复杂功能,还可以使用列表的嵌套来实现多级列表。

第5章　超链接和图像

  本章重点

本章主要介绍网页中的超链接和图像的使用，有如下重点：
（1）使用链接转向其他页面，实现导航。
（2）为页面添加图像，并为图像添加链接。
（3）使用 <object> 元素向页面插入各种对象。

链接是 Web 页面的重要特性，可以利用链接转向其他页面，甚至是页面的特定部分。链接也就是通常所说的超链接，访问者可以通过单击页面上的单词、短语或图像等（前提条件是它们添加了链接）在各个 Web 站点之间导航。

图形和图像可以为网站带来生机，可以为 Web 页面添加各种图像，并且为这些图像添加链接。

  本章资源

1. 文本　第 5 章　章节设计
2. 图片　第 5 章　示例图片
3. PPT　第 5 章　超链接和图像
4. 微课视频 021　超链接的路径
5. 微课视频 022　添加超链接
6. 微课视频 023　图像概述
7. 微课视频 024　添加图像
8. 微课视频 025　<object>元素
9. 微课视频 026　案例：使用超链接和图像
10. 案例源代码　chapter_05_code

5.1 超链接的路径

为了介绍与链接相关的内容，先看一个基本链接的例子：

<a href="index.html">Click Me</a>

由上面的代码可以看出，使用 <a> 元素可以指定链接。在起始标记 <a> 和结束标记 </a> 之间的文本组成链接的内容，用户可以在浏览器中单击它们，之后会转向 <a> 元素的 href 属性所指定的页面。href 属性所指定的值被称为超链接的路径，单击链接后去往的页面直接取决于该路径。因此，在学习如何使用链接之前，有必要先了解关于路径的相关知识。

微课视频 021
超链接的路径

5.1.1 目录和目录结构

目录就是 Web 站点中文件夹的名称，如同硬盘上包含多个位于不同层次的文件夹一样，Web 站点也包含多个目录，其中的每个目录包含站点的不同部分。例如，大型站点往往为每个分部（模块）准备一个独立的目录，并且不同类型的文件（如图像、样式表等）通常保存在各自的特定目录中。

通常，会保存整个 Web 站点的主目录，这称为 Web 站点的根目录；位于根目录下的其他文件夹称为子目录（如 book、my 等）；而每个子目录下都会包含具体功能的下一级子目录（如 image、css 等）。

5.1.2 URL 的组成

在了解了站点的目录结构后，下面来学习如何链接到当前站点的其他页面，这些页面可以和当前页面位于同一个文件夹，也可以位于不同的文件夹，用 URL 来表示链接的目标位置。

URL（Uniform Resource Locator，统一资源定位器）用来标识网络中的任何资源（如文本、图片、音视频文件、段落或其他页面文件）。URL 由几部分组成，每个部分向浏览器提供路径的某方面信息。

URL 的组成部分有模式、主机地址、文件路径和其他部分。例如，http://www.w3.org/TR/CSS2/syndata.html 是一个标准的 URL。其中，http 是模式（用://分隔），www.w3.org 是主机名，/TR/CSS2/syndata.html 是要链接的文件路径。

1. 模式

模式用来标识链接到的 URL 的类型，用于指明请求的服务类。例如，大多数页面使用超文本传输协议（Hypertext Transfer Protocol，HTTP）传递信息，大多数 URL 以 HTTP://开头。但是在某些情况下，如下载文件时，也会有其他前缀。

表 5-1 列出了 URL 中常见的模式。

表 5-1　URL 中常见的模式

模式	描述
http://	超文本传输协议用于向 Web 服务器请求页面，并将这些页面从 Web 服务器发送回浏览器
https://	安全超文本传输协议（Secure Hypertext Transfer Protocol，HTTPS）使用数字证书加密在浏览器和 Web 服务器之间发送的数据
ftp://	文件传输协议是在 Web 上传输文件的另一种方法。HTTP 由于与浏览器集成而经常用于浏览 Web 站点，而 FTP 经常用于在 Web 中传输大型文件以及向 Web 服务器上传源文件
File://	用于指明文件位于本地硬盘中或者局域网上的一个共享目录中

2. 主机地址

主机地址是 Web 站点的地址，用于定位 Web 站点。其形式可以是 IP 地址，也可以是站点的域名，如 www.w3.org。

可以利用 IP 地址找到任何连接到 Internet 上的计算机，但是域名比 IP 地址更容易记住，因此也更常用。在实际使用中，域名会由域名服务器（Domain Name Server，DNS）转换为对应的 IP 地址。

3. 文件路径

文件路径表示资源在主机上的路径和请求的资源的文件名。文件路径始终以正斜杠（/）开始，并且可能包含一个或者多个目录名；每个目录之间用正斜杠（/）隔开，而且文件路径大多由文件名结束。例如，文件路径/TR/CSS2/syndata.html 中，/TR/CSS2/是目录，syndata.html 是文件名。

如果路径中不包括文件名，则 Web 服务器往往会执行以下 3 种操作中的某一种（具体取决于服务器的配置）：

- 返回一个默认文件，往往是 index.html 或者 default.html。
- 提供所在目录中的文件列表。
- 显示一条消息，表示无法找到所访问的页面或者无法浏览文件夹中的文件。

4. 其他部分

URL 还可以包含一些其他不常用的部分，如端口号、查询字符串或者文件中的锚点等。

5.1.3　相对 URL 和绝对 URL

URL 用于定位 Internet 中的资源，每个资源都有一个唯一的 URL，代表能够找到该文件的特定地址。URL 分为相对 URL 和绝对 URL。

绝对 URL 又称为完整 URL，即包含 URL 的全部组成部分。相对 URL 是一种简写形式，相对 URL 指定某个文件相对于当前文件的位置。

例如，假设正在查看如下页面：

http://www.tarena.com.cn/index.asp

希望查看某个分部的链接，如 teacher 或者 Beijing，如果不使用完整的 URL，可以这么写 URL：

teacher/teacher.asp

Beijing/students.asp

如果要使用完整的绝对 URL，则需要这么写：

http://www.tarena.com.cn/teacher/teacher.asp

http://www.tarena.com.cn/Beijing/students.asp

因此，在同一个 Web 站点中，往往会使用相对 URL。

1. 相同目录

如果希望链接到相同目录（相同文件夹）中的资源，可以只使用该文件的名称，而不需要指定其他内容。

2. 子目录

如果希望链接到当前路径下某个子目录中的一个页面，则需要先使用子目录的名称，紧跟一个正斜杠（/），然后添加目标页面的名称，如 teacher/teacher.asp。

3. 父目录

如果希望链接到它的父目录中的某个页面，则可以使用"../"符号来返回上一级目录。例如，../../free.asp 表示向上返两级目录后，寻找 free.asp 页面。

4. 默认文件

很多站点中并不需要实际指定要浏览的页面地址，却也可以浏览页面。例如，可能会使用如此的 URL：http://www.tarena.com.cn/，这是因为许多 Web 服务器可以对目录指定默认文档，而大多数服务器都使用 index.html 或者 default.html 作为默认的文件名。

5.1.4 <base> 元素

可以使用 <base> 元素指定页面的基本 URL，为页面上的所有链接规定默认地址。

通常情况下，浏览器会从当前文档的 URL 中提取相应的元素来填写相对 URL 中的空白。如果使用了 <base> 标签定义了当前文件的基本 URL，浏览器随后将不再使用当前文档的 URL，而使用指定的基本 URL 来解析所有的相对 URL。

<base> 标签必须位于 head 元素内部，使用其 href 属性来定义基本 URL 的值。例如，查看如下代码：

```
<head>
    <base href="http://www.tarena.com.cn" />
</head>
```

在这种情况下，如果使用如下的相对 URL：

teacher/teacher.asp

最终将导致浏览器请求如下的页面：

http://www.tarena.com.cn/teacher/teacher.asp

当某个页面被移动到新的服务器时,使用基本 URL 就可以很方便地指定新的地址或者维护旧的地址。

5.2 添加超链接

5.2.1 使用 \<a> 元素

可以使用 \<a> 元素创建一个超链接。一个链接由 3 部分组成:目的地、标签和显示目标。

\<a> 元素的语法如下:

```
<a href="" target="">文本</a>
```

标签就是位于起始标记 \<a> 和结束标记 \</a> 之间的文本,是用户可以看到并且点击的部分,可以是文本或者图像。

href 属性的值代表目的地,用来指定用户单击链接时会发生什么,如显示图像、打开页面、发送电子邮件或者下载文件等。

target 属性的值代表显示目标,它通常被省略,表示在哪里显示访问的资源,如新窗口或者当前窗口。

微课视频 022
添加超链接

5.2.2 链接到文档

如果希望链接到一个文档页面,可以指定 \<a> 元素的 href 属性的值为目标页面的相对 URL 或者绝对 URL。例如,查看如下代码:

```
<body>
    <a href="http://www.google.com.hk">To Google</a>
    <br />
    <a href="teacher/teacher.asp">To other page</a>
</body>
```

上述代码在浏览器中的显示效果如图 5-1 所示。

第一个链接使用的是绝对 URL,单击后会打开 Google 页面。第二个链接使用的是相对 URL,会基于页面的基本 URL 指定的值转换为完整 URL。

标签文本默认会带有下画线,从没有被访问过的 URL 地址对应的链接会显示为蓝色,访问过的链接会显示为紫色。如果要设置更复杂的样式,可以使用后续章节中的 CSS。

图 5-1

5.2.3 链接到 E-mail 地址

可以使用 <a> 元素链接到 E-mail 地址并自动打开用户的默认 E-mail 编辑器,以便向相应的地址发送 E-mail。例如,查看如下代码:

```
<a href="mailto:admin@tarena.com.cn">Mail to us</a>
```

该代码在浏览器中依然显示为超链接,但是当用户单击文本"Mail to us"时,会打开默认的 E-mail 编辑器,如 Outlook,并试图发送邮件。

还可以为邮件指定其他信息,如邮件的主题以及应当抄送的人等。E-mail 链接中能够添加的属性见表 5-2。

表 5-2 E-mail 链接中的属性

属 性	描 述
subject	为 E-mail 指定主题,以便用户更容易识别邮件的来源
body	在 E-mail 主体中添加消息
cc	向抄送地址发送一份邮件的副本,该值必须是有效的 E-mail 地址。如果想提供多个地址,只需重复该属性,并使用 & 符号隔开
bcc	秘密地向密送地址发送一份邮件副本,该值必须是有效的 E-mail 地址。如果想提供多个地址,只需重复该属性,并使用 & 符号隔开

在 E-mail 地址后面添加一个问号"?",以将地址和属性分开。可以使用多个名值对指定多个属性,每个名值对之间用 & 符号隔开,如:

```
<a href="mailto:admin@tarena.com.cn?subject=XHTML&cc=teacher@tarena.com.cn">Mail to us</a>
```

5.2.4 链接到锚点

如果 Web 页面很长,页面就无法完全显示在浏览器窗口中,用户必须滚动才能查找页面的相关部分,这时,可能需要使用链接以便能够方便地跳转到该页面的特定部分。锚点就是为了解决这类问题而存在的。

锚点的作用就是可以在页面的不同特定位置添加源标记,以便使用链接可以链接到这些特定的位置。可以使用 <a> 元素创建目的地锚点,它作为锚点时,必须附带一个 name 或者 id 属性,作为锚点的唯一标识。建议使用 name 属性,因为 id 属性在 HTML4 中才被使用。

创建完目的地锚点后,就可以使用 <a> 元素来添加链接以跳转到目的地锚点,只是 <a> 元素的 href 属性的值需要设置为目的地锚点的 name 或者 id 属性的值,且值前面需要添加#。

例如,查看如下代码:

```
<body>
    <a name="top"></a>
    <h1>The page title</h1>
```

```
<br /><br /><br /><br /><br /><br /><br /><br /><br /><br />
    <a href="#top">Return to top</a>
</body>
```

在页面的一开始也就是页面的顶部定义了一个名为"top"的锚点，并在此代码中添加了多个换行符
，目的是增加页面的长度，以便出现滚动条。然后，在页面的最后添加了一个链接，并链接到前面所定义的锚点。

此代码在浏览器中的显示效果如图 5-2 所示。

单击链接"Return to top"后，将回到页面的顶部。

图 5-2

使用锚点，还可以在链接到其他页面时，定位到目标页面的某个锚点。例如，查看如下代码：

```
<a href="a.html#bottom">To other page</a>
```

单击此链接，可以去往当前目录下的页面 a.html，同时会定位到该页面上 name 或者 id 为 "bottom" 的锚点所指定的特定位置。

5.2.5　在特定的窗口打开

默认情况下，链接会在包含这个链接的同一个窗口中打开，如果设置 target 属性的值为 "_blank"，还会在全新的窗口中打开链接。

如果有命名窗口，则可以设置 target 属性的值为对应页面窗口的名称，以便在指定的窗口中打开。如果一个命名的窗口没有打开，那么浏览器会打开一个新窗口。例如，查看如下代码：

```
<body>
    <h3>List of Links</h3>
    <ul>
        <li>
            <a href="a.html" target="view_window">Page One</a>
        </li>
        <li>
            <a href="b.html" target="view_window">Page Two</a>
        </li>
        <li>
            <a href="c.html" target="_blank">Page Three</a>
        </li>
    </ul>
</body>
```

此代码在浏览器中的显示效果如图5-3所示。

在此页面中，当用户第一次选择前两个链接时，浏览器将打开一个新的窗口，将它标记为"view_window"，然后在其中显示希望显示的文档内容。如果用户从这个内容列表中再一次选择这两个链接时，且这个"view_window"仍处于打开状态，浏览器就会再次将选定的文档载入那个窗口，取代刚才显示的那些文档，而不会重新打开新窗口。

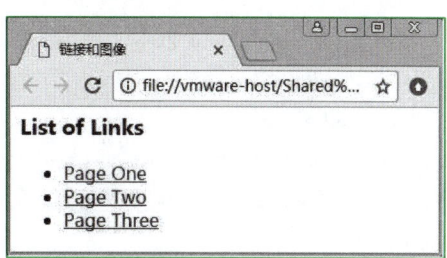

图 5-3

在整个过程中，这个包含了内容列表的窗口是用户可以访问的。通过单击窗口中的一个链接，可以使另一个窗口的内容发生变化。

而当用户选择第3个链接时，无论此前是否打开过，每次都会在新窗口中打开目标页面。

5.2.6　设置默认的显示窗口

如前一节所述，可以为每个链接定义目标文档显示的窗口，也可以为一个页面上的所有链接指定一个默认的显示目标。

\<base\> 元素的 target 属性用来指定默认情况下，页面上所有链接应在其中打开的窗口。例如，查看如下代码：

```
<head>
    <base href="http://www.tarena.com.cn" target="_blank" />
</head>
```

当然，\<base\> 元素依然必须放置在 \<head\> 元素中。另外，通过为单独的链接重新设置 target 属性，可以覆盖在 \<base\> 元素中指定的默认显示目标。

5.2.7　创建其他类型的链接

链接的目标地址并非只能是网页，也可以是其他任何 URL，如 5.2.3 节中的链接到 E-mail。此外，还可以链接到图像、FTP 站点、希望用户下载的文件、新闻组和消息等。

对于 FTP 站点的链接，只需要将 URL 的值设置为合法的 FTP 地址即可，如 ftp://ftp.tarena.com.cn。如果希望创建到 FTP 站点上特定目录的链接，只需要添加具体的路径，比如 ftp://ftp.tarena.com.cn/directory。还可以在 FTP URL 前面添加名称和密码来访问私有的 FTP 站点。

如果创建了浏览器不知道如何处理的文件（如 Excel）的链接，那么浏览器会尝试打开一个辅助程序来查看这个文件。例如，查看如下代码（包含了各种链接）：

```
<body>
    <h3>List of Links</h3>
    <ul>
        <li>
```

```
            <a href="image/happy.gif">Show Image</a>
        </li>
        <li>
            <a href="ftp://ftp.tarena.com.cn/public">FTP Site</a>
        </li>
        <li>
            <a href="movie/free.mov">Advertise</a>
        </li>
        <li>
            <a href="data/book.xml">Xml Data</a>
        </li>
    </ul>
</body>
```

5.3 图像概述

微课视频023
图像概述

图像可以为网页注入生机。在学习如何使用<img>元素向页面上添加图像之前,应该先了解Web上图像的主要格式,并了解如何准备用于Web的图像。

在Web中使用图像时必须非常小心,因为如果没有正确使用它们,则会降低页面的加载速度。一个访问速度缓慢的网站是无法吸引用户的。另外,因为经常要在个人计算机或者笔记本电脑上编写页面,因此往往无法意识到页面加载的时间长短,直到页面真正加载到Web服务器上。因此,在使用图像之前,选择正确格式的图像并保存它们,将有助于提高站点的加载速度。

在为站点保存图像时,通常希望能够以最大程度压缩图像的格式保存图像,以获得较小的文件尺寸,这样可以让页面快速加载,提高用户的满意度。但是过度压缩图像会导致图像画面质量的下降,因此需要根据具体的情况挑选合适的图像格式。

5.3.1 图像格式

计算机创建图形的方式主要有两种:
● 位图图形:位图图形将图片划分为由像素组成的网格,并指定每像素的颜色。常见的位图格式有JPEG、GIF、TIFF和PNG,这些格式通常被混淆地统一命名为位图或者BMP文件。Web上大多数静态图像是位图图像。
● 矢量图形:矢量图形将图像划分为线和形状,并以坐标的形式存储线,然后使用颜色填充线之间的空间。矢量图形常用于艺术线条、图案和动画。

5.3.2 大小和分辨率

数字图像的大小以像素为单位进行度量,如果在Web上使用图像,则最好考虑用户浏览器的分辨率。例如,一个宽800像素、高600像素的照片,在具有同样像素分辨率的显示器中显示为全屏大小，而在 1024 像素×768 像素分辨率的显示器中，则不会填充整个窗口。

当然，可以通过设置图像的高度和宽度来改变图像原有的大小，以便适应页面的显示，具体将在 5.4 节中详细讲述。

5.4 添加图像

5.4.1 \<img\> 元素

微课视频 024
添加图像

通常使用 \<img\> 元素将图像添加到站点中，该元素必须附带 src 属性以指明图像的来源。\<img\> 元素是一种空元素，不需要内容，也不需要结束标记。例如，查看如下代码：

```
<body>
    <img src = "image/daisy.jpg" />
    Some text here.
</body>
```

上述代码在浏览器中的显示效果如图 5-4 所示。

图 5-4

由此可见，src 属性用于指定加载图像的 URL，同样可以是相对 URL 或者绝对 URL。建议在网站中创建单独的图像目录，这样可以方便管理文件。\<img\> 元素除了 src 属性，还可以附带一些其他属性。

5.4.2 使用 alt 属性

alt 属性用于指定图像的备选文本,当用户无法看到图像时(可能因为各种原因),则显示 alt 属性中的文本内容,因此也叫作替换文本。

在用户使用大屏幕和快速连接时,图像可能会快速显示;但是对于手持设备等慢速连接,图像显示的效果可能会很差,浏览器甚至无法正确下载图像文件或者找不到文件,当导致图像无法显示的时候,使用替换文本来描述图像信息,可以提高用户的满意度。例如,查看如下代码(为了让图像和后面的文本位于不同的文本行,需要添加换行元素
):

```
<body>
    <img src="image/rose.jpg" alt="Roses will bloom several times in a season." />
    <br />
    With sunshine, water, and careful tending, roses will bloom several times in a season.
</body>
```

当 image 文件夹中没有 rose.jpg 文件时,则图像无法正常显示,会显示 alt 属性中的文本。不同浏览器对于无法显示的图像的处理略有不同。

上述代码在 Chrome 浏览器中的显示效果如图 5-5 所示。

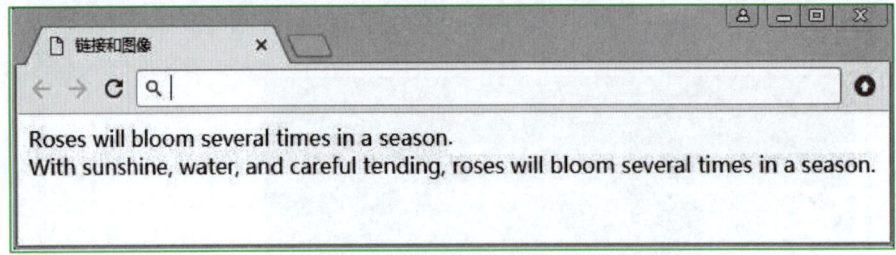

图 5-5

5.4.3 设置图像的大小

当浏览器遇到包含图像的(X)HTML 代码时,它必须装载图像,从而了解图像的大小并为其保留相应的空间。默认情况下,图像的显示大小为图像原本的默认尺寸,这往往会出现不理想的效果。因此,使用 height 和 width 属性来分别指定图像的高度和宽度。

指定图像的大小有助于浏览器更快、更平滑地布局页面,这样浏览器就能够为图像分配正确的空间量,并且在图像加载完成之前生成页面剩余的部分。

height 和 width 属性的值可以设置为以像素为单位的数值,或者设置为百分数(相对于浏览器窗口,而不是原始图像大小)。

> 注意
>
> 如果同时设置 height 和 width 属性的值,必须考虑图像原有高度和宽度的比例,避免

图像变形。因此，如果确实希望以和原始尺寸不同的大小来显示图像，则可以只设置 height 或者 width 属性中的一个，而忽略另一个。这样，浏览器按照原始图像的大小比例进行自动设置，以维护正确的高宽比（过度缩放可能会导致图像不清晰）。

例如，查看如下代码：

```
<body>
    <img width="100" src="image/rose.jpg" alt="Roses will bloom several times in a season" /><br />
    <img width="50%" src="image/rose.jpg" alt="Roses will bloom several times in a season" /><br />
    With sunshine, water, and careful tending, roses will bloom several times in a season.
</body>
```

上述代码在浏览器中的显示效果如图 5-6 所示。

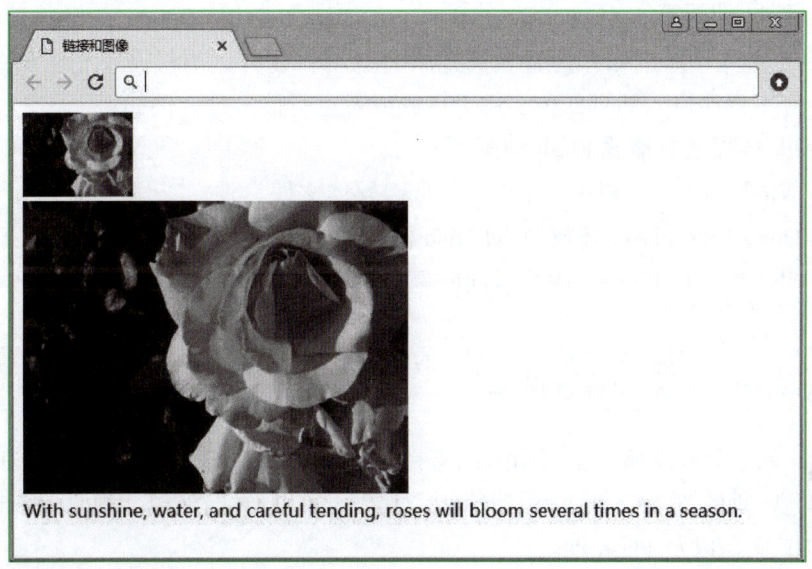

图 5-6

5.5　使用图像作为链接

在图形界面时代，人们习惯于通过单击图像和图标来查看页面，因此经常需要为图像添加链接，用于实现页面的导航。

将图像转换为链接是很容易的操作，只需要将图像放置于起始标记 <a> 和结束标记 </a> 之间即可。例如，查看如下代码：

```
<body>
    <a href="Impatiens.html">
        <img width="200" src="image/impatiens.jpg" alt="Impatiens can flower all year" />
    </a>
</body>
```

上述代码在浏览器中，页面上会显示一个图片，鼠标移入图像，则可以单击并链接到具体的页面。

5.6 <object> 元素

微课视频 025
<object>元素

浏览器支持 GIF、JPEG 格式的图像甚至 PNG 格式的图像，但是如果要支持声音文件、电影、Java 应用程序或者动画等媒体文件，则需要使用 <object> 元素在页面包含一些其他类型的软件，以便能够播放或者加载相应的媒体文件。

W3C 在 HTML4 中引入了 <object> 元素，目的是利用它在文档中嵌入所有类型的媒体（图像除外），如 MP3 文件、Flash 动画、QuickTime 格式的电影、JavaScript 对象、Java 小程序和 Silverlight 动画等。

当需要在 Web 页面中嵌入声音、视频或者应用程序时，不仅需要相应的文件，还需要选择一种应用程序嵌入到页面中，用于播放或者运行该文件。例如：

- 利用 Flash 播放器播放 Flash 动画。
- 利用 Windows Media Player 播放 Windows 媒体文件。
- 使用 QuickTime player 播放 QuickTime 格式的电影等。

需要说明的是，在 HTML5 中，对此问题已经有了更好的解决方案，因此本节内容仅作了解即可。

5.6.1 <object> 元素的基本用法

<object> 元素最初由微软公司引入以支持其 ActiveX 技术，不久后就用于在 Web 页面上嵌入所有类型的对象，可以用于包含对象，如图像、音频、视频、Java Applets、ActiveX、PDF 文档以及 Flash 动画。

浏览器的对象支持有赖于对象类型。不幸的是，主流浏览器都使用不同的代码来加载相同的对象类型。而幸运的是，object 对象提供了解决方案。如果未显示<object> 元素，就会执行位于 <object> 和 </object> 之间的代码。

在详细了解 <object> 元素之前，先查看如下代码：

```
<body>
    <object height="50%" width="50%" type="image/jpeg" data="image/daisy.jpg">
        Your browser does not appear to support the format used in this image.
    </object>
    <object type="text/html" height="50%" width="50%" data="http://www.w3school.com.cn">
        Your browser does not appear to support the format used in this page.
    </object>
</body>
```

上述代码在浏览器中的显示效果如图 5-7 所示。

图 5-7

由此可见，可以使用 <object> 元素在页面上嵌入显示图像或者网页，因为浏览器支持这两种文件，因此可以正常显示。在正常显示时，<object> 元素中的文本并不显示，但是如果浏览器不支持 <object> 元素需要显示的文件格式，则会显示元素中的文本。

例如，如果将上述代码略作修改（注意查看阴影加重部位的代码，故意写错 type 属性的值）：

```
<body>
    <object height="50%" width="50%" type="image/jg" data="image/daisy.jpg">
        Your browser does not appear to support the format used in this image.
    </object>
    <object type="text/html" height="50%" width="50%" data="http://www.w3school.com.cn">
        Your browser does not appear to support the format used in this page.
    </object>
</body>
```

上述代码在浏览器中的显示效果如图 5-8 所示。

利用这种特性，在嵌入复杂格式的文件时，如果不确定浏览器的支持程度，可以嵌套多个 <object> 元素（每种对应一种浏览器）。

5.6.2 使用 <object> 元素添加其他对象

前面介绍过，可以使用 <object> 定义一个嵌入的对象，常用于向页面添加多媒体。此元素允许插入 (X)HTML 文档中对象的数据和参数，以及可用来显示和操作数据的代码。

图 5-8

为了在页面上嵌入一个对象，往往需要指定以下内容：
- 显示或播放的实际数据（如电影、音频文件或程序）。
- 用于显示或者播放对象的代码的位置（播放程序的位置，有时称为对象的实现）。
- 对象在运行时所需要的一些额外值。

播放的数据和支持播放的代码在 <object> 元素中指定，而额外的值使用 <param> 元素提供。它是 <object> 元素的子元素，在 5.6.3 节中将详细介绍该元素。

由 5.6.1 节的例子可以知道，<object> 元素的正确使用取决于其属性的设置，如 type 属性或者 data 属性。<object> 元素具有如下属性。

1. data 属性

定义引用对象数据的 URL。如果对象有一个文件需要播放或者处理，则 data 属性用于指定该文件的 URL。该属性的值可以是一个相对 URL 或者绝对 URL。例如，可以用如下代码指定一个 MP3 文件的 URL 地址：

```
<object data="music/happy.mp3"></object>
```

2. type 属性

定义被规定在 data 属性中指定的文件中出现数据的 MIME 类型。

3. classid 属性

classid 属性用于指定对象的实现。当需要在页面中包含需要加载的文件以及相应插件时，该属性的值指示播放或者运行这些文件所需要的应用程序。它的值通常是嵌入 Windows Registry 中或某个 URL 中类的 ID 值。当工作于 Java 环境中时，这个属性的值可能是希望包含的 Java 类。例如，可以用如下代码在页面上嵌入播放器以播放 QuickTime 格式的电影：

```
<object classid="clsid:02BF25D5-8C17-4B23-BC80-D3488ABDDC6B">
</object>
```

4. codebase 属性

定义在何处可找到对象所需的代码，提供一个基准 URL。如果没有指定该属性，则使用页面所在的文件夹。当遇到 QuickTime 格式的电影或者 Flash 动画时，IE 使用该属性指定播放或者运行这些文件所需要的程序的位置。该属性也可以标识需要下载的文件的版本。如果对象没有安装在加载页面的机器中，浏览器将进入 URL 所指定的位置获取文件。例如，可以用如下代码在页面上嵌入播放器以播放 Flash 动画：

```
<object classid="clsid:D27CDB6E-AE6D-11cf-96B8-444553540000" codebase="http://download.macromedia.com/pub/shockwave/cabs/flash/swflash.cab">
</object>
```

5. codetype 属性

该属性用于指示浏览器所期望的 MIME 类型，仅在指定 classid 属性后才会使用该属性。例如，如果工作于 Java 环境中，则指定该属性如下：

```
<object codetype="application/java"></object>
```

如果希望在页面中嵌入 QuickTime 电影，则使用如下代码：

```
<object codetype="video/quicktime"></object>
```

6. height 和 width 属性

用于指定对象的高度和宽度，属性的值是像素或者百分比，类似于 <img> 元素的 height 和 width 属性。使用这两个属性可以提高页面的加载速度，因为浏览器可以在对象没有完全加载的情况下先开始布局页面剩余的部分。

5.6.3 <param> 元素

使用 <object> 及其相关属性可以在页面上嵌入一些特殊对象，如果需要额外设置一些数据，如设置是否在页面加载时自动播放视频，或者是否等待用户单击播放按钮后再开始播放，或者设置是否循环播放等，则需要使用 <param> 元素向对象传递参数。

对象所需要的参数取决于对象完成的任务。例如，如果对象的任务是加载 MP3 播放器到页面中，则需要指定 MP3 文件的位置；如果需要设置是否自动播放，则需要设置自动播放参数。

<param>元素是一个空标记元素，即没有结束标记，用斜杠代表结束，如<param />。每一个 <param> 元素用来设置一个参数，如果有多个参数，则可以使用多个 <param> 元素。

主要使用 <param> 元素的一些关键属性来设置数据，该元素的属性如下。

1. name 和 value 属性

name 和 value 属性作为一个"名/值"对存在。name 属性提供传递给应用程序的参数的名称，而 value 属性提供该参数的值。例如，查看如下代码：

```
<param name="src" value="movie/birthday.mov" />
<param name="autoplay" value="true" />
```

第一个参数指示播放文件的 URL，第二个参数指示在页面加载时自动播放。

2. type 属性

如果传递给对象的参数是一个字符串，则不需要指定 type 属性。但是，如果传递一个 URL 或者对象，则应当使用 type 属性，以告诉对象即将传递的参数的 MIME 类型。

例如，如果希望指定传递一个 Java 对象作为参数，则设置 type 属性的值为 application/java。

3. valuetype 属性

如果对象接受参数，则 valuetype 属性指示参数的类型，如文件、URL 或者另外一个对象。表 5-3 列出了常见的取值。

表 5–3　valuetype 属性的取值

值	描述
data	参数值是一个简单的字符串（默认值）
ref	参数值是一个 URL
object	参数值是另一个对象

介绍完 <param> 元素的属性后，查看一个例子。为了在页面嵌入 Flash 动画，添加如下代码：

```
<object classid="clsid:D27CDB6E-AE6D-11cf-96B8-444553540000" width="300" height="200" codebabse="http://download.macromedia.com/pub/shockwave/cabs/flash/swflash.cab">
    <param name="movie" value="movie/flash_sample.swf">
    <param name="play" value="true">
    <param name="loop" value="false">
</object>
```

5.7　案例：使用超链接和图像

微课视频 026

案例：使用超链接和图像

5.7.1　案例描述

本案例中，需要创建一个页面，网页效果如图 5-9 所示。

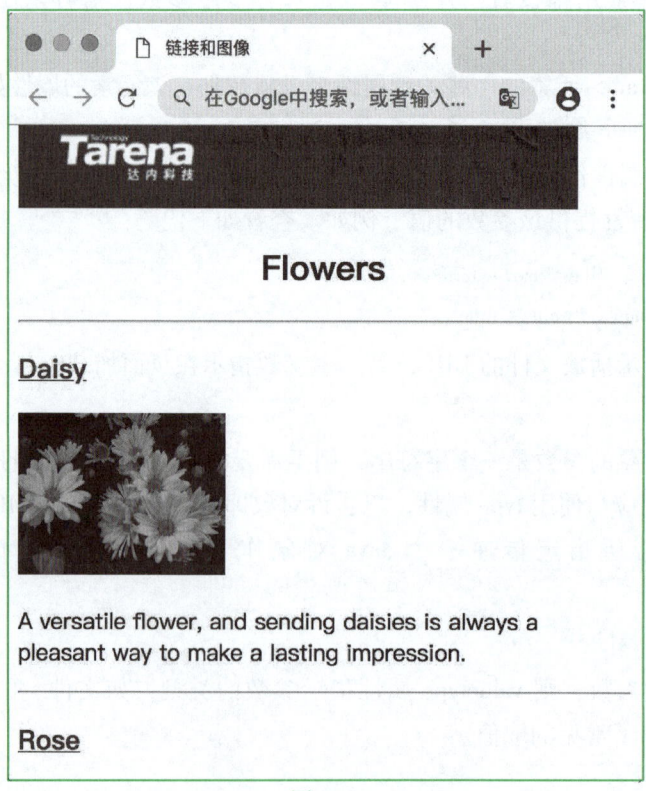

图 5-9

该页面首先显示一个 Logo 图像，页面的其他部分需要显示几种鲜花的图片和介绍文本，其中，花名和鲜花图片都添加链接，以链接到具体的详细页面。因为页面信息较多，会显示纵向滚动条，当页面滚动到底部时，可以单击底部的"Top"图像，以返回到页面的顶部。网页效果如图 5-10 所示。

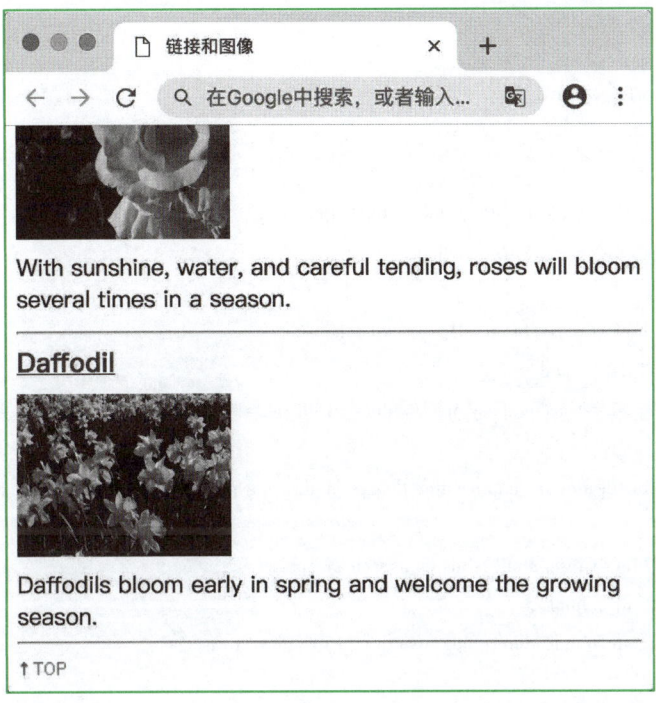

图 5-10

5.7.2 案例分析

实现本案例的步骤如下：

（1）新建一个纯文本文件，修改扩展名为 .htm 或者 .html，并创建文档的结构（如版本信息、头部信息和主体元素等）。

（2）使用<img>元素显示 Logo 图像。

（3）使用<h2>元素创建"Flowers"文本标题。

（4）使用<hr>定义分隔线，并使用<h3>元素定义"Daisy"链接，链接到 daisy.html 页面。

（5）继续使用 <a> 元素定义同样链接到 daisy.html 的链接，并包含<img>元素，显示 daisy.jpg 图像；设置图像的宽度。

（6）使用<p>元素定义对于图像的描述文本。

（7）仿照上述步骤，继续添加另外两个图片的链接。

（8）使用<a>元素定义返回到页面顶部的链接。

（9）测试页面。

5.7.3 案例实现

案例代码如下：

```html
<!DOCTYPE html>
<html>
    <head>
        <title>链接和图像</title>
    </head>
    <body>
        <img src="image/logo.gif" width="400" alt="logo" />
        <h2 align="center">Flowers</h2>
        <hr />
        <h3><a href="daisy.html">Daisy</a></h3>
        <a href="daisy.html">
            <img src="image/daisy.jpg" width="150" alt="daisy"/>
        </a>
        <p>A versatile flower, and sending daisies is always a pleasant way to make a lasting impression.</p>
        <hr />
        <h3><a href="rose.html">Rose</a></h3>
        <a href="rose.html">
            <img src="image/rose.jpg" width="150" alt="rose"/>
        </a>
        <p>With sunshine, water, and careful tending, roses will bloom several times in a season.</p>
        <hr />
        <h3><a href="daffodil.html">Daffodil</a></h3>
        <a href="daffodil.html">
            <img src="image/daffodil.jpg" width="150" alt="daffodil" />
        </a>
        <p>Daffodils bloom early in spring and welcome the growing season.</p>
        <hr />
        <a href="#">
            <img src="image/top.gif" alt="Return to top" />
        </a>
    </body>
</html>
```

5.8 本章小结

本章主要介绍了在页面添加超链接、图像和其他多媒体文件方面的知识。

在介绍链接之前，首先介绍了 URL 的相关知识，特别是 URL 的组成、相对 URL（它描述了资源相对于包含它的文档的相对位置）和绝对 URL（完整 URL，类似于浏览器地址栏中的内容）的区别。这些知识对于添加链接、图像和其他对象来说非常有用。

然后讲解链接的用法。链接是(X)HTML 的一部分，使得站点的用户能够在页面间切换以实现导航，甚至可以在页面的不同部分之间切换，从而做到不用滚动也可以找到所需要的位置。可以使用 <a> 元素创建链接，其内容就是用户能够单击的内容，可以是文本也可以是图像。

在学习如何为页面添加图像之前，先介绍了图像的基础知识，Web 页面可以包含不同类型的图像从而使得页面变得更生动。同时，必须注意图像的尺寸，过大的图像会导致页面加载变慢。因此必须选择合适的图像格式，一方面可以很好地压缩图像以减少图像的尺寸，另一方面还必须能够保证图像的画面质量。经常使用 GIF 格式保存具有大面积单调颜色的图像，而使用 JPEG 格式存储照片或者具有复杂颜色效果的图形。如果需要在页面中使用大量图像，则可能需要专门的图像编辑软件。

选择好图像格式后，就可以使用 <img> 元素在页面添加图像；如果需要在页面嵌入其他多媒体对象，如音频文件、视频文件或者动画，则可以使用 <object> 元素，并使用 <param> 元素为对象传递参数数据。

第6章 表格

 本章重点

本章主要介绍网页中表格的使用,有如下重点:

(1) 使用表格的基本元素创建表格。

(2) 创建复杂的表格,并实现页面的布局。

(3) 如何控制表格的外观。

表格通常用于显示各种各样的数据,也常用于实现页面的布局。

本章首先介绍用于创建表格的基本元素,然后介绍表格的一些高级功能,如添加表标题、创建不规则表格以实现复杂的页面布局等。本章也会介绍一些用于控制表格外观的标记,这些标记大多已经逐渐被淘汰,建议使用CSS来控制表格的外观,但是它们依然被广泛支持且使用。

 本章资源

1. 文本　第6章　章节设计
2. 图片　第6章　示例图片
3. PPT　第6章　表格
4. 微课视频027　表格概述
5. 微课视频028　创建表格
6. 微课视频029　表格的高级应用
7. 微课视频030　案例:使用表格
8. 案例源代码　chapter_06_code

6.1 表格概述

表格被设计的最初目的是用来容纳表格式数据,如统计结果、财政报告和设施清单等,但是很快就承担起一个更大的任务,就是用作页面的布局。在 CSS 出现以前,很多复杂的页面布局都是依靠表格来实现的,如多栏、边栏等效果。只是,过度用表格进行布局(尤其是复杂的表格嵌套)会让页面变得复杂,导致页面难以维护。

后来,W3C 推出了 CSS,而且它也得到了广泛的支持,即使不使用表格也可创建出漂亮的布局。可以将表格想象为网格,类似于电子数据表,表由行和列组成,如图 6-1 所示。

微课视频 027
表格概述

图 6-1

由图 6-1 可以看出,表格就是由一些矩形组成的网格,每一个矩形称为一个单元格,而行或者列都由一些单元格集合组成。

6.2 创建表格

微课视频 028
创建表格

6.2.1 表格的基本结构

定义一个表格时,只需要使用成对的 \<table>\</table> 标记就可以完成,然后使用成对的 \<tr>\</tr> 标记来创建表行,并使用成对的 \<td>\</td> 标记创建单元格。

在创建表格时,通过逐行的方式来创建表。例如,查看如下代码:

```
<body>
    <table border="1">
        <tr>
            <td>第 1 行, 第 1 列</td>
            <td>第 1 行, 第 2 列</td>
        </tr>
        <tr>
            <td>第 2 行, 第 1 列</td>
            <td>第 2 行, 第 2 列</td>
```

```
            </tr>
        </table>
    </body>
```

上述代码在浏览器中的显示效果如图 6-2 所示。

由此可见，先创建一个 <table> 元素来表示表格，然后逐行使用 <tr> 元素创建表行，并在 <tr> 元素里逐个使用 <td> 元素来创建单元格，而具体的数据包含在 <td> 元素中。这就构成了表格的基本结构。

所有的表格都必须遵循这个基本结构，即使单元格中没有任何内容，也不能省略 <td></td> 标记，而且在这个基本结构的基础上，可以使用一些其他元素或者属性来控制表格的外观。

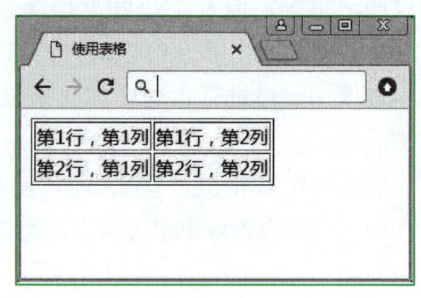

图 6-2

注意

首先，如果不设置 <table> 元素的边框，即 border 属性，表格是不会显示边框的；其次，如果没有某个结束标签或者尖括号，将导致表格不能正常显示；最后，表格可能会占用大量的代码空间，使得文档变长，此时强烈建议使用带有缩进编排和换行的代码来提高代码的可读性。

6.2.2 <table>元素

<table> 元素用来表示一个表格，是一个包含元素，用来包含其他子元素。<table> 元素可以附带很多属性以控制表格的外观，虽然这些属性大都逐渐被淘汰，但是目前仍然被大量使用且广泛支持。

1. border 属性

默认情况下，表格并不会显示边框，这是因为如果表格被用作页面布局，往往是不需要显示边框的。如果需要它显示边框，则可以设置 border 属性。该属性的值表示边框的宽度，单位为像素，如果设置为 0，或者不设置，则不显示边框。

border 属性会为表格和每个单元格应用边框，并用边框围绕表格。但是如果 border 属性的值发生改变，那么只有表格周围边框的尺寸会发生变化，而表格内部的边框则是 1 像素宽，并不会改变。例如，查看如下代码：

```
<body>
    <table border="4">
        <tr>
            <td>第 1 行,第 1 列</td>
            <td>第 1 行,第 2 列</td>
        </tr>
        <tr>
```

```
            <td>第 2 行, 第 1 列</td>
            <td>第 2 行, 第 2 列</td>
        </tr>
    </table>
</body>
```

上述代码在浏览器中的显示效果如图 6-3 所示。

由图 6-3 可以看出，border 属性的值只会影响表格的外边框，即表格周围的边框，而表格内部的边框依然使用 1 像素来显示。如果要设置单元格的边框或者其他细节，则需要使用其他属性或者 CSS 样式。

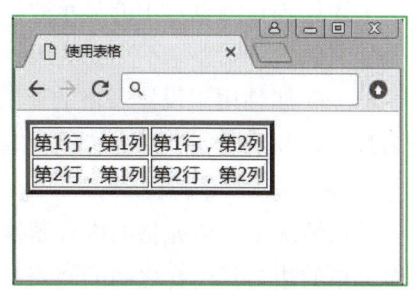

图 6-3

2. align 属性（不赞成使用）

align 属性表示表格在页面当前行的对齐情况，可以取值为 left（表格位于页面左边，为默认值）、right（表格位于右边）或者 center（表格居中显示）。

3. width 属性

从上面的例子可以看出，默认情况下表格的宽度是适应表格内容的，可以使用 width 属性来指定表格的宽度，单位是像素或者可用空间的百分比。当表格没有被包含在其他元素中（如 <div> 元素或者 <td> 元素）时，可用空间就是页面的宽度，否则可用空间就是包含它的元素的宽度。例如，查看如下代码：

```
<body>
    The first table:<br />
    <table border="1" align="center" width="400">
        <tr>
            <td>第 1 行, 第 1 列</td>
            <td>第 1 行, 第 2 列</td>
        </tr>
        <tr>
            <td>第 2 行, 第 1 列</td>
            <td>第 2 行, 第 2 列</td>
        </tr>
    </table>
    <br />The second table:<br />
    <table border="1" align="right" width="50%">
        <tr>
            <td>第 1 行, 第 1 列</td>
            <td>第 1 行, 第 2 列</td>
        </tr>
```

```
        <tr>
            <td>第 2 行,第 1 列</td>
            <td>第 2 行,第 2 列</td>
        </tr>
    </table>
</body>
```

上述代码在浏览器中的显示效果如图 6-4 所示。

4. bgcolor 属性（不赞成使用）

bgcolor 属性用于设置表格的背景颜色，该属性的值是一个 6 位数字的代码或者一种颜色名称，如 bgcolor="#ff00cc" 或者 bgcolor="red"。

5. cellpadding 属性

默认情况下，单元格的内容紧挨着单元格的左边框，可以使用 cellpadding 属性用来定义单元格的边与其内容之间的间隔，单位为像素或者百分比（表格宽度的百分比）。设置该属性可以增加页面的可阅读性。

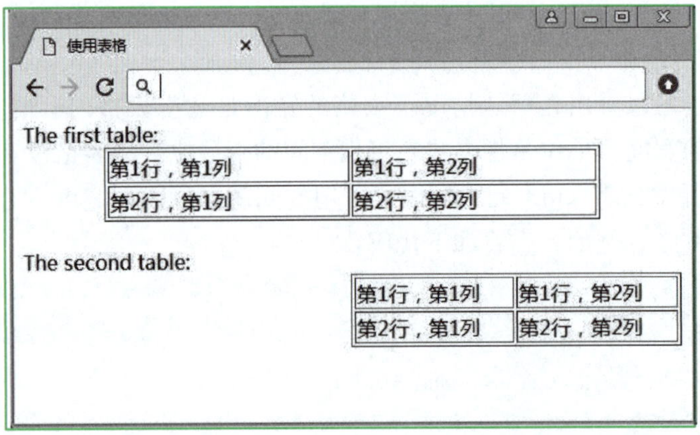

图 6-4

6. cellspacing 属性

默认情况下，单元格和单元格之间有一些默认的间距，而 cellspacing 属性用于定义单元格和单元格之间的间隔。该属性的值可以是单元格之间的空间量，单位为像素或者百分比（表格宽度的百分比）。例如，查看如下代码：

```
<body>
    The first table:<br />
    <table border="1" align="center" width="400" bgcolor="#ccffff" cellpadding="10" cellspacing="5">
        <tr>
            <td>第 1 行,第 1 列</td>
            <td>第 1 行,第 2 列</td>
        </tr>
        <tr>
```

```
            <td>第 2 行,第 1 列</td>
            <td>第 2 行,第 2 列</td>
        </tr>
    </table>
    <br />The second table:<br />
    <table border="1" align="right" width="50%" cellpadding="0" cellspacing="0" >
        <tr>
            <td>第 1 行,第 1 列</td>
            <td>第 1 行,第 2 列</td>
        </tr>
        <tr>
            <td>第 2 行,第 1 列</td>
            <td>第 2 行,第 2 列</td>
        </tr>
    </table>
</body>
```

上述代码在浏览器中的显示效果如图 6-5 所示。

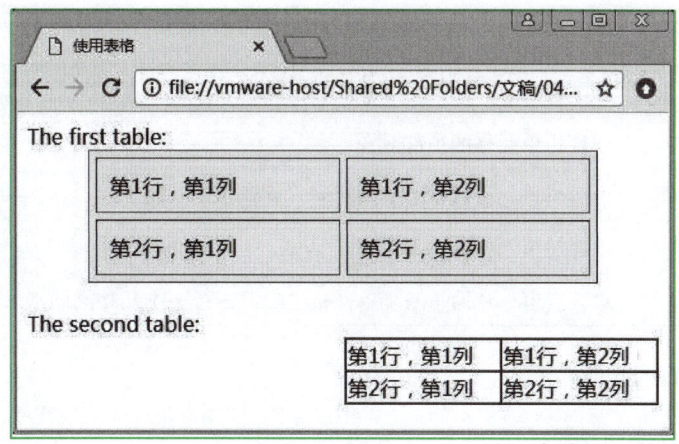

图 6-5

6.2.3 <tr> 元素

每一个 <tr> 元素用于包含表格中的每一行，出现在同一个 <tr> 元素中的内容会显示在同一行中。<tr> 元素可以附带的属性如下。

1. align 属性

align 属性用于设置某行中所有单元格中内容的位置。默认情况下，表格的内容通常是左对齐，可以使用 align 属性来更改文本的对齐方式。

<tr> 元素 align 属性的取值见表 6-1。

表 6-1 <tr>元素 align 属性的取值

值	描 述
left	内容左对齐（默认值）
right	内容右对齐
center	内容居中对齐
justify	两端对齐单元格中的文本以填充整个单元格，这样每行都可以有相同的长度
char	将内容对准指定字符

💡 **注意**

常用的浏览器对于 justify 和 char 的支持并不是很好，仅有 Firefox 2 和 Netscape6+ 支持文本的两端对齐，且 IE 和 Firefox 浏览器都不支持 char 值。

2. valign 属性

默认情况下，单元格中的内容在水平方向上居左显示，可以使用 align 属性来修改；而在垂直方向上居中显示，则可以使用 valign 属性来设置。

<tr> 元素的 valign 属性的取值见表 6-2。

表 6-2 <tr> 元素 valign 属性的取值

值	描 述
top	内容与单元格的顶部对齐
middle	内容与单元格的中心垂直对齐（默认值）
bottom	内容与单元格的底部对齐
baseline	对齐内容，从而每一个单元格中的第一行文本从相同的水平线开始

例如，查看如下代码：

```
<body>
    <table border="1" width="70%" align="right">
        <tr>
            <td height="70">第 1 行<br />第 1 列</td>
            <td>第 1 行, 第 2 列</td>
        </tr>
        <tr align="right" valign="bottom">
            <td height="70">第 2 行<br />第 1 列</td>
            <td>第 2 行, 第 2 列</td>
        </tr>
        <tr valign="baseline">
            <td height="70">第 3 行<br />第 1 列</td>
            <td>第 3 行, 第 2 列</td>
```

```
            </tr>
        </table>
    </body>
```

上述代码在浏览器中的显示效果如图 6-6 所示。

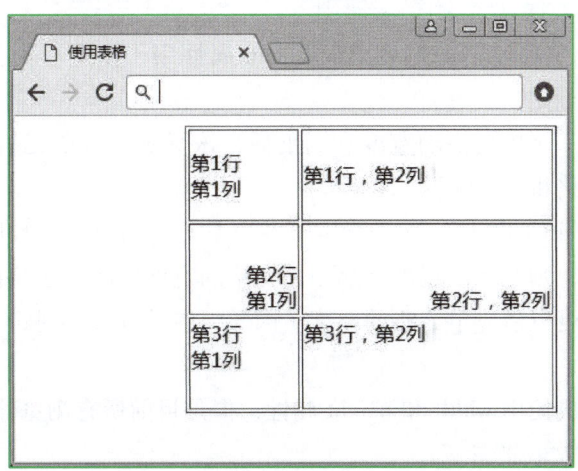

图 6-6

3. bgcolor 属性（不赞成使用）

bgcolor 属性用于设置行的背景颜色，该属性的值是一个 6 位数字的代码或者一种颜色名称，如 bgcolor＝"#ff00cc" 或者 bgcolor＝"red"。通常用于设置表的行交替显示不同的背景色。

6.2.4 <td> 和 <th> 元素

表格中的每一个单元格由一个 <td> 元素或者一个 <th> 元素表示。<td> 元素表示包含表数据的单元格，<th> 元素表示包含表题头的单元格。

默认情况下，<th> 中的内容以粗体显示，并且水平方向上居中排列。而 <td> 中的内容就像前面例子中显示的一样，以默认的非粗体效果显示，且水平方向上居左排列。

除此之外，<td> 和 <th> 元素具有相同的属性集合，这些属性用于定义单元格中的内容效果。如果在 <table> 或者 <tr> 元素中设置了相同的属性，则 <td> 或者 <th> 中属性的设置将优先显示。<td> 和 <th> 元素可以附带的属性如下。

1. align 属性

align 属性用于设置当前单元格中内容的水平对齐方式。该属性可以取值为 left、right、center、justify 和 char，和 6.2.3 节中所讲述的 <tr> 元素的 align 属性相同。

2. valign 属性

valign 属性用于设置当前单元格中内容在垂直方向上的对齐方式，可以取值为 top、middle、bottom 和 baseline，和 6.2.3 节中所讲述的 <tr> 元素的 valign 属性相同。

3. bgcolor 属性（不赞成使用）

bgcolor 属性用于设置单元格的背景颜色，该属性的值是一个 6 位数字的代码或者一种颜色名称，如 bgcolor＝"#ff00cc"或者 bgcolor＝"red"。通常用于设置单元格交替显示不同的背景色。

4. width 和 height 属性（不赞成使用）

width 属性用于指定单元格的宽度，而 height 属性用于指定单元格的高度，单位为像素或者可用空间的百分比。

指定某一行的第一个单元格的宽度和高度后，该行的所有单元格将使用相同的高度，而当前列的所有单元格将使用相同的宽度。

如果设置了 <table> 的宽度，而又指定了各个单元格的宽度，且所有单元格的宽度总体上大于表格的宽度，则有些浏览器会缩小单元格的宽度以匹配表格的宽度，而有些浏览器则会增加表格的宽度以适应单元格的宽度。因此，在设置大小时，尽量保持一致，以避免出现奇怪的效果。

不过，尽管不赞成使用 width 和 height 属性，但是目前所有浏览器都支持它们。

5. colspan 和 rowspan 属性

这两个属性用于创建不规则表格，在 6.3.4 节中将详细讲述。

6.3 表格的高级应用

在介绍了表的基础应用后，下面开始讲述表格的一些高级应用。

微课视频 029
表格的高级应用

6.3.1 为表格添加标题

可以使用 <caption> 元素为表格定义标题，默认情况下，标题将在表格上方居中显示。

<caption> 元素必须紧随 <table> 元素之后，且只能对每个表格定义一个标题。

<caption> 元素可以附带一个 align 属性，该属性用于设置标题的对齐方式，该属性可以取值为 left、right、top 或者 bottom，则标题将作为块元素向表格的左边、右边、顶部和底部对齐。例如，查看如下代码：

```
<body>
    <table border="1" width="80%">
        <caption align="bottom">我的表格</caption>
        <tr>
            <td>第 1 行,第 1 列</td>
            <td>第 1 行,第 2 列</td>
        </tr>
        <tr>
            <td>第 2 行,第 1 列</td>
```

```
        <td>第 2 行, 第 2 列</td>
      </tr>
    </table>
  </body>
```

上述代码在浏览器中的显示效果如图 6-7 所示。

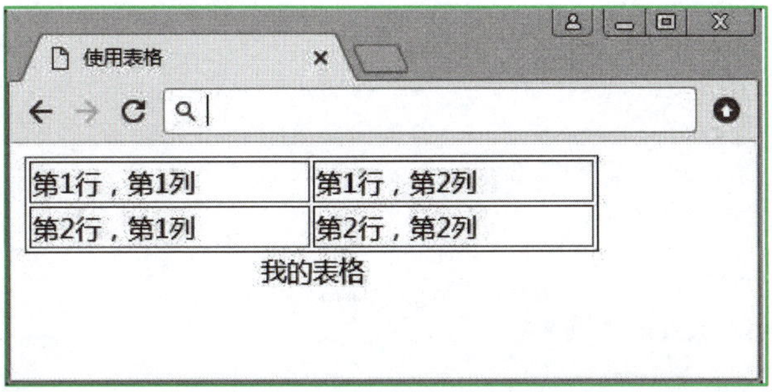

图 6-7

6.3.2 使用行分组

表格可以划分为 3 部分：表头、表主体和表尾。表头和表尾与文档的页眉和页脚类似，而表主体则包含表的主要内容。

对于表各部分的划分可以显示为更丰富的样式。例如，表格的第 1 行往往为标题，可能需要设置为特定的样式，而表的第 2~5 行可能需要统一设置为一种样式，其余的行需要统一设置为另外的一种样式。此时，如果可以将这些行进行分组，则可以很方便地统一设置样式。

将表划分为表头、表主体和表尾的 3 个元素如下。
- <thead>元素：创建独立的表头。
- <tbody>元素：创建表主体。
- <tfoot>元素：创建独立的表尾。

这 3 个元素只能在 <table> 元素中使用，且它们只能包含一个或者多个 <tr> 元素，所以称它们为行分组元素。

这 3 个元素往往结合起来使用。一个表格只能有一个表头和一个表尾，但是可能包含多个<tbody> 元素，以指示不同的数据组。

这 3 个元素常用的附带属性为 align 属性和 valign 属性。
- align 属性用于设置当前行分组中内容的水平对齐方式。该属性可以取值为 left、right、center、justify 和 char，和 6.2.3 节中 <tr> 元素的 align 属性相同。
- valign 属性用于设置当前行分组中内容在垂直方向上的对齐方式，可以取值为 top、middle、bottom 和 baseline，和 6.2.3 节中 <tr> 元素的 valign 属性相同。

为了查看行分组的效果，查看如下代码：

```
<body>
    <table border="1" width="80%">
        <thead align="center" style="font-size:20pt;">
            <tr>
                <td>姓名</td>
                <td>年龄</td>
            </tr>
        </thead>
        <tbody align="right" style="font-size:10pt;">
            <tr>
                <td>Mary</td>
                <td>18</td>
            </tr>
            <tr>
                <td>Jerry</td>
                <td>20</td>
            </tr>
        </tbody>
        <tbody align="center" style="font-size:15pt;">
            <tr>
                <td>John</td>
                <td>16</td>
            </tr>
        </tbody>
        <tfoot align="center" style="background-color:#ffffcc;">
            <tr>
                <td>name</td>
                <td>age</td>
            </tr>
        </tfoot>
    </table>
</body>
```

上述代码在浏览器中的显示效果如图 6-8 所示。可以看出，如果对行分组元素定义了样式，则行分组中所有的行会使用相同的样式。

6.3.3 使用 <colgroup> 元素创建列分组

如同 6.3.2 节中所述，使用行分组可以对多个行进行统一设置，而在复杂表格中，如果需要对一个或者多个相邻的列进行统一设置，则可以使用列分组。

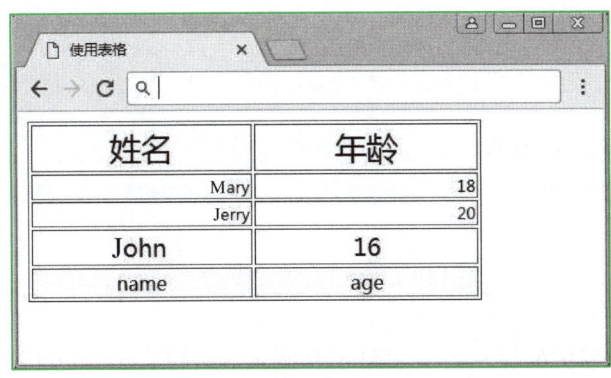

图 6-8

<colgroup >元素用于对表格中的列进行组合，以便对其进行格式化。如需对多个列应用样式，<colgroup> 元素很有用，这样就不需要对各个单元和各行重复应用样式了。

<colgroup> 元素只能在 <table> 元素中使用，且必须紧接在 <table> 元素之后（如果表格有标题，则紧跟在 <caption> 元素之后）。

<colgroup> 元素可以附带如下属性。

1. width 属性

width 属性规定列组的宽度。通常，列组占用的空间就是它显示内容需要的空间。width 属性用于为单元格设置预定义的宽度，单位为像素或者可用空间的百分比。

2. span 属性

span 属性规定列组应该横跨的列数，该属性的值是 <colgroup> 元素能够影响到的列数。

例如，有一个 6 列的表格，第一组有 4 列，第二组有 2 列，这样的表格使用如下代码表示：

```
<colgroup span="4"></colgroup>
<colgroup span="2"></colgroup>
```

浏览器在用上述代码将表格单元格合成列时，它会将每行前 4 个单元格合成第一个列组，将接下来的两个单元格合成第二个列组。这样，<colgroup> 元素的其他属性就可以用于该列组包含的列中了。例如，查看如下代码：

```
<body>
    <table width="100%" border="1">
        <colgroup span="2" width="20%"></colgroup>
        <colgroup style="background-color:#CCC;"></colgroup>
        <tr>
            <th>ISBN</th>
            <th>Title</th>
            <th>Price</th>
```

```
            </tr>
            <tr>
                <td>3476896</td>
                <td>My first HTML</td>
                <td>$53</td>
            </tr>
        </table>
    </body>
```

上述代码在浏览器中的显示效果如图 6-9 所示。可以看出，第 1 列和第 2 列使用相同的样式，即宽度为表格宽度的 20%，第 3 列使用剩余的宽度，且设置了背景色。

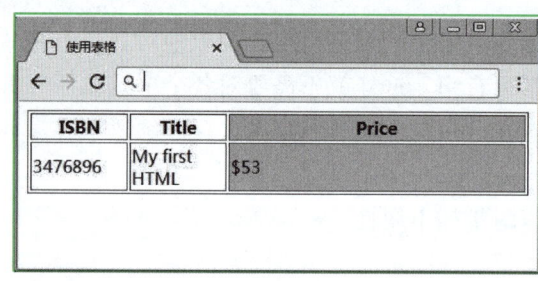

图 6-9

注意

虽然可以使用该元素执行一些基本的格式化，如宽度设置、背景色修改，但是浏览器对于它的支持有限，有些格式化效果无法显示。

6.3.4 创建不规则表格

在 6.2.4 节中讲述 <td> 和 <th> 元素的属性时曾经提及，它们可以附带 colspan 和 rowspan 属性，以创建不规则表格。

1. 跨行和跨列

当创建复杂表格时，可能需要将多个单元格合并为一个单元格，以创建不规则的表格。单元格的合并分为两种情况：横向合并多个单元格和纵向合并多个单元格。

例如，查看如图 6-10 所示的表格。

由图 6-10 可以看出，表格原有的网格结构被改变，第 1 列的后两个单元格被合并为一个单元格（B 单元格），而第 1 列的下面两个单元格被合并为一个单元格（C 单元格）。

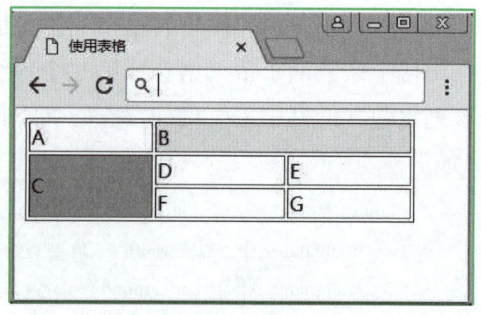

图 6-10

在(X)HTML 中，通过设置单元格的延伸跨越来实现单元格的合并。

colspan 属性允许单元格跨越多列，即在水平方向上延伸，实现水平方向的单元格合并。

rowspan 属性允许单元格跨越多行，即在垂直方向上延伸，实现垂直方向上的单元格合并。

因此，如果需要实现图 6-10 所示的表格效果，需要如下代码：

```html
<body>
    <table width="90%" border="1">
        <tr>
            <td>A</td>
            <td colspan="2" bgcolor="#EEE">B</td>
        </tr>
        <tr>
            <td rowspan="2" bgcolor="#BBB">C</td>
            <td>D</td>
            <td>E</td>
        </tr>
        <tr>
            <td>F</td>
            <td>G</td>
        </tr>
    </table>
</body>
```

由图 6-10 可以看出，对于单元格跨越的每一个额外单元格，不需要再为其定义一个单元格。例如，第一行中只需要两个 <td> 元素，是因为第 3 个单元格被前一个单元格的 colpsan 属性跨越列，因此不再需要额外定义；而第 3 行中也只有两个 <td> 元素，是因为第 3 个单元格被前一个单元格的 rowspan 属性跨越行，因此也不需要再额外定义。

2. 结合行分组和列分组使用

如果设置了 <td> 元素的 rowspan 和 colspan 属性以创建更复杂的表格，在设置表格的行分组和列分组时，按照表格原有的结构和 <td> 元素出现的次序分组。

例如，查看如图 6-11 所示的表格。

由图 6-11 可以看出，表格原有的网格结构被改变，第 1 行的前两个单元格被合并为一个单元格（A 单元格），第 3 行的后两个单元格被合并为一个单元格（E 单元格）；而第 1 列的下面两个单元格被合并为一个单元格（C 单元格），第 3 列的前两个单元格被合并为一个单元格（B 单元格）。D 单元格为正常的单元格。

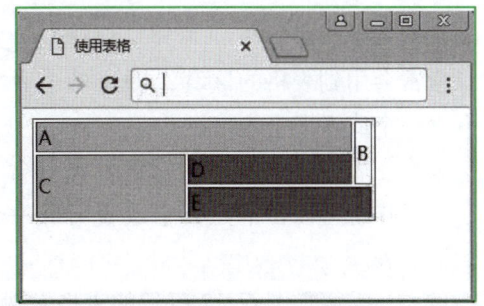

图 6-11

该表格还有样式的设置。A 和 C 单元格使用相同的样式设置（背景色），D 和 E 单元格使用相同的样式设置（背景色和宽度），而 B 单元格使用单独的样式设置（宽度）。

此时，可以针对每个 <td> 元素设置样式属性，但是也可以使用列分组来实现。因此，

如果需要实现图 6-11 所示的表格效果,可以书写如下代码:

```html
<body>
    <table border="1" width="80%">
        <colgroup>
            <col style="background-color:pink;"/>
            <col style="background-color:#FF00CC;width:50%"/>
            <col style="width:10px;"/>
        </colgroup>
        <tr>
            <td colspan="2">A</td>
            <td rowspan="2">B</td>
        </tr>
        <tr>
            <td rowspan="2">C</td>
            <td>D</td>
        </tr>
        <tr>
            <td colspan="2">E</td>
        </tr>
    </table>
</body>
```

由此可见,对于不规则表格,也可以使用行分组或者列分组来实现对表各部分的划分,以实现更丰富的样式定义。对于不规则表格而言,行分组和列分组会取决于表格的结构和 <td> 元素的次序。例如,单元格 B 作为第 3 列而不是第 2 列,是因为除了有单元格 A,还有单元格 C 和 D。不过,对于不规则表格,使用行分组和列分组来设置样式会使得代码变得复杂而难以维护,建议使用样式表来实现。

6.3.5 表格嵌套

在网页制作过程中,尤其是设计复杂页面的布局时,常常会用到表格的嵌套,即在一个表格的单元格中嵌套一个或者多个表格。

如果在表单元格 <td> 元素中再包含 <table> 元素,即意味着可以在单元格中放置另外一个表,就称之为嵌套表。

例如,需要如图 6-12 所示的表格实现页面布局。

由图中可以看出,"导航链接""最新消息""广告图片"这 3 个单元格和"最新推荐商品""热卖商品"这两个单元格的高度各不相同,因此不可能使用单元格的跨行来实现(同一行的单元格的高度必须相同)。因此,需要在单元格中嵌套一个表格来实现。

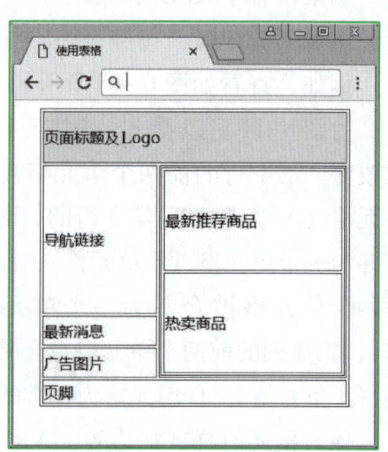

图 6-12

实现图 6-12 所示表格效果的代码如下:

```html
<body>
    <table width="90%" border="1" align="center">
        <tr>
            <td colspan="2" height="50" bgcolor="#e8e9ea">页面标题及 Logo</td>
        </tr>
        <tr>
            <td height="150">导航链接</td>
            <td rowspan="3" height="200">
                <table border="1" width="100%">
                    <tr>
                        <td height="100">最新推荐商品</td>
                    </tr>
                    <tr>
                        <td height="100">热卖商品</td>
                    </tr>
                </table>
            </td>
        </tr>
        <tr>
            <td>最新消息</td>
        </tr>
        <tr>
            <td>广告图片</td>
        </tr>
        <tr>
            <td colspan="2" height="20">页脚</td>
        </tr>
    </table>
</body>
```

💡 **注意**

使用嵌套表格时,必须注意嵌套的顺序,即只能在 <td> 元素中嵌入其他表格,不能破坏表格原有的结构。

6.4 案例:使用表格

6.4.1 案例描述

本案例中,需要创建一个页面,网页效果如图 6-13 所示。

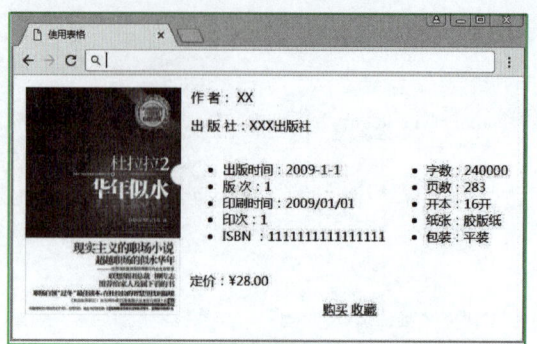

图 6-13

该页面需要显示一个商品的基础信息,并注意页面的布局。

6.4.2 案例分析

实现本案例的步骤如下:

(1)新建一个纯文本文件,修改扩展名为 .htm 或者 .html,并创建文档的结构(如版本信息、头部信息和主体元素等)。

(2)使用<table>元素创建不规则表格,定义页面的布局结构,如图 6-14 所示。

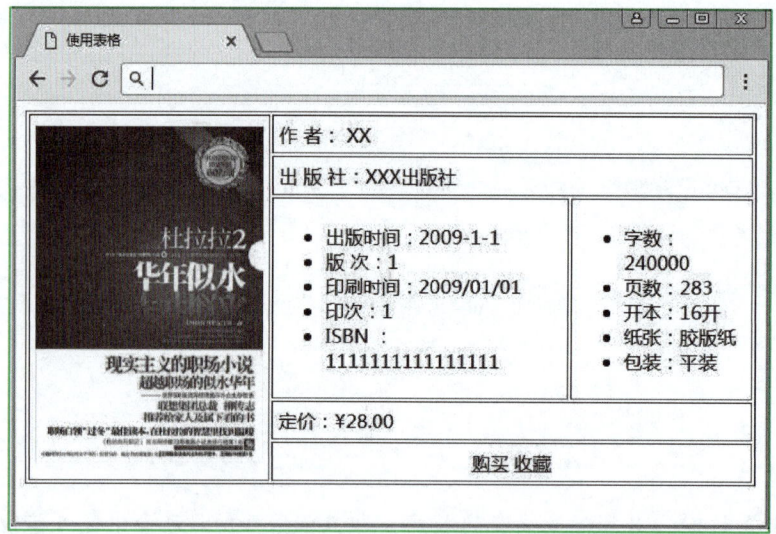

图 6-14

(3)在表格的各单元格中,使用合适的标记创建文本内容及显示图像。
(4)测试页面。

6.4.3 案例实现

案例代码如下:

```html
<!DOCTYPE html>
<html>
    <head>
        <title>使用表格</title>
    </head>
    <body>
        <table cellpadding="5">
            <tr>
                <td rowspan="5">
                    <img src="image/book.jpg" width="200" alt="book" />
                </td>
                <td colspan="2">作 者: XX</td>
            </tr>
            <tr>
                <td colspan="2">出 版 社:XXX 出版社</td>
            </tr>
            <tr>
                <td>
                    <ul>
                        <li>出版时间:2009-1-1</li>
                        <li>版 次:1</li>
                        <li>印刷时间:2009/01/01</li>
                        <li>印次:1</li>
                        <li>ISBN :1111111111111111</li>
                    </ul>
                </td>
                <td>
                    <ul>
                        <li>字数:240000</li>
                        <li>页数:283</li>
                        <li>开本:16 开</li>
                        <li>纸张:胶版纸</li>
                        <li>包装:平装</li>
                    </ul>
                </td>
            </tr>
            <tr>
                <td colspan="2">定价:&#165;28.00</td>
            </tr>
            <tr>
                <td colspan="2" align="center">
```

```
                    <a href="ShoppingCart.html" title="购买">购买</a>
                    <a href="Collections.html" title="暂存">收藏</a>
                </td>
            </tr>
        </table>
    </body>
</html>
```

6.5　本章小结

对于 Web 开发人员来说，表格是一种非常强大的工具，不仅可以用于显示数据，也可以用于控制页面的布局。

本章主要介绍了表格的各种应用。首先介绍了表格的基本结构，然后介绍了表格的 4 种基本元素：<table> 元素，用于创建一个表格；<tr> 元素，用于创建表行；<td> 元素，用于创建单元格；<th> 元素，用于创建题头单元格。

在介绍了表格的基本应用后，开始讲述表格的高级应用。可以使用 <caption> 元素为表格添加标题；可以使用 <thead>、<tbody> 和 <tfoot> 元素为表格实现行分组的划分，以实现多行的统一控制；还可以使用 <colgroup>元素为表格实现列分组。

此外，还可以通过设置单元格的跨行或者跨列来建立不规则表格，常用于复杂页面布局。最后，讲解了关于表格嵌套的使用方式和技巧。

第7章 表单

 本章重点

本章主要介绍如何在网页中使用表单及表单上的页面元素，有如下重点：

(1) 使用<form>元素创建表单。

(2) 创建不同类型的表单控件。

到目前为止，本书讲述的所有(X)HTML都是用于向用户显示信息，而当希望从访问站点的用户处收集信息时，通常需要使用表单。Web页面上的表单与需要填写的纸质表单非常类似，可以通过组合一些表单控件（如文本框、复选框和下拉框等）来创建表单。通过表单收集数据后，往往还需要将数据发送给服务器以实现对数据的处理。而对于所收集数据的处理方式依赖于服务器。(X)HTML只用于向用户提供表单以收集数据，并不负责处理通过表单收集到的数据。如果需要了解如何处理数据，则需要查看关于服务器端技术的相关书籍。

 本章资源

1. 文本　第7章　章节设计
2. 图片　第7章　示例图片
3. PPT　第7章　表单
4. 微课视频031　表单概述
5. 微课视频032　<input>元素
6. 微课视频033　选项框
7. 微课视频034　其他元素
8. 微课视频035　案例：使用表单
9. 案例源代码　chapter_07_code

7.1 表单概述

微课视频 031
表单概述

表单是网页中提供的一种交互式操作手段,应用十分广泛。无论是提交搜索信息,还是网上登录注册等都需要使用表单。

7.1.1 什么是表单

访问 Web 站点的用户通过查看、填写并提交表单信息与服务器进行动态的交流。

表单有两个基本部分:一个是用户在页面上看到并能够实现数据交互的界面元素,如文本框、选择框或者按钮;另一个是提交后的表单处理,需要调用服务器端的脚本代码对客户端提交的信息作出回应。

可以使用 <form> 元素创建表单,并在 <form> 元素中添加其他表单可以包含的控件元素,如添加 <input> 元素以创建文本框或者按钮等。<form> 元素是块级元素,也可以包含其他的 (X)HTML 标记,如文本、列表和表格等元素,以创建符合用户需求的页面。

用户向表单中录入数据后,通常需要单击提交按钮(按钮的文本可能是 Search 或者 Send 等,但是该按钮具有提交数据到服务器功能),这表明用户已经填写完毕表单,并且将表单数据发送给 Web 服务器。

当数据到达服务器后,某个脚本或者其他应用程序会处理它们,并向用户返回处理后的结果,以响应用户提出的请求。

例如,查看如图 7-1 所示的页面。

该页面是一个提供搜索功能的表单,包含一个文本框,用于用户输入需要搜索的内容;包含 3 个单选按钮,用于选择搜索的类型;还包含一个文本为"搜索"的提交按钮。当用户输入完毕后,单击"搜索"按钮,信息会被发送到服务器,然后由服务器处理数据,往往会为用户生成一个新页面,以显示搜索的结果。

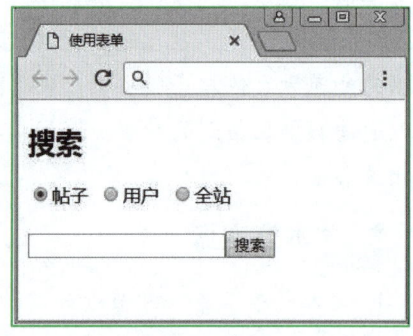

图 7-1

下面是实现图 7-1 所示页面的代码:

```
<body>
    <form action="search.jsp" method="get">
        <h2>搜索</h2>
        <input type="radio" name="s" checked="checked" />帖子  
        <input type="radio" name="s" />用户  
        <input type="radio" name="s" />全站
        <br /><br />
        <input type="text" /><input type="submit" value="搜索" />
```

```
        </form>
    </body>
```

通过查看代码，可以发现，由 <form> 元素来构建表单，且由该元素的 action 属性和 method 属性指示如何提交数据，而 <form> 元素中可以包含其他标记来创建页面详细。

基于这个简单的例子，下面开始详细讲述表单及其组成元素。

7.1.2 使用 <form> 元素创建表单

<form> 元素是块级元素，必须包含开始标记和结束标记。语法如下：

```
<form></form>
```

<form> 元素用于为用户输入创建表单并向服务器传输数据，表单能够包含 <input> 元素，如文本字段、复选框、单选按钮、提交按钮等，表单还可以包含<textarea>、<fieldset>、<legend> 和 <label>元素，以及前面章节中讲述的文本、列表、图像、链接和表格等元素。但是，<form> 元素绝对不能包含其他 <form> 元素。

一个页面中可以包含多个 <form> 元素，它们相互独立（任何 <form> 元素都不包含其他 <form> 元素），且数量不限。例如，一个页面上可以同时包含登录用的表单、搜索用的表单和提交数据用的表单等；但是无论页面上有多少个表单，用户一次只能向服务器发送一个表单中的数据。

<form> 元素可以附带很多属性，其中必须附带的属性是 action 和 method 属性，用于向服务器提交表单上收集到的数据。

1. action 属性

action 属性指定当提交表单时，向何处发送表单数据。该属性的值是 Web 服务器中的一个页面或者一个程序，当用户单击提交按钮后，该页面或者程序将接收表单中的信息。

如果由页面处理提交的数据，则该属性的值是一个 URL，可以是绝对 URL 或者是相对 URL。

如果需要指向本站点内的文件，则往往使用相对 URL（如 search.aspx）；如果需要指向其他站点的文件，则需要使用绝对 URL（如 http://www.samples.com.cn/search.jsp）。代码如下：

```
<form action="search.aspx" method="get"></form>
```

页面中可以有多个表单，这意味着它们包含的数据可以单独提交。

2. method 属性

method 属性规定如何发送表单数据，即使用什么方式将表单数据发送到 action 属性所规定的页面。在第 1 章已经介绍过，Web 页面的数据是通过 HTTP 进行传输的，因此，如何发送表单数据取决于如何发送 HTTP 请求。

将数据发送给服务器的常用方式有两种，每一种对应一个 HTTP 发送请求的方法。

- GET 方法：将数据作为 URL 的一部分进行发送。
- POST 方法：将数据隐藏在 HTTP 请求的实体中发送。

在 7.1.3 节将详细讲述两种方法及其适用情况。

除上述两种必须附带的属性外，<form> 元素的其他常用属性还有以下几个。

3. id 属性

id 属性用于唯一标识页面中的 <form> 元素，最好为每一个 <form> 元素提供一个在当前文档中唯一的 id 属性值。这样，当为多个表单使用样式表或者脚本代码时，可以使用 id 属性的值来标识表单。

4. enctype 属性

如果使用 POST 方式向服务器发送数据，则可以使用 enctype 属性规定在发送到服务器之前对表单数据进行编码的方式（以确保数据安全到达）。

该属性可取值如下。

- application/x-www-form-urlencoded：在发送前编码所有字符，为默认值。这是大多数表单使用的标准方法。使用该编码方式的原因是某些字符（如空格、加号和某些其他非字母数字字符）不能发送给 Web 服务器，这些特殊字符被用于表示它们的其他字符所替代。
- multipart/form-data：不对字符编码。这种方式允许将数据以多个部分的方式发送，每个连续的部分对应于一个表单控件，发送顺序与它们在表单中出现的顺序相同。每个部分可以具有一个可选的头，以指明该表单控件的数据类型。在使用包含文件上传控件的表单时，必须使用该值。
- text/plain：将空格转换为加号"+"，但不对特殊字符编码。

5. onsubmit 属性

<form> 元素除了可以包含标准的那些事件属性外，还可以包含两个特殊的事件属性：onsubmit 和 onreset。onsubmit 事件属性用于指定当表单被提交时需要执行的脚本，常用于在表单被发送到服务器之前检查所输入的数据的正确性。

6. onreset 属性

表单可以包含一个 reset 按钮，它用于重置表单中的所有内容（恢复到页面初始化时的数据）。当用户单击这个按钮时，将激活表单的重置事件，如果为 onreset 属性指定过脚本，则会先运行此脚本，再执行表单重置操作。

7.1.3 向服务器发送表单数据

将表单数据发送给服务器的常用方式有两种：GET 和 POST。

浏览器发送给服务器的 HTTP 请求分为请求头（header）和请求主体（body）两部分。其中，必须包含头部分，用于指定发送请求的方式、目的地以及其他关键信息，而主体是可选的。在头数据和主体数据之间用一个空白行来隔开。

例如，需要发送请求到页面 GetStockPrice.aspx，且需要附带数据 Symbol＝MSFT。那么，如果使用 GET 方式发送数据，则简化后的请求数据内容如下：

```
GET /Trading/GetStockPrice.aspx? Symbol=MSFT HTTP/1.1
Host：localhost
```

如果使用 POST 方式发送数据，则简化后的请求数据内容如下：

```
POST /Trading/GetStockPrice.aspx HTTP/1.1
Host：localhost
Content-Type：application/x-www-form-urlencoded
Content-Length：11

Symbol=MSFT
```

由此可见，两种方式的区别主要在于发送数据方式的不同。

7.1.4 表单控件

使用表单的主要目的就是用于包含各种表单控件，以供用户录入数据并提交给服务器。这些控件包含标准属性，如 id、class、style、title、dir 和 lang 等，也包含通用的 UI 事件属性，如 onclick、onmouseover 等，也会有自己独特的属性。在讲解每种控件时，对于标准属性不再描述，主要讲述每种控件可附带的特有属性。

7.2 <input> 元素

<input> 元素用于收集用户信息，该元素是一个空标记，语法如下：

```
<input />
```

根据该元素不同的 type 属性值，可以创建各种类型的输入字段，如文本字段、复选框、密码框、单选按钮、按钮等。

<input>元素可以附带很多属性，其中，id 属性是每种控件都有的属性，用于提供控件标识；其次，有些属性是所有控件都有的通用属性，如 disabled、readonly 和 tabindex 等。

7.2.1 单行文本框

文本输入框是 Web 页面上应用最普遍的一种控件，允许用户在其中录入文本内容。表单中有 3 种类型的文本输入框：单行文本框、密码文本框和多行文本框。

通过设置 <input> 元素的 type 属性值为 text，则可以创建单行文本输入控件。例如，查看如下代码：

```
<input type="text" />
```

上述代码会在浏览器中显示一个单行文本框。

<input> 元素作为单行文本框时，常附带的属性如下。

1. value 属性

为文本输入控件提供一个初始值，在表单初次加载时会显示该属性的值。只有在用户希望页面加载时，就在文本框控件中显示一些内容的时候使用这个属性。

2. maxlength 属性

maxlength 属性用于规定输入字段的最大长度,以字符个数计。设置该属性后,如果输入内容超过该属性设置的最大字符数,即使用户不断按下键盘键,也不会添加新的字符。

3. size 属性

size 属性用于规定文本输入控件的宽度,单位为字符。此属性如果用于文本输入控件以外的其他控件,则单位是像素。

size 属性并不影响用户能够输入的字符个数,只是指示输入控件具有多少个字符的宽度而已。如果用户输入的字符长度大于输入控件的宽度,则可以使用箭头键向左或者向右滚动字符。

4. name 属性

设置控件的名称,用于提供"名/值"对,以发送给服务器。

5. disabled 属性

禁用控件,该属性的值为"disabled"。在浏览器中,被禁用的控件通常会显示为灰色。被禁用的控件既不可用,也不可点击。

例如,页面初始化时,不允许用户输入(如数据),则可以设置文本框的 disabled 属性,直到满足某些条件(如选择"同意注册条款"后),才恢复用户对该控件的使用(可以输入数据)。通常使用脚本来清除 disabled 属性,以使控件变为可用状态。

6. readonly 属性

readonly 属性规定文本框为只读,该属性的值为"readonly"。在只读的文本框中,无法对内容进行修改,但用户可以通过 Tab 键切换到该控件,选取或复制其中的内容。

如果希望用户不能修改表单的某个部分,如用户名等唯一标识,则可以设置该属性。例如,查看如下代码:

```
<body>
    <form>
        只读的文本框:
        <input type="text" value="mary" readonly="readonly" />
        <br /><br />
        禁用的文本框:
        <input type="text" value="jerry" disabled="disabled" />
    </form>
</body>
```

上述代码在浏览器中的显示效果如图 7-2 所示。

由图 7-2 可以看出,禁用和只读的文本框虽然都不能被修改,但是只读的文本框还可以点击或者选中文本内容进行复制等操作,而禁用的文本框则不允许被访问,只能显示。

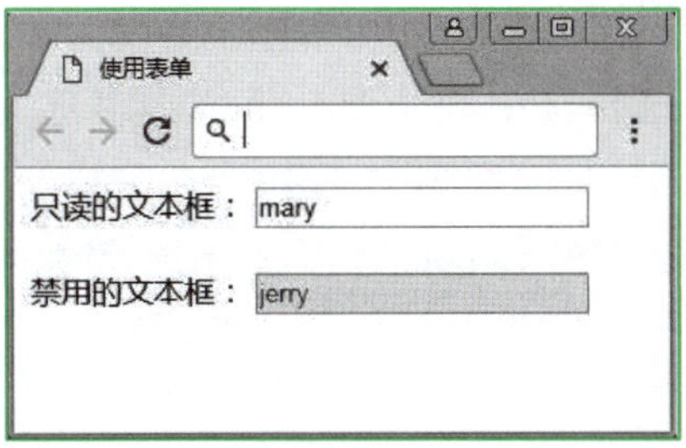

图 7-2

7.2.2 密码框

表单上可能需要收集一些敏感数据，如密码和信用卡信息，这些信息最好不要以明文的方式显示在页面上，而使用掩码来显示（使用圆点或者星号替换这些明文字符）。

以掩码显示数据的文本框，称为密码框，只需要设置 <input> 元素的 type 属性的值为 password 即可。例如，查看如下代码：

```
<input type="password" />
```

上述代码会在浏览器中显示一个密码输入控件。

<input> 元素作为密码框时，常附带的属性与单行文本框相同，也可以使用 value、maxlength、size、name、disabled 和 readonly 属性。

> **注意**
>
> 虽然密码在屏幕上是隐蔽的，但是并不会对文本内容进行加密。在发送数据到服务器时，依然用纯文本的方式发送。

例如，查看如下代码：

```
<body>
    <form action="login.aspx">
        <h2>登录</h2>
        用户名：<input type="text" maxlength="12" size="15" /><br /><br />
        密 码：<input type="password" maxlength="12" size="15" /><br /><br />
        <input type="submit" value="登录" />
    </form>
</body>
```

上述代码在浏览器中的显示效果如图 7-3 所示。

7.2.3 复选框

复选框会显示为一个小方框，用于勾选或者取消勾选。复选框可以单独出现，也可以成组出现。复选框常用于：

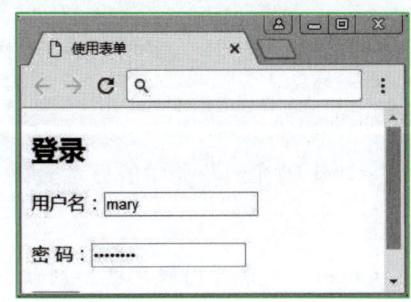

图 7-3

- 由用户选择是否接受或者响应（如是否同意注册条款、是否同意订阅等）。
- 从可能的选项列表中选择其中的几项，常称为多选（如选择几个愿意工作的城市等）。

创建复选框控件，只需要设置 <input> 元素的 type 属性的值为 checkbox 即可。例如，查看如下代码：

```
<input type="checkbox" />
```

上述代码会在浏览器中显示一个小方框。

<input> 元素作为复选框时，常附带的属性如下。

1. value 属性

value 属性用于设置复选框被选中后发送到服务器的数据。例如，提供一个复选框由用户选择是否订阅消息，如果用户选择此复选框，则可能需要发送数据 true 到服务器，否则需要发送数据 false 到服务器。此属性经常由脚本代码动态设置。

2. name 属性

为复选框控件设置名称，用于为多个复选框控件分组。如果希望将多个复选框设置为一个列表（设置为同一组），即希望用户从此列表中选择多项，则需要将多个复选框的 name 属性的值设置为同一个值。

3. checked 属性

用于标识复选框是否被选中。常用于当页面加载时指示复选框默认被选中，或者用于在脚本代码中修改复选框的选中状态。

4. disabled 属性

禁用控件，该属性的值为"disabled"。使用方式和效果与单行文本框相同。例如，查看如下代码：

```
<body>
    <form action="search.aspx">
        您从何处得知此网站？（可多选）:<br /><br />
        <input type="checkbox" name="knownType" value="1" checked="checked" />电视广告<br />
        <input type="checkbox" name="knownType" value="2" />报纸杂志<br />
        <input type="checkbox" name="knownType" value="3" />朋友介绍<br />
        <input type="checkbox" name="knownType" value="4" />其他<br />
        <input type="submit" value="提交" />
    </form>
</body>
```

上述代码在浏览器中的显示效果如图 7-4 所示。

💡 **注意**

<input> 元素是内联元素，因此，建议使用换行符和其他元素分开，以提高代码的可阅读性。另外，建议为复选框设置 value 属性，因为选中的数据将以"名/值"对的形式

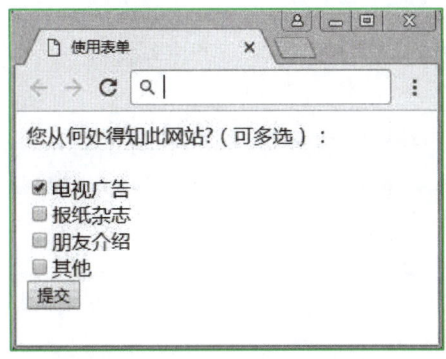

图 7-4

发送给处理应用程序。最后，如果作为一组选择出现，必须设置各个复选框的 name 属性为相同的值，这样，虽然会有多个"名/值"对发送给服务器，但是它们共享相同的名称，以便于服务器处理这些数据。

7.2.4 单选按钮

单选按钮和复选框很相似，也是用于状态为开或者关的选择情况，但是主要区别在于：

- 如果只有一个单选按钮，一旦选中该按钮，则无法取消选择状态（除非使用脚本代码）。
- 当存在一组单选按钮用于可能的选项列表中选择时，只能选择其中的一个，因此称为单选按钮。

创建单选按钮控件，只需要设置 <input> 元素的 type 属性的值为 radio 即可。例如，查看如下代码：

```
<input type="radio" />
```

上述代码会在浏览器中显示一个小圆形。

<input> 元素作为单选按钮时，常附带的属性与复选框相同，也可以使用 value、name、checked 和 disabled 属性。例如，查看如下代码：

```
<body>
    <form action="search.aspx">
        选择您的性别：<br /><br />
        <input type="radio" name="sex" value="1" />男<br />
        <input type="radio" name="sex" value="2" />女<br />
        <input type="radio" name="sex" value="3" checked="checked" />保密<br />
        <input type="submit" value="提交" /><br />
    </form>
</body>
```

上述代码在浏览器中的显示效果如图 7-5 所示。

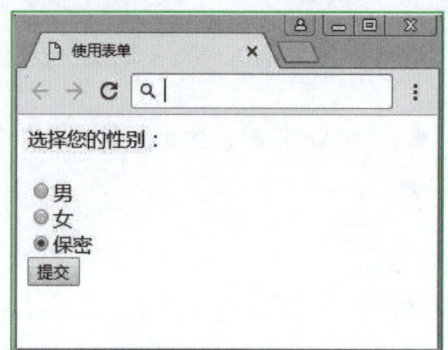

图 7-5

7.2.5 标准按钮

表单上可以使用 4 种按钮：标准按钮、图像按钮、提交按钮和重置按钮。标准按钮没有固定的功能，只有为其设置单击事件以响应客户端脚本后才能发挥作用。

创建标准按钮控件，只需要设置 <input> 元素的 type 属性的值为 button 即可。例如，查看如下代码：

```
<input type="button" />
```

上述代码会在浏览器中显示一个按钮，但是按钮上并没有文本。

<input> 元素作为标准按钮控件时，常附带的属性如下。

1. value 属性

value 属性用于设置按钮上显示的文本。如果也给定了按钮的 name 属性，则提交表单时，该 value 属性的值会作为"名/值"对的一部分发送给服务器。如果没有设置 value 属性的值，则该按钮没有"名/值"对发送。

2. name 属性

为按钮控件设置名称。当一个表单中具有多个按钮时，指定 name 属性可以区分哪一个按钮被单击。

3. disabled 属性

禁用控件，该属性的值为"disabled"。

4. onclick 属性

此属性为事件属性，其值为一个脚本函数。当用户单击按钮时，会触发所设置的脚本函数。例如，查看如下代码：

```
<body>
    <form>
        输入您的税前收入:<input type="text" maxlength="10" size="15" /><br /><br />
        <input type="button" value="计算个人所得税" onclick="calculate();" />
    </form>
</body>
```

上述代码在浏览器中的显示效果如图 7-6 所示。

单击按钮后，会调用名为 calculate 的脚本函数，进行计算及后续处理。如果找不到相应的脚本函数，或者函数有错误，则会由浏览器提示错误。

💡 **注意**

单击标准按钮后，页面不会提交到服务器（即页面不会由刷新提交动作），而是使用客户端的代码进行处理，不需要提交数据到服务器端。因此，也不需要设置和提交数据相关的属性，如 `<form>` 元素的 action 和 method 属性，又如文本框和按钮的 name 属性。

图 7-6

7.2.6 图像按钮

可以使用图像作为按钮，这样可以显示一幅图像，还可以为图像实现和按钮类似的功能。创建图像按钮控件，只需要设置 `<input>` 元素的 type 属性的值为 image 即可。例如，查看如下代码：

```
<input type="image" />
```

上述代码在浏览器中并不会马上显示为一个图像按钮，因为 `<input>` 元素作为图像按钮时，除了可以附带和标准按钮相同的那些属性以外，还必须附带 src 和 alt 属性两个额外的属性。

src 属性用于指定需要显示的图像的 URL，alt 属性为图像提供可选的文本，当图像无法显示时，则可以显示 alt 属性中设置的文本内容。

与标准按钮不同的是，图像按钮是一种提交型的按钮，即单击该按钮后，页面会自动提交，提交到 `<form>` 元素的 action 属性所指定的 URL 或处理程序。例如，查看如下代码：

```
<body>
    <form action="buy.aspx" method="post">
        <img src="image/book.jpg" width="100" />
        定价:&#165;28.00<br /><br />
        <input name="buy" type="image" src="image/AddToSC.gif" alt="Add to shoppingcart" />
    </form>
</body>
```

上述代码在浏览器中的显示效果如图 7-7 所示。

7.2.7 提交按钮

提交按钮的作用是将用户录入的数据发送给服务器，除了可以使用图像按钮提交页面以外，还可以创建提交按钮，以自动提交表单。

创建提交按钮控件，只需要设置 `<input>` 元素的

图 7-7

type 属性的值为 submit 即可。例如，查看如下代码：

```
<input type="submit" />
```

上述代码在浏览器中会显示一个按钮，且按钮的文本默认显示为"提交查询"，单击该按钮，页面会有刷新动作，即会试图提交数据给服务器。

<input> 元素作为提交按钮控件时，常附带的属性和标准按钮相同。其中，value 属性用于设置按钮显示的文本，name 属性用于设置按钮的名称。单击提交按钮后，页面会自动提交，也不需要发送"名/值"对到服务器端。因此，往往不需要设置提交按钮的 name 属性。只有当页面有多个提交按钮时，需要设置 name 属性以便对多个提交做不同的处理。

7.2.8 重置按钮

重置按钮的作用是将表单控件复位为初始值，常用于类似于"清空"或"重填"功能。创建重置按钮控件，只需要设置 <input> 元素的 type 属性的值为 reset 即可。例如，查看如下代码：

```
<input type="reset" />
```

上述代码在浏览器中会显示一个按钮，且按钮的文本默认显示为"重置"。单击该按钮，页面不会发生提交，但是页面上的数据会恢复到初始状态。

<input> 元素作为重置按钮控件时，通常所附带的属性和标准按钮相同。其中，value 属性用于设置按钮显示的文本，name 属性用于设置按钮的名称。

> **注意**
>
> 重置按钮也可以添加 onclick 事件，但是因为该按钮的主要目的是恢复表单数据到初次加载时的状态，因此也可以使用 <form> 元素的 onreset 事件来实现客户端处理。

例如，查看如下代码：

```
<body>
    <form action="register.aspx" method="post" onsubmit="validateData();" onreset="confirmClearData();">
        <h2>注册</h2>
        <p>用户名:<input type="text" name="userName" /></p>
        <p>密码:<input type="text" name="userPwd" /></p>
        <p>年龄:<input type="text" name="userAge" /></p>
        <input type="submit" name="register" value="注册" />
        <input type="reset" value="重新填写" />
    </form>
</body>
```

上述代码在浏览器中的显示效果如图 7-8 所示。

单击"注册"按钮后，首先调用名为 validateData 的脚本函数，对用户录入的数据进行合法性验证，然后再提交数据到服务器。单击"重新填写"按钮后，会调用名为 confirmClearData 的脚本函数，由用户确认操作后再执行页面重置。

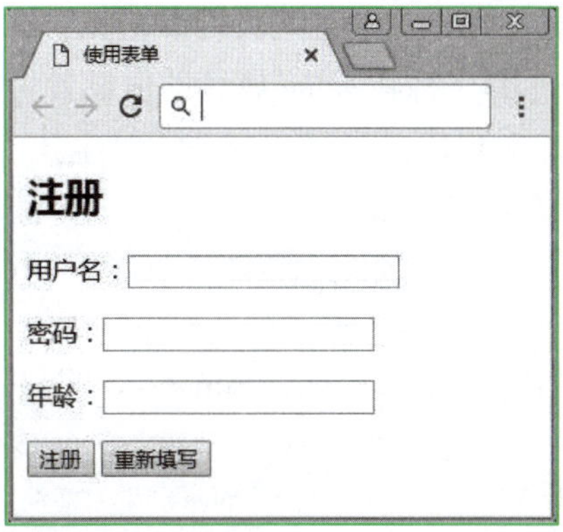

图 7-8

7.2.9 隐藏域

隐藏域控件，顾名思义是一个在浏览器界面上不可见（被隐藏起来）的控件。当需要记载一些关键数据但又不想让普通用户看见时，可以使用隐藏域控件。

创建隐藏域控件，只需要设置 <input> 元素的 type 属性的值为 hidden 即可。例如，查看如下代码：

```
<input type="hidden" />
```

上述代码在浏览器中查看时，不会有任何界面显示。那么，究竟何时会使用这种看不见的控件呢？

假设，有一个 Web 页面用于修改用户个人信息。那么，该页面初始化时，会从服务器得到当前用户的信息（如年龄、地址等），并在界面上显示，用户可以在页面上修改已有的用户信息后，单击"提交"按钮将修改后的信息发送给服务器，如图 7-9 所示。

根据前面章节的讲述，只要设置了 <form> 元素的提交属性，并对那些用于输入年龄、地址等的

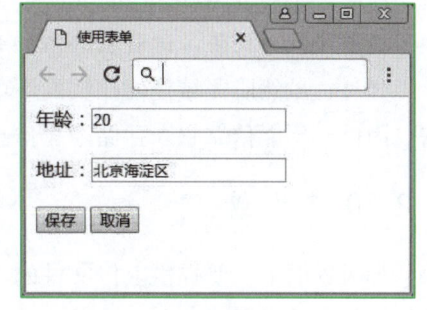

图 7-9

<input> 元素设置了 name 和 value 属性，则会将控件的"名/值"对发送给服务器。

但是，这种情况下，必须考虑一个问题：只提交用户输入的年龄、地址等信息给服务器显然是不够，因为必须同时提交用户信息的唯一标识（如当前用户的 ID 值）数据给服务器，服务器才能知道修改的是哪一个用户的信息。可是，用户的 ID 信息在哪里？又如何传递给服务器呢？

首先，当前页面第一次加载时，服务器已经把用户的 ID 信息发送给了浏览器，只是浏览器不需要也不应该将 ID 信息显示在页面上，所以图 7-9 所示的页面上没有显示出 ID 信息。

该 ID 信息发送给浏览器后，浏览器虽然不需要显示该信息，但是也不应该丢弃如此

关键的数据。因此，如何记载却又不显示这些关键数据呢？这时，就需要隐藏域控件。可以使用隐藏域控件来记载用户 ID（将其 value 属性的值设置为 ID 的值），却又不在界面上显示。例如，图 7-8 所示界面的代码为（加粗部分需要注意）：

```
<body>
    <form action="ModifyUser.aspx" method="post">
        <!--记载用户的 ID 信息-->
        <input name="hidID" type="hidden" value="1012" />
        年龄:<input name="txtAge" type="text" value="20" /><br /><br />
        地址:<input name="txtAddress" type="text" value="北京海淀区" /><br /><br />
        <input type="submit" value="保存" />
        <input type="reset" value="取消" />
    </form>
</body>
```

由代码可见，代码中加粗显示的部分使用了隐藏域控件来记载用户的 ID 信息。当提交表单时，隐藏域控件的名称和值也会发送给服务器。

隐藏域控件除了可以包含标准属性（如 id、style 等）以外，还可以使用 value 和 name 属性，不能附带 disabled 等其他属性。

> **注意**
>
> 隐藏域控件出现在表单中的什么位置都可以，因为它们并不会在浏览器中显示，只要位于需要提交的开始标记 <form> 和结束标记 </form> 之间即可。经常会使用脚本代码来操作隐藏域控件的值，这些在脚本相关的书籍中会有详细讲解。
>
> 另外，虽然隐藏域控件在页面不可见，但是如果用户查看页面源代码时依然可以看到它。因此，不能依靠它来存储隐秘信息。

7.2.10 文件域

如果界面上需要提供上传文件的功能，则需要在页面上添加文件域控件。创建文件域控件，只需要设置 <input> 元素的 type 属性的值为 file 即可。例如，查看如下代码：

```
<input type="file" />
```

文件域控件在界面上的显示由两部分组成：一个文本框，用于显示和输入需要上传的文件的路径；一个按钮，用于选择上传的文件。

文件上传控件除了可以包含标准属性（如 id、style 等）以外，还包括如下常用属性。

1. name 属性

设置控件的名称，用于提供"名/值"对，以发送给服务器。

2. value 属性

用于记载用户选择的上传文件的路径，以发送给服务器。

3. disabled 属性

文件上传控件可以使用 disabled 属性来禁用控件。如果需要上传文件，往往会使用如下代码：

```html
<body>
    <form action="PhotoUpload.aspx" method="post" enctype="multipart/form-data">
        上传头像:<input name="filehoto" type="file" /><br /><br />
        <input type="submit" value="上传"/>
    </form>
</body>
```

由上述代码可以看出，使用文件上传控件时，<form> 元素的 method 属性必须为 post（发送大数据），而且 <form> 元素需要添加 enctype 属性，并设置值为 multipart/form-data，从而将每个表单控件独立地发送给服务器。

7.3 选项框

微课视频 033
选项框

选项框用于用户从一组选项中选择一项，有下拉选项框和滚动列表选项框两种。下拉选项框也常简称为下拉列表，只显示第一行的选项数据，其他选项需要下拉显示。滚动列表选项框也常简称为列表框，即显示固定行数的数据，其他不能显示的数据需要使用滚动条来查看。

例如，查看如图 7-10 所示的界面（第一个选项框为下拉列表，第二个选项框为列表框）。

7.3.1 <select> 元素

可以使用 <select> 元素创建选项框，并使用 <option> 元素创建其中的每一个选项。例如，查看如下代码：

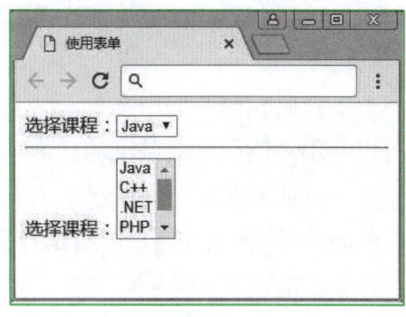

图 7-10

```html
<select name="selSubjects">
    <option value="java">Java</option>
    <option value="c">C++</option>
    <option value="net">.NET</option>
    <option value="php">PHP</option>
    <option value="3g">3G</option>
</select>
```

上述代码在浏览器中会显示一个下拉列表，默认显示第一个选项，可以单击选项框最右侧的三角形下拉按钮展开所有的选项并进行选择。

<option> 元素的细节将在 7.3.2 节详细讲述，这里先查看 <select> 元素的常用属性。

1. name 属性

为选项框命名。当提交表单时，如果表单中有选项框控件，浏览器会提交选定的项目，或者收集用逗号分隔的多个选项，将其合成一个单独的参数列表，以提交给服务器。此时，会使用<select>元素的 name 属性的值来标识这些数据。

2. disabled 属性

禁用控件，该属性的值为"disabled"。被禁用的下拉列表既不可用，也不可点击。

3. size 属性

使用此属性可以创建列表框。默认情况下，<select>元素只显示第一个选项，其他选择折叠起来，需要下拉显示；而如果需要创建带滚动条的列表选项框，即显示多个选项，其余的选项可以通过滚动条来下翻查看，则需要使用 size 属性。

size 属性的值是用户一次能够看到的选项数量，如果不设置该属性，或者设置为 1，则显示为下拉列表，如果设置为大于 1 的整数，则显示为列表框。例如，查看如下代码：

```html
<select name="selSubjects" size="4">
    <option value="java">Java</option>
    <option value="c">C++</option>
    <option value="net">.NET</option>
    <option value="php">PHP</option>
    <option value="3g">3G</option>
</select>
```

上述代码在浏览器中会显示一个滚动列表选项框，显示 4 个选项，其他没有显示的选项可以使用右侧的滚动条滚动显示，如图 7-10 中的列表框显示。

4. multiple 属性

multiple 属性允许用户同时选择多个选项。如果没有设置该属性，则只能选择一个选项。该属性的值为 multiple。

添加这个属性后，即使<select>元素没有设置 size 属性，也将显示为滚动选项框。用户在选择的同时按住 Shift 或者 Ctrl 键，则可以实现多选。例如，查看如下代码：

```html
<body>
    <form action="SaveData.aspx" method="post">
        选择课程:<br />
        <select name="selSubjects" multiple="multiple">
            <option value="java">Java</option>
            <option value="c">C++</option>
            <option value="net">.NET</option>
            <option value="php">PHP</option>
            <option value="3g">3G</option>
        </select>
    </form>
</body>
```

上述代码在浏览器中的显示效果如图 7-11 所示。

图 7-11

7.3.2 <option> 元素

<select> 元素至少需要包含一个 <option> 元素，代表选项。起始标记 <option> 和结束标记 </option> 之间的文本将显示为选项的文本内容。

<option> 元素可以附带的常用属性如下。

1. value 属性

选项的值。如果选项被选中，该属性的值会被发送给服务器。

2. disabled 属性

disabled 属性规定某个选项应该被禁用。被禁用的选项既不可用，也不可点击。

3. selected 属性

selected 属性指定在页面加载时预先选定该选项，也可以在页面加载后通过 JavaScript 脚本代码设置 selected 属性，该属性的值为 "selected"。代码如下：

```
<option value="c" selected="selected">C++</option>
```

7.3.3 选项分组

如果选项框中的选项较多，使用分组可以让显示的数据更有条理。

<optgroup> 元素用于将 <option> 元素进行分组，该元素可以包含一个或者多个 <option> 元素，包含在一个 <optgroup> 元素中的所有选项称为一组，并使用 <optgroup> 元素的 label 属性来定义组的标签文本。例如，查看如下代码：

```
<body>
    <form action="SaveData.aspx" method="post">
        <select name="selSubjects">
            <optgroup label="Java">
                <option value="1">Core Java</option>
                <option value="2">JSP</option>
                <option value="3">JDBC</option>
            </optgroup>
            <optgroup label=".NET">
                <option value="4">C#</option>
                <option value="5">ASP.NET</option>
                <option value="6">ADO.NET</option>
            </optgroup>
        </select>
    </form>
</body>
```

上述代码在浏览器中的显示效果如图 7-12 所示。

由图 7-12 可以看出，一个 <optgroup> 元素定义一个选项组，其 label 属性中的文本会显示为组的标签名称，而 <optgroup> 元素中包含的各 <option> 元素作为组中的子选项，默认显示时，会缩进一段距离。组标签不能被选择。

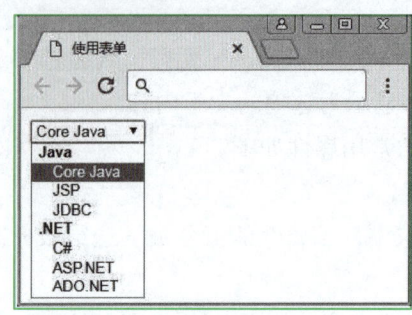

图 7-12

> 💡 **注意**
>
> 不同的浏览器显示选项分组时的效果会有所不同。

7.4　其他元素

微课视频 034
其他元素

介绍完 \<input> 元素和 \<select> 元素的相关知识后，下面讲解表单中的其他常用元素。

7.4.1　\<button> 元素

\<button>元素用来定义一个按钮，看起来和 type 值为 button 的 \<input> 元素比较类似。事实上，\<button> 控件与 \<input type="button"> 相比，提供了更为强大的功能和更丰富的内容。主要原因在于，在 \<button> 元素内部可以放置内容，如文本或图像。也就是说，开始标记 \<button> 与结束标记 \</button> 之间的所有内容都是按钮的内容，其中包括任何可接受的正文内容，如文本或多媒体内容。这是该元素与使用 \<input> 元素创建的按钮之间的不同之处。例如，可以在按钮中包括一个图像和相关的文本，用它们在按钮中创建一个吸引人的标记图像。

\<button> 元素的常用属性如下。

1. type 属性

用于规定按钮的类型，可取值如下。

- button：可单击的按钮，为 IE 浏览器的默认值。
- submit：提交按钮，为 IE 以外其他浏览器的默认值。
- reset：重置按钮。

因为不同浏览器对于 \<button> 元素的 type 属性的默认值的解释不同，因此最好始终为按钮规定 type 属性，以避免页面在不同浏览器中出现不同的效果。

2. value 属性

value 属性用于设置规定要发送的值。如果也给定了按钮的 name 属性，则提交表单时，该 value 属性的值会作为"名/值"对的一部分发送给服务器。

3. name 属性

name 属性用于为按钮控件设置名称。当一个表单中具有多个按钮时,指定 name 属性可以区分哪一个按钮被单击。作为标准按钮,往往不需要将"名/值"对发送给服务器,因此可以不设置此属性。

4. disabled 属性

禁用控件,该属性的值为"disabled"。被禁用的按钮既不可用,也不可点击。例如,可以定义如下代码:

```
<button type="button">
    <img src="image/AddToSC.gif"/>
</button><br />
<button type="reset"><i>Clear</i></button><br />
<button type="submit"><b>Save</b></button>
```

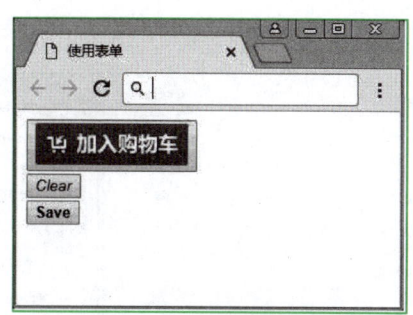

图 7-13

上述代码在浏览器中的显示效果如图 7-13 所示。

由图 7-13 可以看出,可以在开始标记 <button> 和结束标记 </button> 之间加入图像、格式化文本等信息,从而创建外观不同的按钮。

7.4.2 <textarea> 元素

<textarea> 元素用于创建多行的文本输入控件,该文本区中可容纳无限数量的文本,其中文本的默认字体是等宽字体(通常是 Courier)。页面加载时,开始标记 <textarea> 和结束标记 </textarea> 之间的文本会显示在文本框中。

多行文本输入控件除了可以包含标准属性(如 id、style 等)以外,还可以附带如下属性。

1. name 属性

该属性用于设置控件的名称,提供"名/值"对,以发送给服务器。

2. cols 属性

cols 属性用于定义文本区的宽度(以平均字符数计)。

3. rows 属性

rows 属性用于规定文本区的高度(以行数计)。

可以通过 <textarea> 元素的 cols 和 rows 属性来定义 textarea 的尺寸。当然,通常建议使用样式表中的 height 和 width 属性来控制多行文本框的外观。

4. disabled 属性

disabled 属性用于禁用控件,该属性的值为"disabled"。被禁用的文本区域控件既不可用,也不可点击。

5. readonly 属性

readonly 属性规定多行文本框为只读,该属性的值为"readonly"。在只读的文本框中,无法对内容进行修改，但用户可以通过 Tab 键切换到该控件，选取或复制其中的内容。例如，查看如下代码：

```
<body>
    <form action="SaveData.aspx" method="post">
        多行文本框:<br />
        <textarea name="txtInfo" rows="4" cols="20"></textarea>
    </form>
</body>
```

上述代码在浏览器中的显示效果如图 7-14 所示。

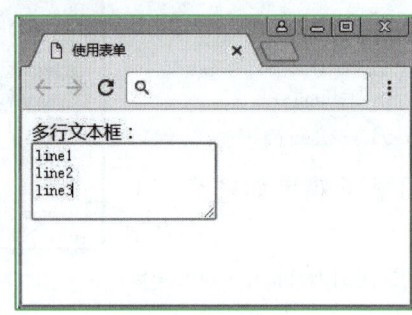

图 7-14

7.4.3 使用 \<label\> 元素创建标签

为了更好地理解标签的作用，先查看一段代码：

```
<input type="checkbox" name="knownType" value="2" />报纸杂志<br />
```

上述代码会在浏览器中显示一个复选框，但是仔细观察可以发现，只有复选框本身可以点击，而"报纸杂志"这几个文本是不能点击的。这意味着，如果用户希望选择"报纸杂志"这个选项，必须精确点击该复选框才能实现选中或者弃选。

为了提高用户的体验度和满意度，需要做到用户点击"报纸杂志"这段文本就如同点击文本前面的复选框一样。首先，为了在页面上显示文本，可以直接在源码中输入文本（就像上面的那段代码），或者使用文本元素来显示文本（如 \<b\>、\<i\> 等），但是这些普通的文本都不能被点击，而且不能和其他控件发生关联。这时，就需要 \<label\> 元素来定义标签。

\<label\> 元素的直观效果依然是显示开始标记 \<label\> 和结束标记 \</label\> 之间的文本，而且不会为文本呈现任何特殊效果。但是，它为鼠标用户改进了可用性。如果在 \<label\> 元素内点击文本，就会触发此控件。而且 \<label\> 元素可以附带一个 for 属性，只要将该属性的值设置为表单中任何一个控件的 id 属性的值，则当用户点击该标签时，浏览器就会自动将焦点转到和标签相关的表单控件上。例如，查看如下代码：

```
<body>
    <form action="SaveData.aspx" method="post">
        <br />
```

```
            <input type="checkbox" name="chkHid" id="chkHid" />
            <label for="chkHid">不要公开我的信息</label>
        </form>
</body>
```

上述代码在浏览器中的显示效果如图 7-15 所示。

由图 7-15 可以看出，使用 <label> 元素添加文本后，并没有改变文本的外观显示，但此时"不要公开我的信息"这段文本可以被点击，且点击时就像点击文本前的复选框一样。因此，在创建表单中的控件时，尤其是创建如单选按钮、复选框这类控件时，提供优秀的标签可以有效提高用户的体验度和满意度。

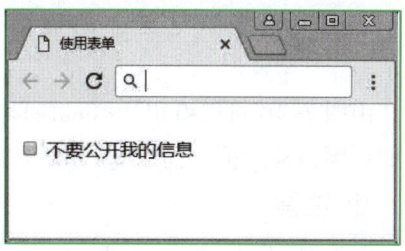

图 7-15

标签的位置并没有严格的规定，可以在表单中的任何位置。为了提高代码的可读性，对于文本框，标签一般放置在文本框的左边；而对于单选按钮和复选框，标签一般放置在它们的右边。

💡 **注意**

一个 <label> 元素只能和一个控件关联，每个表单控件应该使用一个新的 <label> 元素。当标签获得焦点时，该焦点将被转移给关联的控件。

7.4.4 为表单控件分组

一个大型表单上会有很多控件，此时，对控件进行适当的分组会提高页面的可阅读性。可以使用 <fieldset> 元素为控件分组。所有位于起始标记 <fieldset> 和结束标记 </fieldset> 之间的控件称为一组。分组只是将相关的控件组织在一起，并在周围创建边框，以指明这些控件是相关的。

还可以使用 <legend> 元素为分组指定一个标题，作为控件组的名称。使用时，<legend> 元素必须作为 <fieldset> 元素的第一个子元素。例如，查看如下代码：

```
<body>
    <form action="SaveData.aspx" method="post">
        <fieldset>
            <legend>用户信息</legend>
            用户名:<input type="text" /><br />
            密码:<input type="password" />
        </fieldset>
        <br />
        <fieldset>
            <legend>地址信息</legend>
            地址:<input type="text" /><br />
```

```
            邮编:<input type="text" />
        </fieldset>
    </form>
</body>
```

上述代码在浏览器中的显示效果如图 7-16 所示。

由图 7-16 可以看出，<fieldset> 元素只是在控件组的周围创建边框，而 <legend> 元素为组创建名称。

注意

如果使用表格来格式化页面布局，可以把 <table> 元素放在 <fieldset> 元素中。如果要把 <fieldset> 元素放置于表格中实现布局，则只能出现在某个单元格，即 <td> 元素中。

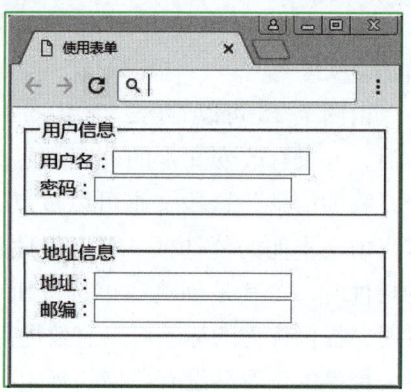

图 7-16

7.5 案例：使用表单

7.5.1 案例描述

本案例中，需要创建一个页面，网页效果如图 7-17 所示。

微课视频 035

案例：使用表单

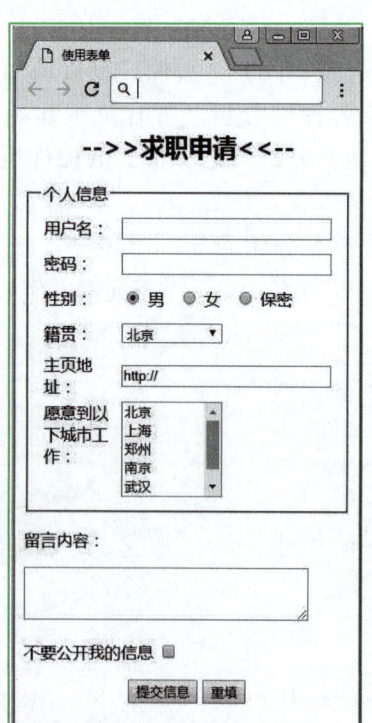

图 7-17

该页面的详细要求如下：
- 使用表格实现页面布局。
- 列表框可以实现多选。
- 各复选框及单选按钮对应的提示文本均可点击。例如，用户单击文本"男"，则可以实现对单选按钮的选择。
- 单击"提交信息"按钮可以提交页面；单击"重填"按钮可以重置页面信息。

7.5.2 案例分析

实现当前案例的步骤如下：

（1）新建一个纯文本文件，修改扩展名为.htm或者.html，并创建文档的结构（如版本信息、头部信息和主体元素等）。

（2）先使用<fieldset>和<legend>元素创建第一个分组，并使用<table>元素创建布局定义。

（3）在表格的第一列单元格中，输入文本内容；在表格的第二列单元格中，使用各种控件标记创建页面元素。

（4）继续使用<textarea>元素创建多行文本域。

（5）创建页面其他元素并测试页面。

7.5.3 案例实现

实现该页面的部分实例代码如下（只列出了<body>元素中的代码内容）：

```
<body>
    <form action="register.aspx" method="post" onsubmit="validateData();" onreset="confirmClearData();">
        <h2 align="center">--&gt;&gt;求职申请 &lt;&lt;--</h2>
        <fieldset>
            <legend>个人信息</legend>
            <table>
                <tr>
                    <td height="30" width="90">用户名：</td>
                    <td><input id="txtName" type="text" name="txtName" maxlength="15" size="25" /></td>
                </tr>
                <tr>
                    <td height="30">密码：</td>
                    <td><input id="txtPwd" type="password" name="txtPwd" maxlength="15" size="25" /></td>
                </tr>
                <tr>
```

```html
            <td height="30">性别:</td>
            <td>
                <input id="radioGirl" type="radio" checked="checked" name="sexGroup" value="0" />
                <label for="radioGirl">男</label>  
                <input id="radioBoy" type="radio" name="sexGroup" value="1" />
                <label for="radioBoy">女</label>  
                <input id="radioUnknown" type="radio" name="sexGroup" value="2" />
                <label for="radioUnknown">保密</label>
            </td>
        </tr>
        <tr>
            <td height="30">籍贯:</td>
            <td>
                <select name="selCities" style="width:100px">
                    <option value="0">北京</option>
                    <option value="1">上海</option>
                    <option value="2">深圳</option>
                    <option value="3">南京</option>
                </select>
            </td>
        </tr>
        <tr>
            <td height="40">主页地址:</td>
            <td>
                <input type="text" name="txtHomePage" value="http://" maxlength="50" size="25" />
            </td>
        </tr>
        <tr>
            <td height="80" valign="top">愿意到以下城市工作:</td>
            <td>
                <select name="selAddresses" style="width:100px" size="5" multiple="multiple">
                    <option value="0">北京</option>
                    <option value="1">上海</option>
                    <option value="2">郑州</option>
                    <option value="3">南京</option>
                    <option value="4">武汉</option>
                    <option value="5">大连</option>
                </select>
```

```
                </td>
            </tr>
        </table>
    </fieldset>
    <p>留言内容:</p>
    <textarea rows="3" cols="37" name="txtInfo"></textarea>
    <p>
        <label for="chkHideInfo">不要公开我的信息</label>
        <input type="checkbox" id="chkHideInfo" name="chkHideInfo" />
    </p>
    <center>
        <input type="submit" value="提交信息" />
        <input type="reset" value="重填" />
    </center>
</form>
</body>
```

7.6　本章小结

　　表单是站点的重要组成部分，当需要从用户处收集信息时，则需要使用表单。表单有两个基本部分：用户在页面上看到的且可以进行交互的界面元素（如文本框、标签和按钮等），以及处理脚本（用于获取信息或者处理数据）。

　　构造表单时，需要使用 <form> 元素，而其他的表单控件都必须包含在此元素中。<form> 元素的主要目的就是承载表单控件、收集数据并向服务器发送数据。

　　表单可以包含多种表单控件。可以使用 <input> 元素创建各种类型的输入控件，如文本框、密码框、单选按钮、复选框、标准按钮、图像按钮、提交按钮、重置按钮、隐藏域和上传文件控件；也可以使用 <textarea> 元素创建多行文本输入框；还可以使用 <select> 和 <option> 元素创建选择框控件。

　　在创建了表单和表单控件后，可以使用 <label> 元素为界面上的控件设置标签，以便于用户选择；还可以使用 <fieldset> 和 <legend> 元素来为控件分组，以组织较大的表单。

第8章 CSS基础

 本章重点

在前面的章节中，学习了如何使用（X）HTML 的各种元素和属性来创建文档，接下来学习如何使页面看上去更美观、更生动。本章主要介绍样式表（CCS）的基本概念、语法和作用，如何定义样式选择器以及如何在网页中引入样式表。有如下重点：

（1）CSS 的作用和基础语法。

（2）为页面添加样式表，并了解各种方式之间的区别。

（3）如何定义选择器，并了解各种选择器的适用情况。

（X）HTML 文档为网页提供了基本结构，而样式表用于定义网页的外观。样式表就是包含一个或者多个样式规则的文本文件，这些规则通过属性和值来决定网页中的元素应该如何显示。可以在网页之外创建样式表，然后将它同时应用于站点的所有页面，从而实现对所有页面外观的统一的灵活控制。

 本章资源

1. 文本　第 8 章　章节设计
2. 图片　第 8 章　示例图片
3. PPT　第 8 章　CSS 基础
4. 微课视频 036　CSS 概述
5. 微课视频 037　CSS 基础语法
6. 微课视频 038　使用 CSS
7. 微课视频 039　层叠
8. 微课视频 040　基础选择器
9. 微课视频 041　复杂选择器
10. 微课视频 042　案例：使用样式表
11. 案例源代码　chapter_08_code

8.1 CSS 概述

微课视频 036
CSS 概述

HTML 标记原本被设计为用于定义文档内容。通过使用 <h1>、<p>、<table> 这样的标记，HTML 的初衷是表达"这是标题""这是段落""这是表格"之类的信息；同时文档布局由浏览器来完成，而不使用任何的格式化标签。

由于两种主要的浏览器（Netscape 和 Internet Explorer）不断地将新的 HTML 标记和属性（比如字体标签和颜色属性）添加到 HTML 规范中，因此创建文档内容清晰地独立于文档表现层的站点变得越来越困难。

为了解决这个问题，万维网联盟（W3C）这个非营利性的标准化联盟，肩负起了 HTML 标准化的使命，并在 HTML4.0 之外创造出样式（Style），将文档和样式分开，即 HTML 和 XHTML 不再包括指示文档外观的指令，而是使用样式表来控制 Web 页面的外观。

CSS 的全称为 Cascading Style Sheet，翻译为层叠样式表，往往简称为样式表。它可以控制页面的外观样式，包括字体的颜色和大小、线的宽度和颜色、页面中各项之间的空白量等。

样式表的主要工作原理在于允许用户指定一些规则，用来描述文档中元素内容的表现形式，而且这些规则可以应用于整个网站。

8.1.1 CSS 示例

在具体讲解样式表之前，先查看下面这段代码：

```html
<!DOCTYPE html>
<html>
    <head>
        <title>使用样式表</title>
    </head>
    <body bgcolor="silver" text="blue">
        <font color="red">font text</font>
        <h2>h2 text</h2>
        Some text here.
    </body>
</html>
```

这段代码设置了文档的背景色、字体颜色，还额外设置了 <font> 元素中的字体颜色，在浏览器中的显示效果如图 8-1 所示。

但是，如果仔细观察这段代码，可以发现一个问题，那就是：同样是设置文本的颜色，<body>元素用的是 text 属性，<font> 元素用的是 color 属性，而 <h2> 元素根本就没有用于单独设置字体颜色的属性。试想一下，如果每个元素都定义了自己特有的用于定义字体颜色的属性，那么对于编写文档的开发者而言，则需要面对众多的元素和属性。

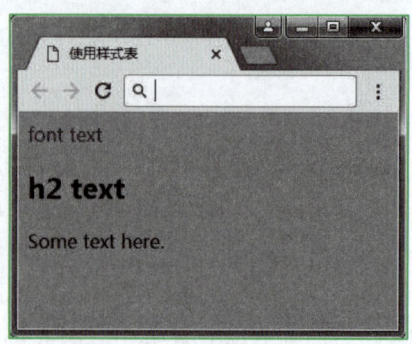

图 8-1

CSS 的出现正好解决了这个问题。可以将上面的代码修改如下：

```
<!DOCTYPE html>
<html>
    <head>
        <title>使用样式表</title>
        <style type="text/css">
            body{
                background-color:silver;
                color:blue;
            }
            font{
                color:red;
            }
        </style>
    </head>
    <body>
        <font>font text</font>
        <h2>h2 text</h2>
        Some text here.
    </body>
</html>
```

这段代码在浏览器中的显示效果和图 8-1 完全一样，可以实现相同的显示效果。

但是，仔细查看本段代码可以发现，和上一段代码不同的是，在文档中只需要使用 (X)HTML 标记构建页面，不需要使用各种不同的属性来设置元素的外观，即元素的外观由 <head> 元素中的<style> 元素中的 CSS 样式规则来定义。这样可以实现文档结构和外观样式的分离。

另外，如果仔细查看 <style> 元素中的样式规则，不难发现，为不同的元素设置外观的语法是一致的，例如，设置字体、颜色都使用 color 规则，设置背景色都使用 background-color 规则，这就避免了上一段代码中的问题。这种样式规则对于所有的元素

都通用,即也可以为 <h2> 设置字体、颜色,只需要在 <style> 元素中添加如下规则即可:

```
h2 {color:orange;}
```

这就是使用样式表所带来的改进。

如果 <style> 元素中的样式规则同样适用于其他页面,那么可以将这些样式规则从页面剥离出来,写为一个单独的样式表文件(.css 文件),由需要使用该样式规则的 Web 页面引用即可,极大提高了灵活性和重用性。

8.1.2 CSS 简介

看过 8.1.1 节中的例子后,可以这样定义 CSS:CSS(Cascading Style Sheets,层叠样式表)用于定义如何显示(X)HTML 元素,实现了将内容与表现分离,从而可以极大提高工作效率。

由于允许同时控制多个页面的样式和布局,CSS 可以称得上 Web 设计领域的一个突破。网站开发者能够为每个(X)HTML 元素定义样式,并将之应用于所希望的任意多的页面中。如需进行全局的更新,只需简单地改变样式,然后网站中的所有元素均会自动地更新。

8.1.3 CSS 基础语法

微课视频 037
CSS 基础语法

样式表由多个规则组成,每个规则有两部分:选择器和声明。
- 选择器:决定哪些元素使用这些规则。
- 声明:由一个或者多个"属性/值"对组成,用于设置元素的外观表现。

例如,查看如下样式规则:

```
h2 {
    color:orange;
    background-color:silver;
}
```

其中,"h2"为选择器,表示所有 <h2> 元素将使用后面定义的样式规则。选择器的定义有多种,这里使用的是元素选择器。元素选择器是最常见的 CSS 选择器,表示针对某种(X)HTML 元素定义样式。这里先使用元素选择器来讲解基础语法并讲解示例,将在 8.4 节详细讲述各种选择器的声明。

样式规则由一对大括号包围,中间是多个属性/值对。每个属性/值对由冒号隔开的两个部分组成。
- 属性名称:希望样式所影响的元素的某个外观特征(比如文本颜色或者背景色),每个外观特征由一个具体的单词来表示(比如 color 代表文本颜色,而 background-color 代表背景色)。在本章的例子中,会使用一些基础的外观属性,本书后续章节将详细讲述各种外观属性。
- 值:属性的值,根据属性来设置。比如,对于颜色属性(如文本颜色或者背景色),

则可能设置为表示颜色的单词或者数值，如果是尺寸属性（如大小和边距），则可以设置为绝对数值或者百分比。

每对属性/值应该使用分号与下一对属性/值分开，最后一对属性/值后面的分号可以省略不写。但是，为了维护方便，建议还是加上最后的分号。

8.1.4 样式表中的错误

在浏览器完全支持的情况下，完全符合 CSS 语法的样式表会被浏览器正常显示。如果样式表中有错误，或者当前的浏览器无法支持某些特性，页面的外观会和想象中有很大差别。浏览器总是试图去解释样式规则，直到遇到错误代码为止。

首先，缺少或者重复分号会使浏览器忽略某些样式规则。例如，查看如下样式规则代码：

```
<style type="text/css">
    body{
        background-color:silver
        color:blue;
    }
</style>
```

上述代码中，属性/值对 background-color:silver 后面缺少了分号。此时，在浏览器中查看页面，页面会有背景颜色，但是 <body> 元素中的文本颜色不会显示为蓝色，因为属性/值对 color：blue 被忽略了。

其次，缺少或者重复大括号也会使浏览器忽略某些样式规则。例如，查看如下样式规则代码：

```
<style type="text/css">
    body{
        background-color:silver;
        color:blue;
    
    font{
        color:red;
    }
</style>
```

上段代码中，<body> 元素的样式声明缺少了结束用的大括号。此时，在浏览器中查看页面，<font> 元素中的文本不会显示为红色，因为这个样式声明被忽略了，而其他的拼写错误都会导致页面外观的显示错误。

总之，样式表中的样式规则代码必须完全符合 CSS 的基础语法，否则会导致浏览器不能正常显示样式。

8.1.5 在样式规则中添加注释

如果站点比较复杂，则会有很多的样式表的定义，那么，为样式表添加适当的注释就显得尤为重要，尤其是当经过一段时间以后再回头查看维护这些样式代码时。

如果需要为样式表添加注释，只需要将注释文本放置在开始标记/*和结束标记*/之间即可。例如，查看如下样式规则代码：

```
<style type="text/css">
    /*
            mary 于 2011-11-11 修改:原因为...
    */
    font    {
         color:red;
    }
</style>
```

注释中可以包含回车，可以书写多行注释文本。也可以使用注释开始标记/*和注释结束标记*/将样式规则包围起来，则表示隐藏了样式规则。这是测试样式表的好办法，可以让样式规则失效而不需要永久性删除样式规则代码。

💡 注意

注释中不能包含注释，即注释中不能嵌套包含/*和*/。

8.2 使用 CSS

微课视频 038
使用 CSS

样式可以规定在单个的(X)HTML 元素中（内联样式表）；可以定义在(X)HTML 页的头元素中（内部样式表）；或者可以将样式定义在一个外部的 CSS 文件中（外部样式表），由(X)HTML 页面引用样式表文件，甚至可以在同一个(X)HTML 文档内部引用多个外部样式表。

8.2.1 内联样式表

几乎所有的(X)HTML 元素都可以附带一个标准属性 style，用于为元素设置样式，这种方式称为内联样式表。例如，查看如下代码：

```
<body style="background-color:silver;color:blue;">
    <font style="color:red;">font text</font>
    <h2>h2 text</h2>
    Some text here.
</body>
```

上述代码在浏览器中的显示效果和图 8-1 完全一样，可以实现相同的显示效果。

内联样式表是指将样式规则作为某个元素 style 属性的值。这里不需要定义选择器，也不需要大括号，只需要将分号隔开的一个或者多个属性/值对作为元素的 style 属性的值即可，样式规则会自动地应用于附带 style 属性的元素。

如果只是刚刚接触样式表，希望在实际使用样式之前做一些试验，那么使用这种内联样式表是一种简便而可靠的方法。但是这种方式在实际开发中并不常用，因为它并没有真正实现内容与表现分离，也不利于样式规则的重用和扩展。

8.2.2 内部样式表

当样式表规则位于文档头元素中的 <style> 元素内时，称其为内部样式表。

使用内部样式表时，首先在文档的 <head> 元素内添加 <style> 元素，并在 <style> 元素中添加当前页面所需要的各种样式规则。8.1.1 节中的示例就是使用了内部样式表。

使用内部样式表，可以实现内容与表现分离，但是其缺点在于无法实现样式表的重用。只有当前页面可以使用 <style> 元素中的样式规则。因此，如果文档中需要包含少量样式规则，且这些规则不需要被其他页面共享时，可以使用内部样式表。如果希望将样式表应用于多个页面，则需要使用 8.2.3 节中讲述的外部样式表。

<style> 元素除可以附带标准属性以外，还可以附带如下属性。

1. type 属性

type 属性是 <style> 元素的必需属性，用于规定样式表的 MIME 类型。唯一可能的值是"text/css"，指示内容是标准的 CSS。

因此，如果需要为页面添加内部样式表，则需要在页面的 <head> 元素中添加如下代码：

```
<style type="text/css">
    /*这里添加样式规则*/
</style>
```

2. media 属性

media 属性用于为样式表规定所使用的媒介类型。值是媒介类型的集合，如需要在一个 style 元素中定义一个以上的媒介类型，请使用逗号分隔的列表。例如，查看如下代码：

```
<style type="text/css" media="screen,print">
</style>
```

上述代码表示，此内部样式表用于计算机屏幕和打印。

<style> 元素的 media 属性的取值见表 8-1。

表 8-1 <style> 元素的 media 属性的取值

值	描述
screen	计算机屏幕（默认值）
tty	电传打字机以及使用等宽字符的类似媒介
tv	电视类型设备（低分辨率、有限的屏幕翻滚能力）
projection	放映机

续表

值	描 述
handheld	手持设备（小屏幕、有限的带宽）
print	打印预览模式/打印页
braille	盲人用点字法反馈设备
aural	语音合成器
all	适合所有设备

8.2.3 外部样式表

如果两个或者更多的文档需要使用同一个样式表，则应该使用外部样式表。外部样式表非常适合用来给网站上的所有页面设置一致的外观。可以在一个外部样式表中定义所有样式，然后让网站上的每个页面使用外部样式表，从而确保所有的页面具有相同的设置。

使用外部样式表时，首先需要创建一个单独的样式表文件用来保存样式规则。样式表文件其实就是一个纯文本文件，只是该文件中只能包含样式规则，且文件扩展名为 .css。然后在需要使用该样式表文件的页面上，使用 <link> 元素链接需要的外部样式表文件即可。例如，查看如下代码：

```
<link rel="stylesheet" type="text/css" href="MyStyle.css" />
```

由上述代码可以发现，使用 <link> 元素来创建 Web 页面到 CSS 的链接。<link> 元素用于定义文档与外部资源的关系，最常用的用途是链接外部样式表文件。也可以使用 <link> 元素链接到其他文件，如链接到一个 RSS 提要等。

<link> 元素是空元素，没有内容。在 HTML 中，<link> 标记没有结束标签；而在 XHTML 中，<link> 元素必须被正确地关闭。

<link> 元素可以附带标准属性，它用于链接样式表时，必须附带 3 个属性：type、href 和 rel。

1. type 属性

type 属性规定被链接文档的 MIME 类型，该属性最常见的值是 "text/css"，用于描述样式表。例如：

```
type="text/css"
```

2. href 属性

href 属性规定被链接文档的 URL，可以是相对 URL 或者绝对 URL。例如：

```
href="MyStyle.css"
```

3. rel 属性

rel 属性定义当前文档与被链接文档之间的关系。用于操作样式表时，rel 属性的值为 "stylesheet"。例如：

rel="stylesheet"

rel 属性的取值见表 8-2。

表 8-2 rel 属性的取值

值	描 述
alternate	文档的替代版本（比如打印页、翻译或镜像）
stylesheet	文档的外部样式表
start	集合中的第一个文档
next	集合中的下一个文档
prev	集合中的上一个文档
contents	文档的目录
index	文档索引
glossary	在文档中使用的词汇的术语表（解释）
copyright	包含版权信息的文档
chapter	文档的章
section	文档的节
subsection	文档的小节
appendix	文档的附录
help	帮助文档
bookmark	相关文档

\<link\> 元素用于链接外部样式表时，必须附带上述 3 个属性。除了上述属性以外，\<link\> 元素还可以附带如下常用属性。

1. media 属性

media 属性规定被链接文档将显示在什么设备上，用于为不同的媒介类型规定不同的样式。该属性可能的取值如 8.2.2 节中表 8-1 所示。例如，查看如下代码：

```
<head>
    <link rel="stylesheet" type="text/css" href="theme.css" />
    <link rel="stylesheet" type="text/css" href="print.css" media="print"/>
</head>
```

此代码表示，链接两种不同的样式表，分别针对两种不同的媒介类型（计算机屏幕和打印）。

2. charset 属性

charset 属性规定被链接文档的字符编码方式，该属性的值为所链接文档的字符集，常用的字符集如下。

- GB 2312：简体中文。

- UTF-8：Unicode 字符编码。
- ISO-8859-1：拉丁字母表的字符编码。

在理论上，可以使用任何字符集，但并不是所有浏览器都能够理解它们。某种字符集使用的范围越广，浏览器就越有可能理解它。

8.2.4 外部样式表的优点

如果两个或者更多的文档需要使用同一个样式表，则应该使用外部样式表。比起使用内联的样式和内部样式表，外部样式表有很多优点，主要表现在以下方面：

- 相同的样式表可以被站点中的所有页面重用，这样不需要为每个独立的文档都编写样式规则，提高了样式代码的可重用性。
- 在修改外部样式表时，引用它的所有页面也会自动地更新。可以通过仅改变一个样式表从而改变多个页面的外观，提高了代码的可维护性。
- 可以使用多个 <link> 元素引入多个外部样式表。因为源文档不再包含样式规则，所以不同的样式表可以被附加到同一个文档中，这样可以为不同的访问者（不同的设备）使用不同的样式表。
- 提高访问速度。因为将样式表与源文档分开单独编写，这样得到的源文档将小很多。这意味着，一旦一个 CSS 被使用它的第一个文档下载，随后的文档将能够更快速地下载（因为不需要重复下载 CSS 文件）。这也减少了服务器的工作量，因为它只需要发送较少的页面即可。
- 一个样式表可以导入或者使用其他样式表中的样式，从而实现模块化开发。

8.3 层叠

微课视频 039
层叠

由 8.2 节得知，许多地方都可以应用样式，即可以使用内联样式规则，可以使用内部样式表，也可以链接外部样式表。那么，如果多个样式规则应用于同一个元素时，会发生什么情况呢？

CSS 使用层叠（Cascade）的原则来考虑继承、层叠次序和优先级等重要特征，从而判断相互冲突的规则中哪个规则应该起作用。

8.3.1 继承性

许多 CSS 的样式规则不但影响选择器所定义的元素，而且会被这些元素的后代继承。例如，定义如下样式规则（使用内部样式表或者链接外部样式表均可）：

```
body    {
        color:Blue;}
h2      {
        background-color:Silver;
        border:1px solid red;}
```

然后在 Web 页面中使用上述样式规则：

```
<body>
    文档中的文本
    <h2>
        h2 中的文本
        <p>段落中的文本</p>
    </h2>
</body>
```

上述代码在浏览器中查看时，页面上所有的文本会显示为蓝色，因为它们都继承了选择器 body 中关于文本颜色的样式规则。<h2> 元素中的文本除了显示为蓝色外，还会有银色的背景色，并显示红色的外边框。<p> 元素中的文本会显示为蓝色，且会有银色的背景色，因为它继承了选择器 body 中关于文本颜色的样式规则，也继承了选择器 h2 中关于背景颜色的样式规则。但是 <p>元素并不会显示红色的外边框，因为 color 属性是可以继承的，但是 border 属性不是。

上述代码在浏览器中的显示效果如图 8-2 所示。

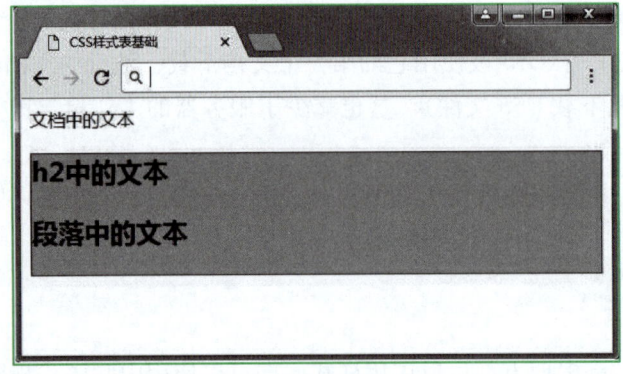

图 8-2

由此可见，应用于某个元素的大多数样式属性会自动被它的后代元素所继承。对于有些特殊的属性，继承是不起作用的，比如边框、边距和填充等。

8.3.2 层叠性

继承性决定了在一个元素上没有应用样式规则时如何处理样式表，而层叠性和层叠次序决定了在应用多个规则时如何处理样式表。

层叠性是指，当一个 Web 页面使用多个样式表，多个样式表中的样式可层叠为一个。在多个样式表之间所定义的样式没有冲突的时候，浏览器会显示所有的样式。例如，查看如下代码：

```
<html>
    <head>
```

```
            <title>使用样式表</title>
            <style type="text/css">
                h2 {
                    background-color:Silver;
                    border:1px solid red;
                }
            </style>
            <link type="text/css" rel="Stylesheet" href="MyStyleSheet.css" />
    </head>
    <body>
        <h2 style="font-size:35pt;">h2 中的文本</h2>
    </body>
</html>
```

其中，MyStyleSheet.css 文件中的样式规则如下：

```
h2 {color:Green;}
```

分析上述代码可知，分别在 3 个地方对于选择器 h2 定义了样式：外部样式表中对于 h2 选择器定义了文本颜色为绿色；在内部样式表中定义了背景色为银色，且定义了边框样式；在内联样式中定义了文本字体大小为 35。在没有重复定义的情况下，所有的样式将合并显示，即 h2 中的文本将有如下样式：文本颜色为绿色，背景色为银色，有边框样式，且文本大小为 35。

上述代码在浏览器中的页面效果如图 8-3 所示。

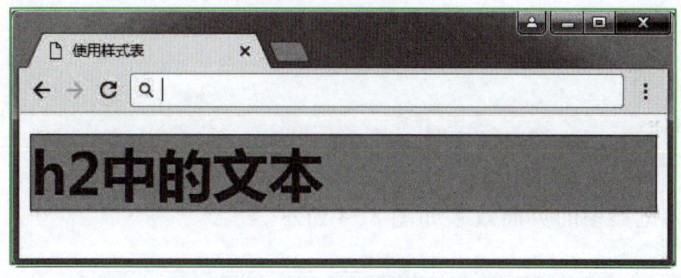

图 8-3

8.3.3 层叠次序

上一节中已经讲述，当一个 Web 页面使用多个样式表时，在样式没有冲突的情况下，多个样式可层叠为一个，即浏览器会显示所有的样式。但是，如果一个 Web 页面使用了多个样式表，且多个样式之间所定义的样式发生了冲突（比如重复定义等），此时，同一个元素被不止一个样式定义时，会使用哪个样式呢？

当发生样式定义冲突时，浏览器首先会按照不同样式规则的优先级来应用样式；在相同的优先级下，则会按照样式定义的先后层次来应用样式，一般遵守"就近优先"原则。

一般而言，所有的样式会根据下面的规则层叠于一个新的虚拟样式表中，其中数字 3 拥有最高的优先权：

（1）浏览器默认设置。

（2）外部样式表（.css 文件）或者内部样式表（位于 <head> 元素内部）。

（3）内联样式（作为某个元素的 style 属性的值）。

因此，内联样式拥有最高的优先权，这意味着它将优先于以下的样式声明：<head> 标记中的样式声明，外部样式表中的样式声明，或者浏览器中的样式声明（默认值）。例如，查看如下代码：

```
<html>
    <head>
        <title>使用样式表</title>
        <style type="text/css">
            h2 {
                background-color:Pink;
                border:1px solid red;}
        </style>
        <link type="text/css" rel="Stylesheet" href="MyStyleSheet.css" />
    </head>
    <body>
        <h2 style="color:Gray;border:2px solid black;">h2 中的文本</h2>
    </body>
</html>
```

其中，MyStyleSheet.css 文件中的样式规则如下：

```
h2 {
    font-size:35pt;
    color:Green;}
```

上述代码在浏览器中的页面效果如图 8-4 所示。

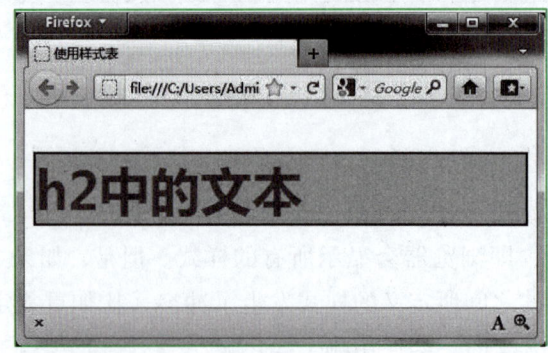

图 8-4

分析上述代码可知，分别在 3 个地方对于选择器 h2 定义了样式：外部样式表中对于 h2 选择器定义了文本大小为 35，文本颜色为绿色；在内部样式表中定义了背景色为粉色，且定义了红色边框样式；在内联样式中定义了黑色边框，文本颜色为灰色。那么，没有重复定义的部分将合并显示，即 h2 中的文本将有如下样式：背景色为粉色，且文本大小为 35。但是，重复定义的部分（文本颜色和边框）将依据层叠次序来决定最终的显示效果。因为内联样式的层叠次序高于内部样式表和外部样式表，因此会显示为灰色文本，且有黑色边框。

8.4　定义选择器

如同 8.1.3 节中所讲述的，CSS 样式规则有两个主要部分：选择器和声明。选择器决定样式将应用于哪些元素，声明决定具体的样式规则。

最简单的选择器可以对给定类型的所有元素进行格式化，如元素选择器；而更复杂的选择器可以根据元素的 class 或者 id、上下文或者状态来应用格式化规则。

8.4.1　通用选择器

CSS2 引入了一种新的简单选择器——通用选择器（universal selector），显示为一个星号（*）。该选择器可以与任何元素匹配，就像一个通配符，用于匹配文档中的所有元素类型。基本语法如下：

```
* { }
```

微课视频 040
基础选择器

如果希望让某些样式规则适用于所有的元素，则可以使用这种选择器。通用选择器常用于设置一些默认样式，比如设置整个文档的文本的默认字体和大小，例如，可以这样定义：

```
*   {
    font-size:9pt;
    font-family:"Times New Roman" ;}
```

通用选择器与对 <body> 元素设置默认样式略有区别，它作用于所有元素，并且不依赖于从应用于 <body> 元素的规则继承而来的特性。

8.4.2　元素/类型选择器

最常见的 CSS 选择器是元素选择器。换句话说，文档的元素就是最基本的选择器。选择器通常将是某个(X)HTML 元素，比如 <p>、<h1>、<a>，甚至可以是 <html> 元素本身。例如，可以这样定义：

```
html    {color:black;}
h1      {color:blue;}
h2      {color:silver;}
```

在 W3C 标准中，元素选择器又称为类型选择器（type selector）。

8.4.3 类选择器

类选择器用于将样式规则与附带 class 属性的元素匹配，其中该 class 属性的值为类选择器中指定的值。类选择器允许以一种独立于文档元素的方式来指定样式，其语法如下：

```
.className { }
```

先使用一个点号（.）代表将使用类选择器，然后声明一个类的名称，并使用一对大括号声明样式规则。类名和点号之间不能有空格。例如，可以定义如下样式规则：

```
.myClass {
    background-color:Pink;
    font-size:35pt;
    font-weight:bold;}
```

这里，声明了一个名为"myClass"的样式类，所有能够附带 class 属性的元素都可以使用此样式声明。只需要将 class 属性的值设置为"myClass"，则可以将类选择器的样式与元素关联。例如，查看如下代码：

```
<h2 class="myClass">h2 中的文本</h2>
<p class="myClass">段落中的文本</p>
```

上述代码在浏览器中的页面效果如图 8-5 所示（<h2> 元素和 <p> 元素中的文本将显示为相同的样式）。

图 8-5

如果要应用样式而不考虑具体设计的元素，最常用的方法就是使用类选择器。该选择器可以单独使用，也可以与其他元素结合使用。

8.4.4 多类选择器

1. 使用多类选择器

在上一节中处理了 class 值中包含一个词的情况，即使用类选择器。在（X）HTML 中，一个 class 属性的值中可能包含一个词列表，各个词之间用空格分隔，每个词都是一个类选择器。这种将多个类选择器应用于同一个元素的情况，称为多类选择器。例如，定义如下样式：

```
.important {font-weight:bold;}
.warning {color:red;}
```

其中，样式类 important 的文本为粗体，样式类 warning 的文本为红色。此时，如果希望一个特定的元素同时标记为重要（important）和警告（warning），就可以使用如下代码：

```
<p class="important">This paragraph is important.</p>
<p class="warning">This paragraph is a warning.</p>
<p class="important warning">This paragraph is a very important warning.</p>
```

在这个例子中，第 1 个段落会显示为粗体；第 2 个段落会显示为红色；而第 3 个段落会显示为红色粗体。上述代码在浏览器中的页面效果如图 8-6 所示。

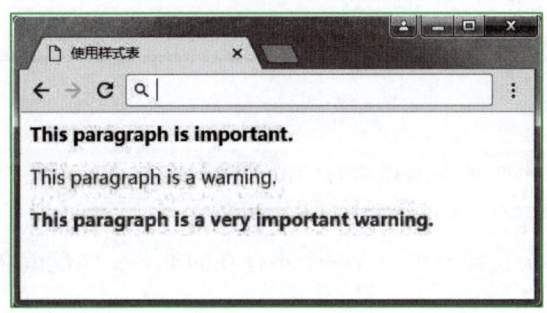

图 8-6

class 属性的值为空格隔开的两个样式类的名称。这两个词的顺序无关紧要，写成"warning important"也可以。

> **注意**
> class 属性值中的两个类名之间必须用空格隔开，否则浏览器会作为一个类名解析，从而导致无法正确显示样式。

2. 声明多类选择器

还可以通过把两个类选择器链接在一起，仅可以选择同时包含这些类名的元素（类名的顺序不限）。

假设 class 为 important 的所有元素都是粗体，而 class 为 warning 的所有元素中的文本显示为红色，class 中同时包含 important 和 warning 的所有元素还有一个银色的背景。可以如此定义：

```
.important {font-weight:bold;}
.warning {color:red;}
.important.warning {background:silver;}
```

其中，样式类 important 的文本为粗体，样式类 warning 的文本为红色。此时，如果希望一个特定的元素同时标记为重要（important）和警告（warning），并带有银色背景，就可以使用如下代码：

```
<p class="important">This paragraph is important.</p>
<p class="warning">This paragraph is a warning.</p>
<p class="important warning">This paragraph is a very important warning.</p>
```

上述代码在浏览器中的页面效果如图 8-7 所示：

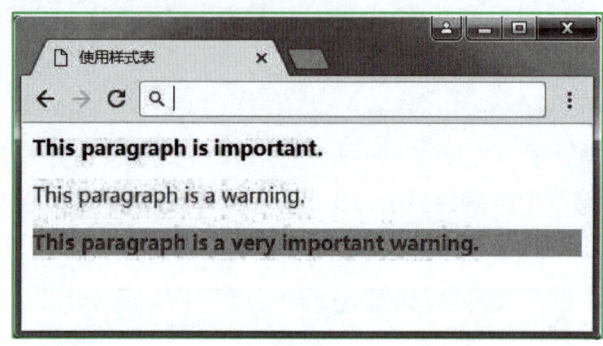

图 8-7

此时，必须注意：声明多类选择器时，两个类名之间不能有空格，如果类名之间有空格，那么规则的含义将完全不同（详见 8.4.8 节）。

另外，如果一个多类选择器中包含一个不存在的类名，匹配就会失败。例如，定义如下样式：

```
.important.urgent {background:silver;}
```

这个选择器将只匹配 class 属性中包含词 important 和 urgent 的元素。因此，如果一个元素的 class 属性中只有词 important 和 warning，将不能匹配。不过，它能匹配以下元素：

```
<p class="important urgent warning">
    This paragraph is a very important and urgent warning.
</p>
```

8.4.5 分类

分类选择器是将类选择器和元素选择器结合起来使用，以实现对某种元素中不同样式的细分控制。其语法如下：

```
元素选择器.className {}
```

先声明一个元素选择器，然后使用一个点号（.）代表将使用类选择器，再声明一个类的名称，并使用一对大括号声明样式规则。

分类选择器用于将样式规则与附带 class 属性的某种元素匹配，其中元素的 class 属性的值为分类选择器中指定的值。例如，可以定义如下样式规则：

```
p.important {
    color:red;
    font-size:20pt;}
```

此选择器的解释为:"class 属性值为 important 的所有段落",会匹配 class 属性的值包含 important 的所有 p 元素,但是其他任何类型的元素都不匹配,不论是否有此 class 属性。例如,查看如下代码:

```
<h2 class="important">h2 中的文本</h2>
<p class="important">段落中的文本</p>
```

上述代码在浏览器中的页面效果如图 8-8 所示。

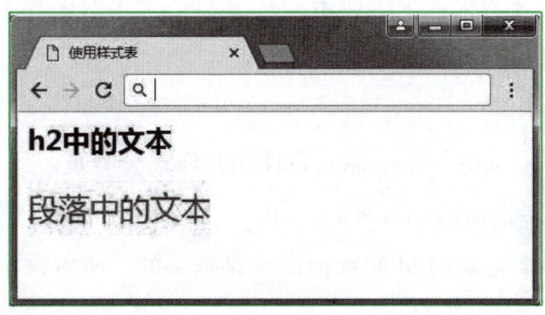

图 8-8

只有 <p> 元素中的文本会显示为红色,且文本大小为 20 pt,而 <h2> 元素中的文本不会,因为这个规则的选择器与之不匹配。如果确实希望为 h1 元素指定不同的样式,可以使用分类选择器 h1.important。例如:

```
p.important {
    color:red;
    font-size:20pt;}
h1.important {
    color:blue;
    font-size:20pt;}
```

8.4.6 选择器分组

选择器可以声明为以逗号隔开的元素列表,从而实现选择器分组,以便于将一些相同的规则作用于多个元素。例如,如果希望 <h2> 元素和段落都有灰色,可以使用如下定义:

```
h2,p {color:gray;}
```

将 h2 和 p 选择器放在规则左边,然后用逗号分隔,就定义了一个规则。其右边的样式(color:gray;)将应用到这两个选择器所引用的元素。逗号告诉浏览器,规则中包含两个不同的选择器。如果没有这个逗号,那么规则的含义将完全不同。

可以将任意多个选择器分组在一起，也可以组合使用任何类型的选择器，对此没有限制。例如，如果需要把很多元素显示为灰色，可以使用类似如下的规则：

```
h2, p.important, table, .myClass, em    {color:gray;}
```

通过分组，可以将某些类型的样式"压缩"在一起，这样就可以得到更简洁的样式表，从而节省服务器的带宽和负载。

8.4.7　id 选择器

id 选择器的作用类似于类选择器，允许以一种独立于文档元素的方式来指定样式，但是它仅作用于 id 属性的值。

定义 id 选择器时，选择器前面需要有一个 # 号，选择器本身则为文档中某个元素的 id 属性的值。例如，查看如下样式定义：

```
#intro    {font-weight:bold;}
```

此时，只有 id 值为"intro"的元素可以使用此样式。例如：

```
<p id="intro">This is a paragraph of introduction.</p>
```

在一个文档中，各个元素的 id 属性值应该是唯一的，所以这个选择器仅应用于一个元素的内容。

类选择器和 id 选择器有些类似，它们的区别如下。

- id 选择器只能在文档中使用一次。与类选择器不同，在一个 (X) HTML 文档中，id 选择器会使用一次，而且仅一次。
- 不能使用 id 词列表。不同于类选择器，id 选择器不能结合使用，因为 id 属性不允许有以空格分隔的词列表。
- id 能包含更多含义。

例如，假设知道在一个给定的文档中会有一个 id 值为 mostImportant 的元素，但是并不知道这个最重要的东西是一个段落、一个短语、一个列表项还是一个小节标题，只知道每个文档都会有这么一个最重要的内容，它可能在任何元素中，而且只能出现一个。在这种情况下，可以编写如下规则：

```
#mostImportant    {
    color:red;
    background:yellow;}
```

这个规则会与以下各个元素匹配（但是这些元素不能在同一个文档中同时出现，因为它们都有相同的 id 值）：

```
<h1 id="mostImportant">This is important!</h1>
<em id="mostImportant">This is important!</em>
<ul id="mostImportant">This is important!</ul>
```

> 💡 **注意**
> 类选择器和 id 选择器可能是区分大小写的，这取决于文档的语言。HTML 和 XHTML 将类和 id 值定义为区分大小写，所以类和 id 值的大小写必须与文档中的相应值匹配。

8.4.8 后代选择器

微课视频 041
复杂选择器

可以使用派生选择器通过依据元素在其位置的上下文关系来定义样式，可以使标记更加简洁。在 CSS1 中，通过这种方式来应用规则的选择器被称为上下文选择器（contextual selectors），这是由于它们依赖于上下文关系来应用或者避免某项规则。在 CSS2 中，称其为派生选择器。

根据文档的上下文关系，派生选择器可以细分为 CSS 后代选择器、CSS 子元素选择器和 CSS 相邻兄弟选择器。

后代选择器（descendant selector）又称为包含选择器，用于选择作为某元素后代的元素。可以定义后代选择器来创建一些规则，使这些规则在某些文档结构中起作用，而在另外一些结构中不起作用。

在后代选择器中，规则左边的选择器一端包括两个或多个用空格分隔的选择器。选择器之间的空格是一种结合符（combinator）。每个空格结合符可以解释为"……在……找到""……作为……的一部分""……作为……的后代"。例如，如此定义样式：

```
h1 em  {color:red;}
```

h1 em 选择器可以解释为"作为 <h1> 元素后代的任何 <em> 元素"。这样，只会对 <h1> 元素中的 <em> 元素应用样式。查看如下代码：

```
<h1>This is a <em>important</em> heading</h1>
<p>This is a <em>important</em> paragraph. </p>
```

<h1> 元素后代的 <em> 元素的文本变为红色，而其他 <em> 文本（如 <p> 元素中的 <em> 元素）则不会被这个规则选中。

后代选择器的功能极其强大，可以用来实现很多复杂的样式设置。

假设有一个文档，其中有一个边栏，还有一个主区。边栏的背景为蓝色，主区的背景为白色，这两个区都包含链接列表。不能把所有链接都设置为蓝色，因为这样一来边栏中的蓝色链接都无法看到。

解决方法是使用后代选择器。在这种情况下，可以为包含边栏的 <td> 元素指定值为 sidebar 的 class 属性，并把主区的 class 属性值设置为 maincontent。

可以定义样式如下：

```
td.sidebar      {background:blue;}
td.maincontent  {background:white;}
td.sidebar a    {color:white;}
td.maincontent a {color:blue;}
```

然后在文档中书写如下代码：

```
<table border="1" width="90%">
    <tr>
        <td height="200px" width="100px" class="sidebar">
            <a href="user.html">边栏中的链接</a><br />
        </td>
        <td class="maincontent">
            <a href="user.html">主区中的链接</a><br />
        </td>
    </tr>
</table>
```

这样，可以为左边和右边的链接定义不同的样式。上述代码在浏览器中的页面效果如图 8-9 所示。

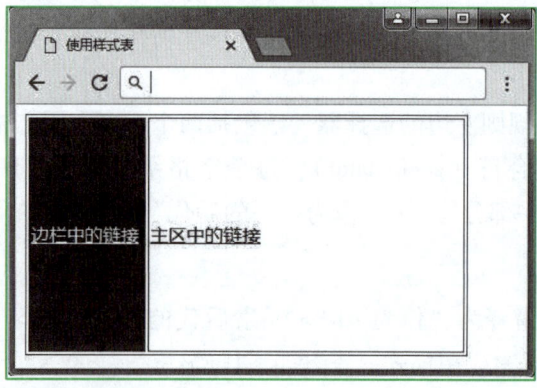

图 8-9

后代选择器的两个元素之间的层次间隔可以是无限的。例如，如果定义如下样式：

```
ul em    {color:red;}
```

选择器定义为 ul em，这个语法就会选择从 <ul> 元素继承的所有 <em> 元素，而不论 <em> 的嵌套层次多深。因此，选择器 ul em 将会选择以下标记中的所有 <em> 元素：

```
<ul>
  <li>List item<em>1</em>
    <ol>
      <li>List item<em>1-1</em></li>
      <li>List item<em>1-2</em></li>
    </ol>
  </li>
  <li>List item<em>2</em></li>
  <li>List item<em>3</em></li>
</ul>
```

上述代码在浏览器中的页面效果如图 8-10 所示。

图 8-10

8.4.9 子元素选择器

如果不希望选择任意的后代元素，而是希望缩小范围，只选择某个元素的子元素，可以使用子元素选择器（child selector）。与后代选择器相比，子元素选择器匹配的元素是另外一个元素的直接子元素。

1. 使用子元素选择器

子元素选择器会使用一个特殊的符号——大于号（>）作为子结合符，子结合符两边可以有空白符，这是可选的。例如，可以这样定义：

```
p > strong   {font-size:35pt;}
```

选择器 p > strong 可以解释为"选择作为 <p> 元素子元素的所有 <strong> 元素"。查看如下代码：

```
<p>This is <strong>very</strong> important. </p>
<p>This is <em>really <strong>very</strong></em> important. </p>
```

上述代码在浏览器中的页面效果如图 8-11 所示。

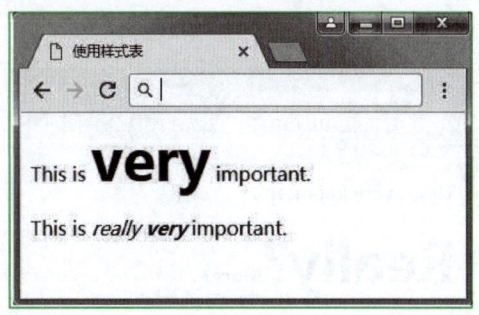

图 8-11

选择器 p > strong 会把第 1 个 <strong> 元素（作为 <p> 元素的子元素）中的文本大小设置为 35pt，但是第 2 个 <strong> 不受影响（不是 <p> 元素的子元素）。

2. 组合使用选择器

如果希望实现更复杂的选择，还可以结合分类选择器、后代选择器和子选择器。例如，查看下面这个选择器：

```
table. company td > p
```

该选择器会选择作为 <td> 元素子元素的所有 <p> 元素，而这个 <td> 元素本身从 <table> 元素继承，该 <table> 元素有一个值为 company 的 class 属性。

正因为子选择器只能选择直接子元素，所以如此定义选择器没有任何实际意义（因为 <b> 元素不可能作为 <table> 元素的直接子元素）：

```
table > b  { }
```

8.4.10 兄弟选择器

兄弟选择器（adjacent sibling selector）有相邻兄弟选择器和通用兄弟选择器。

1. 相邻兄弟选择器

相邻兄弟选择器匹配指定元素的相邻兄弟元素。如果需要选择紧接在另一个元素后的元素，而且二者有相同的父元素，可以使用相邻兄弟选择器。

相邻兄弟选择器使用加号（+），即相邻兄弟结合符。与子结合符一样，相邻兄弟结合符旁边可以有空白符。例如，可以这样定义：

```
p + b    {font-size:35pt;}
```

该选择器的意思是："选择紧接在 <p> 元素后出现的 <b> 元素，且 <p> 元素和 <b> 元素拥有共同的父元素"。这样可以设置紧接在 <p> 元素后出现的 <b> 元素中的文本大小。查看如下代码：

```
<body>
    <p>This is <b>very</b> important. </p>
    <b>Really? </b><b>More? </b>
</body>
```

上述代码在浏览器中的页面效果如图 8-12 所示：

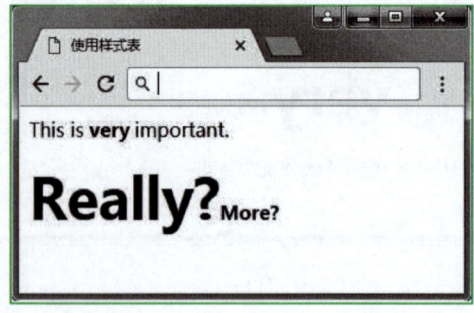

图 8-12

这个规则会把第 2 个 <b> 元素（作为 <p> 元素的相邻兄弟元素）中的文本大小设置为 35pt，但是第一个 <b> 不受影响（不是 <p> 元素的相邻兄弟元素），第 3 个 <b> 元素也不受影响（是兄弟元素，但并不相邻）。

用一个结合符只能选择两个相邻兄弟中的第 2 个元素。请看下面的选择器：

```
li + li  {font-size:15pt;}
```

这个选择器只会选择某个列表项后面的列表项。例如，查看如下代码：

```
<ul>
    <li>List item 1</li>
    <li>List item 2</li>
    <li>List item 3</li>
</ul>
<ol>
    <li>List item 1</li>
    <li>List item 2</li>
    <li>List item 3</li>
</ol>
```

上述代码在浏览器中的页面效果如图 8-13 所示。

在上面的片段中包含两个列表，即一个无序列表，一个有序列表，每个列表都包含 3 个列表项。这两个列表是相邻兄弟，列表项本身也是相邻兄弟。不过，第 1 个列表中的列表项与第 2 个列表中的列表项不是相邻兄弟，因为这两组列表项不属于同一父元素（最多只能算堂兄弟）。因此，这个选择器只会把两个列表中的第 2 个和第 3 个列表项的文本大小设置为 15 pt，而第一个列表项不受影响。

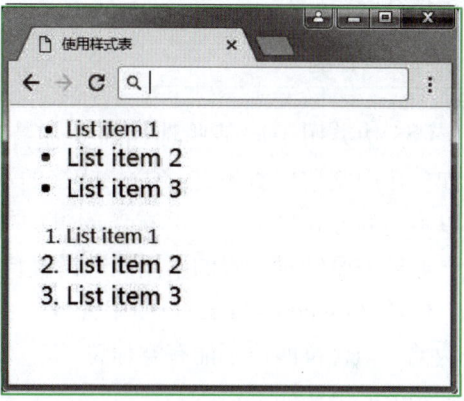

图 8-13

2. 通用兄弟选择器

通用兄弟选择器匹配某元素后面的所有兄弟元素。使用符号（~）作为结合符，即 element1~element2。两种元素必须拥有相同的父元素，但是 element2 不必直接紧随 element1。例如，可以这样定义：

```
p ~ b  {font-size:35pt;}
```

这个选择器的意思是："在 <p> 元素后出现的所有 <b> 元素，且 <p> 元素和 <b> 元素拥有共同的父元素"。这样可以设置在 <p> 元素后出现的 <b> 元素中的文本大小。此时，无论 <b> 元素是否紧跟着 <p> 元素，都可以设置样式。查看如下样式代码：

```
p{
    border:1px solid black;
    padding:5px;
    width:200px;
}
```

```
div.s1+p { color:red; }
div.s1~p { background-color:#ccc; }
```

然后，在页面的主体中添加如下代码：

```
<p>段落 1</p>
<div class="s1">指定元素</div>
<p>段落 3</p>
<p>段落 4</p>
```

上述代码在浏览器中的页面效果如图 8-14 所示。

这个规则会把 <div> 后面的所有段落设置为灰色背景（通用兄弟选择器的作用），但是只会把紧跟着 <div> 的那个段落的文本设置为红色（相邻兄弟选择器的作用）。

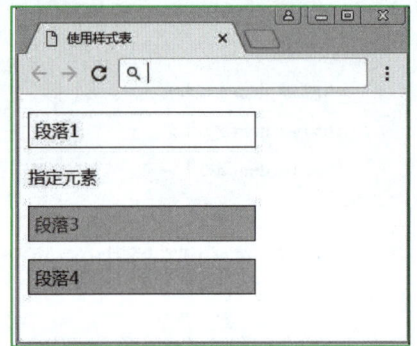

图 8-14

8.4.11 伪类

CSS 伪类用于向某些选择器添加特殊的效果。例如，在浏览器中查看链接时，链接的不同状态都可以不同的方式显示，如没有访问过的链接会显示为蓝色，而访问过的链接会显示为紫色。如果需要针对元素的不同状态设置特殊效果，可以使用伪类。

伪类（pseudo-classes）使用冒号（:）作为结合符，结合符左边是元素选择器，右边是伪类，结合符两边不能有空白符。

伪类的语法如下：

```
selector:pseudo-class {property: value}
```

其中的 pseudo-class 是可用的伪类。常用伪类主要针对元素的各种状态，如活动状态、已被访问状态、未被访问状态和鼠标悬停状态。因为这些状态无法用手工类进行标识，因此声明为伪类。

1. :link

:link 伪类用于向未访问的链接添加特殊的样式。未访问的链接是指，链接所指的 URI 尚未出现在用户代理的历史中。这种状态与 :visited 状态是互斥的。

2. :visited

:visited 伪类用于向已访问的链接添加特殊的样式。

3. :hover

:hover 伪类用于在鼠标移到元素上时向此元素添加特殊的样式。这个伪类应用处于"悬停状态"的元素。悬停定义为用户指示了一个元素但没有将其激活。对此最常见的例子是将鼠标指针移到文档中一个超链接的边界范围内。

4. :active

:active 伪类用于为处于激活状态（在鼠标点击与释放之间发生的事件）的元素添加

特殊的样式。最常见的例子就是在文档中单击一个超链接：在鼠标按钮按下期间，这个链接是激活的。

激活的、已访问的、未访问的或者当有鼠标悬停在其上的链接，它们会在支持 CSS 的浏览器中以不同的方式显示出来。

伪类可以与 CSS 类配合使用。例如，可以这样定义：

```
a:link  {
    color：black；
    font-size：15pt；}
a.important:link   {
    color：blue；
    font-size：20pt；}
a:visited  {
    color：pink；
    font-size：15pt；}
a.important:hover  {
    color：orange；
    font-size：20pt；}
a:active  {
    color：red；
    font-size：20pt；}
```

在这个例子中，针对所有链接的未访问、已访问和激活状态定义了样式，并对于应用了样式类 important 的链接的未访问和悬停状态定义了样式。这样，浏览器会根据链接的不同状态进行格式化。例如，查看如下代码：

```
<p><a href="a.html">访问过的页面</a></p>
<p><a href="no.html">未访问过的页面(没有使用 CSS 样式类)</a></p>
<p><a class="important" href="no.html">未访问过的页面(使用了 CSS 样式类)</p>
```

在上述代码中，只有第 3 个链接会使用：link 和：hover 伪类进行格式化。上述代码在浏览器中的页面效果如图 8-15 所示。

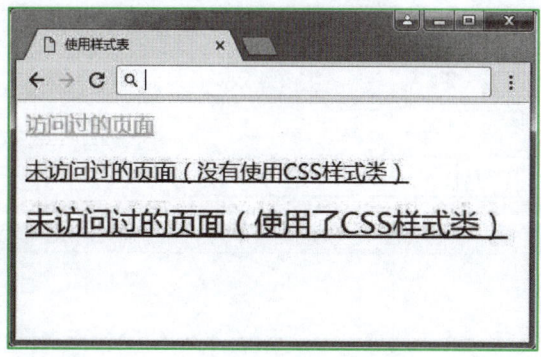

图 8-15

> **注意**
>
> 因为链接可能同时处于多个状态（比如同时处于激活和鼠标停留状态），而且晚定义的规则会覆盖前面出现的规则，因此在定义链接的各状态下的样式时，必须注意定义样式的次序。为了产生预期的效果，在 CSS 定义中，a:hover 必须位于 a:link 和 a:visited 之后；a:active 必须位于 a:hover 之后。建议按照如下顺序定义：链接（link）、已访问（visited）、鼠标停留（hover）、激活（active）。
>
> 另外，伪类的名称对大小写不敏感，但是，依然建议使用全小写的书写方式。

5. :focus

:focus 伪类在元素获得焦点时向元素添加特殊的样式，该伪类应用于有焦点的元素。例如，文档中一个有文本输入焦点的输入框，其中出现了文本输入光标；也就是说，在用户开始输入时，文本会输入到这个输入框。可以这样定义：

```css
input:focus {
    color:red;
    font-size:20pt;}
```

在这个例子中，当用户激活文本框，并开始输入时，文本框中的文本会显示为红色，且字的大小为 20 pt。

伪类也可以与 CSS 类配合使用。例如，还可以这样定义：

```css
input.textbox:focus {
    color:red;
    font-size:20pt;}
```

在这个例子中，如果某个 <input> 元素使用了样式类 textbox，则当用户激活该元素时，文本会显示为红色，且字的大小为 20 pt。例如，查看如下代码：

```html
<input type="text" value="aaa" /> <br /><br />
<input class="textbox" type="text" value="bbb" />
```

在上述代码中，只有第 2 个文本框被激活时会使用 :focus 伪类进行格式化。上述代码在浏览器中的页面效果如图 8-16 所示。

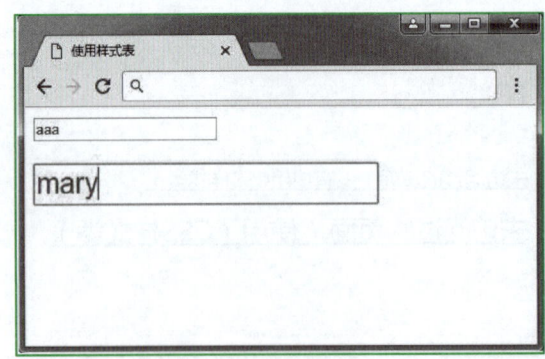

图 8-16

6. :first-child

:first-child 伪类向元素的第 1 个子元素添加样式，即用来选择元素的第 1 个子元素。这个伪类很容易遭到误解，先查看如下样式定义：

```
p:first-child    {font-weight: bold;}
li:first-child   {font-size:20pt;}
```

第 1 个规则是：将作为某元素第 1 个子元素的所有 <p> 元素中的文本设置为粗体。

第 2 个规则是：将作为某个元素（只能是列表元素，如 <ol> 或 <ul> 元素）第 1 个子元素的所有 <li> 元素中的文本大小设置为 20pt。

例如，查看如下代码：

```
<body>
    <p>&lt;body&gt;中的第一个段落</p>
    <ul>
        <li>first <i>item</i></li>
        <li>second <b>item</b></li>
        <li>third item</li>
    </ul>
    <p>&lt;body&gt;中的另一个段落</p>
</body>
```

在上面的例子中，作为第 1 个子元素的元素包括第 1 个 <p>、第 1 个 <li>、<i> 和 <b> 元素。但是只对第 1 个 <p> 和 <li> 元素进行格式化。上述代码在浏览器中的页面效果如图 8-17 所示。

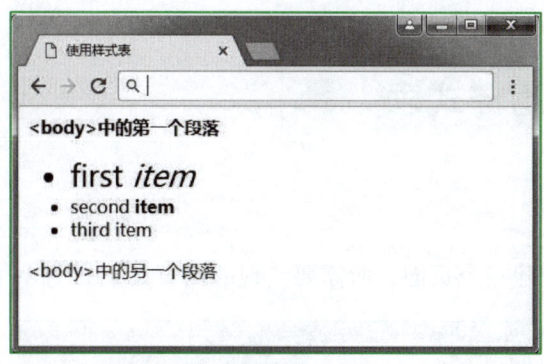

图 8-17

由此可见，p:first-child 选择器并不是选择 <p> 元素的第 1 个子元素，而是匹配作为子元素出现的第 1 个 <p> 元素。

:first-child 伪类可以与其他选择器配合使用。例如，可以这样定义：

```
p > i:first-child   {
    color:red;
    font-size:20pt; }
```

```
p:first-child i  {
    color:blue;
    font-size:25pt; }
```

在这个例子中，第 1 个选择器匹配所有 <p> 元素中的第 1 个 <i> 元素；第二个选择器匹配所有作为第 1 个子元素的 <p> 元素中的所有 <i> 元素。例如，查看如下代码：

```
<body>
    <div>
        <p>some <i>text</i>. some <i>text</i>. </p>
        <p>some <i>text</i>. some <i>text</i>. </p>
    </div>
    <p>some <i>text</i>. some <i>text</i>. </p>
</body>
```

上述代码在浏览器中的页面效果如图 8-18 所示。

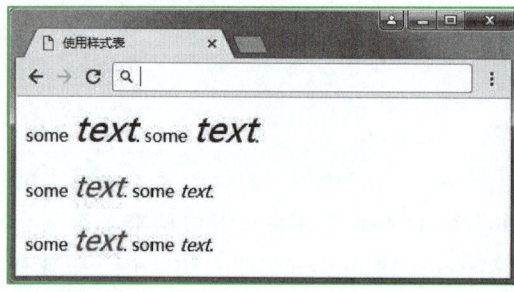

图 8-18

8.5 案例：使用样式表

8.5.1 案例描述

本案例中，需要创建一个页面，所需要实现的网页效果如图 8-19 所示。

图 8-19

要求使用外部样式表来控制页面的外观（本示例中会用到大量 CSS 的样式属性，这些属性将在后续章节详细讲解其用法，本示例主要在于演示 CSS 的样式规则的定义及其应用）。

8.5.2 案例分析

实现上述案例的步骤如下：

（1）新建一个纯文本文件，并修改扩展名为 .htm 或者 .html，并创建文档的结构（版本信息、头部信息和主体元素等）。

（2）为了实现页面的布局（页面文本以及文本框的对齐），使用表格来实现页面的布局：使用一个 6 行 2 列的表格，并设置后 4 行的 2 个单元格合并。

（3）创建外部样式表文件 MyStyleSheet.css，用来添加样式规则以控制页面的外观。

（4）在表格中，有的文本内容靠右对齐（如"忘记密码"），有的文本居中对齐（如"登录"按钮），因此首先需要添加样式规则定义文本的对齐排列。

（5）为表格定义外观，主要是高度、宽度、字的大小、文本颜色、背景色以及表格边框的样式，并设置表格第一列的宽度、高度及间距，以及为表格中的文本框定义边框和宽度。

（6）为表格中的文本框获得焦点时定义外观，主要是边框的宽度变宽，且文本框的字体加粗显示。

（7）由于"记录登录状态"文本字号较大，因此需要为其单独定义样式。

（8）为"登录"按钮定义外观，主要是高度、宽度、文本颜色、字体大小、背景色以及边框。

（9）为表格中的链接定义文本颜色、字体大小及文本的粗体显示。

（10）在浏览器中测试页面效果。

8.5.3 案例实现

（X）HTML 文档的代码如下：

```
<!DOCTYPE html>
<html>
    <head>
        <title>登录</title>
        <link type="text/css" rel="Stylesheet" href="MyStyleSheet.css" />
    </head>
    <body>
        <table class="login">
            <tr>
                <td>Email</td>
                <td><input class="txt" /></td>
            </tr>
            <tr>
                <td>密码</td>
```

```html
            <td><input class="txt" /></td>
        </tr>
        <tr>
            <td colspan="2">
                <input id="chkRemember" type="checkbox" />
                <label class="remember" for="chkRemember">记住登录状态</label>
            </td>
        </tr>
        <tr>
            <td colspan="2" class="textAlignCenter">
                <input type="button" value="登录" class="btn" />
            </td>
        </tr>
        <tr>
            <td colspan="2" class="textAlignRight">
                <a href="findPwd.html">忘记密码</a>
            </td>
        </tr>
        <tr>
            <td colspan="2">
                还没有开通你的账户？<a href="register.html">立即注册</a>
            </td>
        </tr>
    </table>
  </body>
</html>
```

外部样式表 MyStyleSheet.css 文件中的代码如下：

```css
.textAlignRight  { text-align:right; }
.textAlignCenter { text-align:center; }
table.login   {
    width:90%;
    height:160px;
    font-size:9pt;
    color:#333;
    background-color:#efefef;
    border:1px solid #bbb; }
td:first-child   {
    width:65px;
    height:25px;
    padding-left:5px; }
login input.txt   {
```

```
        border:1px solid #808080;
        width:180px;}
input.txt:focus    {
        border:2px solid #000;
        font-weight:bold;
        width:180px;}
label.remember   {font-size:11pt;}
input.btn   {
        height:26px;
        width:60px;
        color:#fff;
        font-size:14px;
        background:#08366a;
        border:1px solid #fff;}
td.textAlignRight > a   {
        color:blue;
        font-size:9pt;
        font-weight:bold;}
```

8.6 本章小结

（X）HTML 为网页提供了基本结构，而 CSS 定义网页的外观。本章介绍了如何编写样式表以控制网页的外观。样式表就是包含一个或者多个样式规则的文本文件，这些样式规则通过属性和值来决定网页中的元素应该如何显示。

在开始定义样式表之前，首先要知道如何创建和使用样式规则。可以将定义的样式规则通过内联的方式应用于单个元素；或者通过内部样式表的方式应用于单个网页；或者通过外部样式表的方式应用于整个网站。

CSS 的样式规则有继承性和层叠性的特征。继承性是指许多 CSS 的样式规则不但影响选择器所定义的元素，而且会被这些元素的后代继承；而层叠性是指当一个 Web 页面使用多个样式表时，多个样式表中的样式可层叠为一个。

CSS 的样式规则有两个主要部分：选择器和声明。选择器决定样式声明将应用于哪些元素，而样式声明决定如何格式化外观。选择器有很多种，其中，最简单的选择器就是使用元素选择器，用来对给定类型的元素进行格式化；或者定义样式类，根据元素的 class 属性来实现格式化；或者根据元素的 id 来应用格式化规则。除此之外，还可以根据元素的上下文、元素的状态等来定义选择器，以实现更复杂的页面格式化应用。伪类用于向某些选择器添加特殊的效果，常用于改变页面上超链接文本在不同状态下的外观。

本章中并没有讲解具体的样式规则的用法，只是借用了一些简单的样式属性来讲解示例，比如 color、font-size 和 background-color 等。关于样式规则的详细特性，将在后续章节中详细讲述。

第9章 文本格式化

 本章重点

在第 8 章中已经了解了 CSS 的语法、编写 CSS 的样式规则以及如何使用这些规则等。从本章开始，将陆续介绍 CSS 中的各种样式属性，以用于控制文档的显示效果，如控制文本格式化、控制页面布局和设置表格样式等。

本章主要讲解如何实现文本的格式化，包括控制文本的字体（如字的大小、字体样式和字体系列等）和设置文本的格式（如文本颜色、文本排列和文本缩进等）。有如下重点：

(1) CSS 中的字体和长度单位的相关知识。
(2) 使用 CSS 的样式控制文本的字体。
(3) 使用 CSS 的样式控制文本的格式。

在本章中，会用到第 8 章中讲述的关于 CSS 的语法、使用样式表以及各种选择器的应用。另外需要注意的是，尽管本章中讨论的许多样式属性主要应用于文本，但是这并不意味着它们只能应用于文本，其中的一些属性也可以应用于文档中的其他(X)HTML 元素。

 本章资源

1. 文本　第 9 章　章节设计
2. 图片　第 9 章　示例图片
3. PPT　第 9 章　文本格式化
4. 微课视频 043　文本格式化概述
5. 微课视频 044　控制字体
6. 微课视频 045　控制文本格式
7. 微课视频 046　案例：文本格式化
8. 案例源代码　chapter_09_code

微课视频 043
文本格式化概述

9.1 控制字体

CSS 字体属性定义文本的字体系列、大小、加粗、风格（如斜体）和变形（如小型大写字母）等，这些属性会直接影响字体及其外观。

表 9-1 列举了这些属性。注意这些属性都可以被继承。

微课视频 044

控制字体

表 9-1　CSS 字体属性

名　称	说　明
font-family	指定所使用文本的字体系列
font-size	指定字体的大小
font-size-adjust	修改字体的大小和宽、高比
font-style	指定字体样式，如是否为斜体
font-weight	指定字体的粗细
font-variant	指定字体是否为正常的或者小型大写字母
font-stretch	对字体进行水平拉伸，以控制字体中字母的宽度
font	进行组合设置，把所有针对字体的属性设置在一个声明中

9.1.1　字体与字体系列

设置字体属性是样式表的最常见的用途之一。不过，在开始学习如何指定文本的字体之前，首先需要理解一个问题：字体系列（也称为字型）与字体是不同的概念。

- 字体系列是字体族，比如 Serif 字体族。
- 字体是某个字体族中的一个特定成员，如 Georgia 属于 Serif 字体族。

这两个术语经常交换使用，或者有时候统称为字体。那么为什么会出现字体系列和字体两种概念呢？这要从字体命名说起。

字体的命名是很混乱的，尤其是涉及各种繁杂的字体变形时，如粗体或斜体文本，字体命名的问题就更是混乱。大多数人都知道，斜体文本与倾斜文本看上去很像，但是很少有人能解释斜体文本与倾斜文本有什么区别，甚至不知道二者之间存在区别。

更糟糕的是，Slanted 并不是斜体风格文本的唯一别名。例如，可能还会看到 oblique、incline（或 inclined）、cursive 和 kursiv 等字眼。因此，一种字体可能有一个 TimesItalic 变形，而另一种字体可能使用 GeorgiaOblique 作为变形。尽管这两种字体实际上就相当于 Times 和 Georgia 字体的"斜体形式"，但是它们的"称呼"有很大的不同。类似地，字体变形词 bold、black 和 heavy 可能表示同一个意思，也可能不同。

因此，实际上相同的字体可能有很多不同的称呼，而这种混乱的称呼会给设计者带来很大麻烦。CSS 迈出了勇敢的一步，力图把这种混乱状况理清楚，它使用字体系列来划分各种字体。

首先，一般所认为的"字体"包括某种字体，也可能包括许多字体变形，这些字体变形分别用来描述粗体、斜体文本等。例如，Times 是一种很常见的字体，但 Times 实际上是多种变形的一个组合，包括 TimesRegular、TimesBold、TimesItalic、TimesOblique、TimesBoldItalic 和 TimesBoldOblique 等。Times 的每种变形都是一个具体的字体风格，而通常认为的 Times 其实是所有这些变形字体的一个组合。换句话说，Times 实际上是一个字体系列（font family），而不只是单个的字体，尽管大多数人都认为字体就是某一种字体。

在 CSS 中，有以下两种字体系列。

- 通用字体系列：拥有相似外观的字体系统组合（如 serif、sans-serif、cursive、fantasy 和 monospace）。
- 特定字体系列：具体的字体系列（如 Times、Verdana、Helvetica 和 Arial）。

例如，Times、Times New Roman 和 TimesNR 这三种字体用肉眼看起来可能很类似，甚至完全相同，不过计算机却可能不知道这一点。在计算机看来，这是三种单独的字体，因为它们的名称不同。

那么，如果在一个文档中指定字体为 TimesNR，但是如果用户计算机上没有安装这种字体，浏览器将如何显示这个文档呢？又或者，用户计算机上实际已经安装了 Times New Roman，而且这两种字体（Times New Roman 和 TimesNR）实际上是可以互换的。可是如何指示浏览器改用字体 Times New Roman 呢？所以，如果希望一个浏览器上一定采用某种字体，这根本做不到，常见的做法是可以设置字体，并选择可替代字体。因此当使用某种特定的字体系列时，文档的正常显示完全取决于用户计算机上该字体系列是否可用。因此，强烈推荐使用通用字体系列。

9.1.2　CSS 通用字体系列

除了各种特定字体系列（如 Times、Verdana、Helvetica 或 Arial）外，CSS 还定义了 5 种通用字体系列。

1. serif 字体

serif 字体是具有衬线的字体，这些字体成比例，而且有上下短线。如果字体中的所有字符根据其不同大小有不同的宽度，则该字符是成比例的。例如，小写 i 和小写 m 的宽度就不同。上下短线是每个字符笔画末端的装饰，比如小写 l 顶部和底部的短线，或大写 A 两条腿底部的短线。

serif 字体的例子包括 Times、Georgia 和 New Century Schoolbook。

2. sans-serif 字体

sans-serif 字体是没有衬线的字体，这些字体是成比例的，而且没有上下短线。sans-serif 字体的例子包括 Helvetica、Geneva、Verdana、Arial 或 Univers。

图 9-1 显示了 serif 和 sans-serif 这两种字体的区别。

在一般的打印理论中，对于长段的文本，使用 serif 字体更容易阅读，但是，在 Internet 中这种理论不一定正确。人们往往认为 serif 字体在屏幕上很难阅读，那些衬线会对人们的视觉带来困扰，这有可能是因为屏幕分辨率的原因。因此，没有衬线的 sans-serif 字体更容易在屏幕上阅读，因为它们看起来更简洁。

3. monospace 字体

monospace 字体是固定宽度字体，通常用于模拟打字机打出的文本、老式点阵打印机的输出，甚至更老式的视频显示终端。采用这些字体，每个字符的宽度都必须完全相同，所以小写的 i 和小写的 m 有相同的宽度。这些字体可能有上下短线，也可能没有。如果一个字体的字符宽度完全相同，则归类为 monospace 字体，而不论是否有上下短线。monospace 字体的例子包括 Courier、Courier New 和 Andale Mono。

4. cursive 字体

cursive 字体是仿效手写的字体，试图模仿人的手写体。通常，它们主要由曲线和 serif 字体中没有的笔画装饰组成。例如，大写 A 在其左腿底部可能有一个小弯，或者完全由花体部分和小的弯曲部分组成。cursive 字体的例子包括 Zapf Chancery、Author 和 Comic Sans。

5. fantasy 字体

fantasy 字体无法用任何特征来定义，只有一点是确定的，那就是无法很容易地将其归到任何一种其他的字体系列当中。这样的字体包括 Western、Woodblock 和 Klingon。

这 5 种通用字体系列的外观如图 9-1 所示。

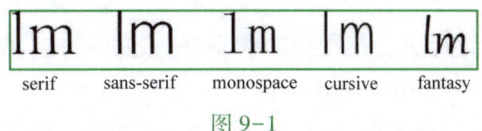

图 9-1

9.1.3 指定字体（font-family）

在了解了字体的基础知识之后，可以使用 font-family 属性指定文本的字体。

1. 指定字体

使用 font-family 属性指定字体的语法如下：

font-family:name/inherit;

font-family 属性可以被继承，如果设置该属性的值为 inherit，表示从父元素继承字体系列。

如果需要指定字体，则设置值为 name，即首选字体的名称。如果字体名称有多个单词，即中间有空格，则需要将字体名称用一对单引号或者双引号包围起来。如果字体名称包含非 ASCII 字符，就必须声明样式表的编码。这个属性最大的问题在于，如果用户计算机上并没有安装所需要的字体，则会显示默认字体。

2. 指定替代字体

如果指定的字体在 Mac 和 Windows 上都存在，那么可以放心指定这种字体。如果这种字体在每种系统上有不同的名称，那么可以同时指定这两个名称，操作系统会使用它已经安装的那一种。如果需要的字体只在其中一个系统上存在，可以为另一种系统指定一种替代字体，替代字体可以和指定字体不完全相同，相似且不会影响页面的布局就够了。

可以为 font-family 属性指定多种字体，且多种字体之间用逗号隔开，这样可以为页面指定一个字体列表。如果用户计算机没有第一种字体，则浏览器会查找字体列表中的下一种字体作为替代字体显示。如果找遍了字体列表还是没有可以使用的字体，浏览器会使用默认字体显示页面。

可以结合特定字体和通用字体系列来指定字体。例如：

```
h1 {font-family: Georgia, serif;}
```

如果用户计算机上没有安装 Georgia，但安装了 Times 字体（serif 字体系列中的一种字体），浏览器就可能对 <h1> 元素使用 Times。尽管 Times 与 Georgia 并不完全匹配，但至少足够接近。

因此，建议在所有 font-family 规则中都提供一个通用字体系列。这样就提供了一条后路，在用户计算机无法提供与规则匹配的特定字体时，就可以选择一个通用字体作为替换。

如果对字体非常熟悉，也可以为给定的元素指定一系列类似的字体。要做到这一点，需要把这些字体按照优先顺序排列，然后用逗号进行连接：

```
p {font-family: Times, TimesNR, 'New Century Schoolbook',
    Georgia, 'New York', serif;}
```

根据这个列表，用户计算机会按所列的顺序查找这些字体。如果列出的所有字体都不可用，就会简单地选择一种可用的 serif 字体。

另外，每种字体可能具有不同的高度和宽度。因此，最好选择相似大小的字体作为首选字体的备选。比如，Courier New 字体比 Impact 字体短和宽，如果以前一种字体设计页面，但是浏览器选择了第二种替代字体显示，则会影响页面的布局。例如，查看如图 9-2 所示的页面。

此页面用两种字体显示了相同的文本，但是所占的行数却截然不同。因此，

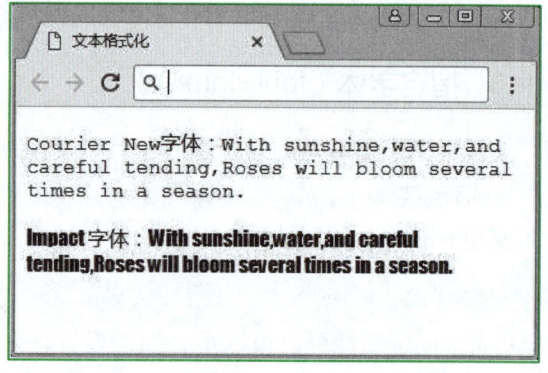

图 9-2

在选择替代字体时，必须考虑不同字体的大小差别对页面布局所带来的影响。

9.1.4　CSS 长度单位

某些样式特征的值以长度的形式出现，如字体大小、文本行的高度等，而且后续章节还会有很多属性需要指定长度。因此这里先介绍 CSS 中关于长度单位的定义。

在 CSS 中，可以 3 种方式来度量长度：绝对单位、相对单位和百分比。其中的百分比很容易理解，相对于父元素的长度设置为该值的百分之多少。下面主要介绍有哪些绝对单位和相对单位。

1. 绝对单位

表 9-2 列出了在 CSS 中长度使用的绝对单位。

表 9-2　长度的绝对单位

单　位	说　　明
pt	1 点（也称为一磅，1 pt 等于 1/72 英寸）
pc	12 点（1 pc 等于 12 pt）
in	英寸
cm	厘米
mm	毫米

2. 相对单位

相对单位是指长度的大小取决于环境的设置。表 9-3 列出了在 CSS 中长度使用的相对单位。

表 9-3　长度的相对单位

单　位	说　　明
px	像素，计算机屏幕上的一个点
em	相对于参考元素的字体尺寸，1 em 等于当前的字体尺寸，2 em 等于当前字体尺寸的两倍
ex	小写字母 x 的高度（不同的字体有不同的比例，且 x 的高度通常是字体尺寸的一半）

这三种单位之所以都称为相对单位，是因为使用这些度量单位后，长度的实际大小取决于其他因素，比如屏幕的分辨率、参考元素的字体尺寸或者某种字体。

像素是屏幕上最小的分辨率单位，也是指定字体大小和长度的最常用方式。大多数计算机屏幕的分辨率为 72 点每英寸（dpi），打印机通常具有更高的分辨率，而移动电话和手持设备往往具有更低的分辨率。因此，如果以 px 为单位来设置长度，在不同的设备上会有不同的大小。比如，一个 500 像素宽的表在 72 dpi 屏幕上的宽度是 9.9444 英寸；在 300 dpi（比如打印机）屏幕上的宽度是 1.666 英寸，在 32 dpi（比如 PDA）屏幕上的宽度是 13.888 英寸。

9.1.5　设置字的大小（font-size）

font-size 属性用来设置文本的大小。如果没有规定文本大小，普通文本（比如段落）的默认大小是 16 像素（16 px＝1 em）。

可以使用多种方式（绝对大小、相对大小、长度单位和百分比）指定这个属性的值。其中，如果使用长度单位来设置文本大小，还可以分别使用相对单位和绝对单位。

1. 绝对大小

绝对大小是指将文本设置为指定的大小，不允许用户在浏览器中改变文本大小，常用于在确定了输出的物理尺寸时使用。

如果需要使用绝对大小来设置字的大小，则可以设置 font-size 属性的值为 xx-small、x-small、small、medium、large、x-large 和 xx-large，其中 medium 为默认值。

2. 相对大小

相对大小是指相对于父元素来设置大小，可以取值如下。

- smaller：把 font-size 设置为比父元素更小的尺寸。
- larger：把 font-size 设置为比父元素更大的尺寸。

例如，定义如下样式：

```
span.smaller    {font-size:smaller;}
span.larger     {font-size:larger;}
```

然后对文本设置样式类以设置字的相对大小：

```
<h2><span class="smaller">aa</span>aa<span class="larger">aa</span></h2>
```

上述代码在浏览器中的显示效果如图 9-3 所示。

由图 9-3 可以看出，中间的两个字母 aa 是 <h2> 元素默认的大小；而前面两个字母 aa 会显示为相对更小的尺寸；最后的两个字母 aa 会显示为相对更大的尺寸。

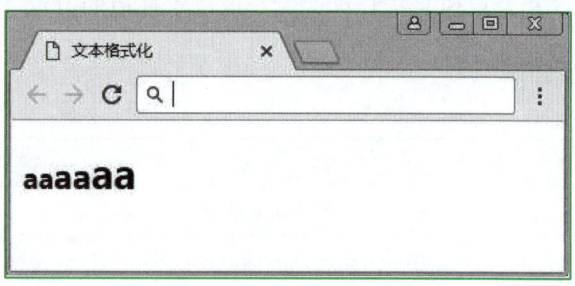

图 9-3

3. 绝对单位的长度

采用一种长度单位来表达字体的大小，可使用的绝对单位见表 9-2。

4. 相对单位的长度

也可以使用相对单位的长度来设置字的大小，可以使用 px，即像素。例如，可以这样设置：

```
h1    {font-size:60px;}
h2    {font-size:40px;}
p     {font-size:14px;}
```

如果使用 em 来设置文本大小，可以避免在 IE 中无法调整文本大小的问题，许多开发者使用 em 单位代替 px。1em 等于当前的文本尺寸。如果一个元素的 font-size 为 16 像素，那么对于该元素，1em 就等于 16 像素。比如，针对上段用单位 px 设置文本大小的代码，还可以这样定义（当前文本大小为 16 px 时）：

```
h1    {font-size:3.75em;}    /* 60px/16=3.75em */
h2    {font-size:2.5em;}     /* 40px/16=2.5em */
p     {font-size:0.875em;}   /* 14px/16=0.875em */
```

这两段代码将会显示相同的大小，唯一的区别是，如果使用 em 单位，则可以在所有浏览器中调整文本大小。

在设置字的大小时，em 的值会相对于父元素的字的大小改变。例如，定义如下样式：

```
.p1    {font-size:10px;}
.p2    {font-size:20px;}
```

```
span    {font-size:2em;}
```

然后查看如下代码：

```
<p class="p1">
    p text,<span>span text</span>
</p>
<p class="p2">
    p text,<span>span text</span>
</p>
```

上述代码在浏览器中的显示效果如图 9-4 所示（<span> 元素中字的实际大小取决于父元素<p> 的文本大小）。

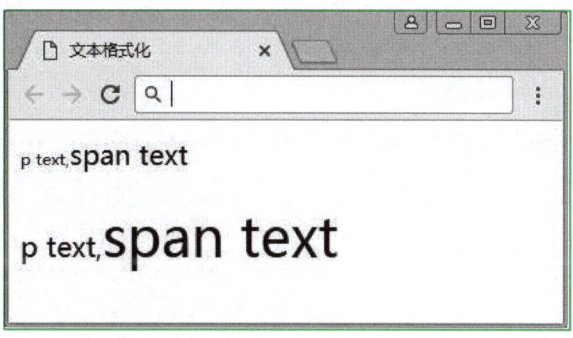

图 9-4

还可以使用 ex 单位，它表示父元素的小写字母 x 的高度。浏览器对这个单位的支持不太好，x 的高度通常是文本尺寸的一半，且受字体设置的影响。例如，定义如下样式：

```
.p1     {font-family:Impact;}
.p2     {font-family:Courier;}
span    {font-size:4ex;}
```

然后查看如下代码：

```
<p class="p1">
    aaa<span>span text</span>
</p>
<p class="p2">
    aaa<span>span text</span>
</p>
```

上述代码在浏览器中的显示效果如图 9-5 所示。

由图 9-5 可以看出，2 ex 代表当前父元素的一个文本的高度，因此 <span> 元素中文本的高度是字母 aaa 的 2 倍。同时，2 个 <p> 元素所设置的字体不同，它们所代表的 x 字母的高度也不同，因此，虽然 <span> 元素同样设置为 4 ex 的大小，实际显示的大小却并不相同（Impact 字体中的 x 比 Courier 字体中的 x 大）。

图 9-5

5. 百分比

百分比计算为相对于包含该文本的元素的比例。例如，可以这样定义：

```
div      {font-size:20pt;}
p.first  {font-size:50%;}
p.second {font-size:100%;}
p.third  {font-size:150%;}
```

然后查看如下代码：

```
<div>
    使用百分比：
    <p class="first">百分比:50%</p>
    <p class="second">百分比:100%</p>
    <p class="third">百分比:150%</p>
</div>
```

上述代码在浏览器中的显示效果如图 9-6 所示（使用百分比设置大小后，文本的实际大小是相对于其父元素的字体大小按照所设置的百分比进行换算）。

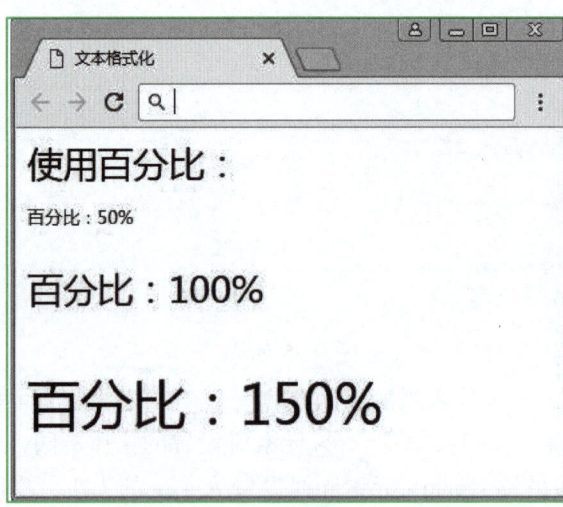

图 9-6

6. 结合使用百分比和 em

为了能够尽量让代码适应所有的浏览器，可以为 \<body\> 元素（父元素）以百分比设置默认的 font-size 值，其他元素再以 em 来设置大小。例如，可以这样定义：

```
body    {font-size:100%;}
h1      {font-size:3.75em;}
h2      {font-size:2.5em;}
p       {font-size:0.875em;}
```

这样的代码非常有效。在所有浏览器中，可以显示相同的文本大小，并允许所有浏览器缩放文本的大小。

9.1.6 设置字体样式（font-style）

大多数字体具有不同的变体，如加粗和斜体。浏览器可以使用一种算法来实现字体的加粗显示和斜体显示。

font-style 属性设置使用斜体、倾斜或正常字体，最常用于规定斜体文本。斜体字体通常定义为字体系列中的一个单独的字体。理论上讲，浏览器可以根据正常字体计算一个斜体字体。该属性可能的值见表 9-4。

表 9-4 font-style 属性的取值

值	说　　明
normal	浏览器显示一个标准的字体样式，为默认值
italic	浏览器会显示一个斜体的字体样式
oblique	浏览器会显示一个倾斜的字体样式
inherit	规定应该从父元素继承字体样式

font-style 属性非常简单，唯一有点复杂的是明确 italic 文本和 oblique 文本之间的差别。斜体（italic）是一种简单的字体风格，通过对每个字母的结构有一些小改动来反映变化的外观。与此不同，倾斜（oblique）文本则是正常竖直文本的一个倾斜版本。通常情况下，italic 和 oblique 文本在 Web 浏览器中看上去完全一样。例如，可以这样定义样式规则：

```
p.normal    {font-style:normal;}
p.italic    {font-style:italic;}
p.oblique   {font-style:oblique;}
```

然后查看如下代码：

```
<p class="normal">font-style:normal</p>
<p class="italic">font-style:italic</p>
<p class="oblique">font-style:oblique</p>
```

上述代码在浏览器中的显示效果如图 9-7 所示。

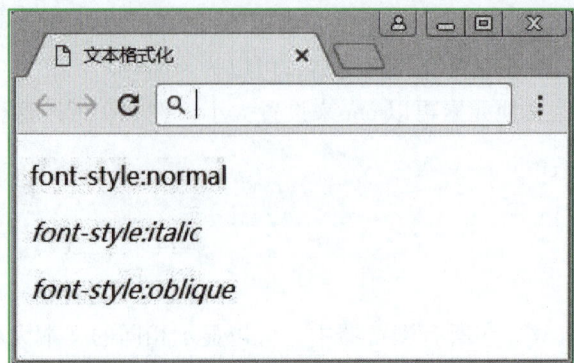

图 9-7

9.1.7 字体加粗（font-weight）

font-weight 属性用于设置文本的粗细，常用于实现将显示元素的文本中所用的字体加粗。该属性可能的值见表 9-5。

表 9-5 font-weight 属性的取值

值	说 明
normal	定义标准的字符，为默认值
bold	定义粗体字符
bolder	定义更粗的字符
lighter	定义更细的字符
100、200、300、400、500、600、700、800、900	定义由粗到细的字符（400 等同于 normal，而 700 等同于 bold）
inherit	规定应该从父元素继承字体的粗细

使用 bold 关键字可以将文本设置为粗体。

关键字 100~900 为字体指定了 9 级加粗度。如果一个字体内置了这些加粗级别，那么这些数字就直接映射到预定义的级别，100 对应最细的字体变形，900 对应最粗的字体变形。数字 400 等价于 normal，而 700 等价于 bold。

如果将元素的加粗设置为 bolder，浏览器会设置比所继承值更粗的一个字体加粗。与此相反，关键词 lighter 会导致浏览器将加粗度下移而不是上移。例如，可以这样定义样式规则：

```
p.normal    {font-weight:normal;}
p.thick     {font-weight:bold;}
p.thicker   {font-weight:900;}
```

然后查看如下代码：

```
<p class="normal">font-weight:normal</p>
<p class="thick">font-weight:bold</p>
<p class="thicker">font-weight:900</p>
```

上述代码在浏览器中的显示效果如图 9-8 所示。

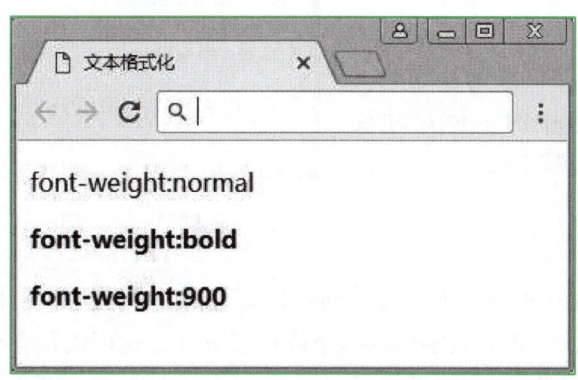

图 9-8

其中，bold 是最常用的值，也会遇到使用 normal 的情况，尤其是在大量加粗文本中创建不同效果的文本时。

9.1.8 小型大写字母显示文本（font-variant）

font-variant 属性可以设定小型大写字母，即设置使用小型大写字母的字体显示文本。这意味着所有的小写字母均会被转换为大写，但并不是转换为一般的大写字母，而是称为小型大写字母。这个名字很拗口，可以这么理解：小型大写字母不是常见的大写字母，是采用不同大小的大写字母，与其余文本相比，其字体尺寸更小。浏览器可以根据正常字体计算出小型大写字母字体。该属性可能的值见表 9-6。

表 9-6　font-variant 属性的取值

值	说　明
normal	浏览器会显示一个标准的字体，为默认值
small-caps	浏览器会显示小型大写字母的字体
inherit	规定应该从父元素继承 font-variant 属性的值

例如，如果需要把段落设置为小型大写字母字体，可以这样定义：

```
p.normal   {font-variant: normal}
p.smallCaps   {font-variant: small-caps}
```

然后查看如下代码：

```
<p class="normal">This is a paragraph</p>
<p class="smallCaps">This is a paragraph</p>
```

```
<p>THIS IS A PARAGRAPH</p>
```

上述代码在浏览器中的显示效果如图 9-9 所示。

由图 9-9 可见，设置 font-variant 属性的值为 small-caps 后，文本内容自动转换为大写字母，但是这种大写字母比普通大写字母要小（第 3 段为普通大写字母，比第 2 个段落中的字体尺寸要大），所以称为小型大写字母。

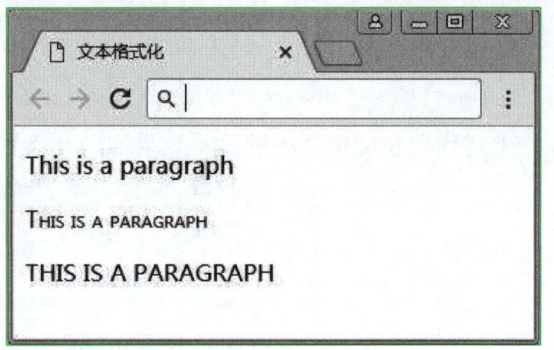

图 9-9

9.1.9 组合设置（font）

font 属性的作用是把所有针对字体的属性设置在一个声明中，常作为简写属性。可以使用这个简写属性一次设置元素字体的两个或更多方面。它可以包含 6 个值，可以按顺序设置如下属性：font-style、font-variant、font-weight、font-size/line-height、font-family。其中，line-height 用于设置行间距，将在 9.2 节中进行讲述。

如果使用 font 属性设置字体的多个方面，则多个属性的值之间用空格隔开。例如，可以这样定义：

```
p.ex1 {font:italic normal 900 14px/20px arial,sans-serif;}
```

也可以不设置其中的某个值，未设置的属性会使用其默认值。例如，也可以这样定义：

```
p.ex2 {font:italic 16px "Times New Roman";}
```

然后查看如下代码：

```
<p class="ex1">This is a paragraph</p>
<p class="ex2">This is a paragraph</p>
```

上述代码在浏览器中的显示效果如图 9-10 所示。

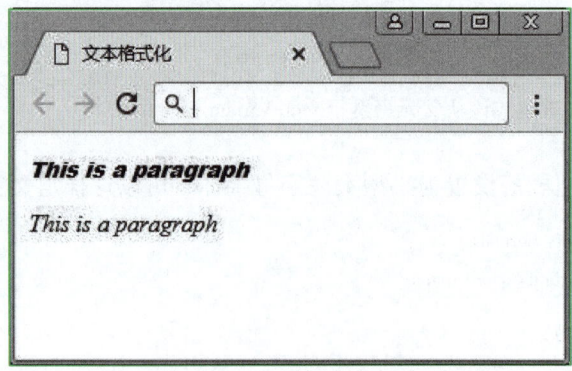

图 9-10

9.2 控制文本格式

微课视频 045
控制文本格式

CSS 除了可以设置字体，还可以定义文本的外观。通过文本属性，可以改变文本的颜色、字符间距、对齐文本、装饰文本、对文本进行缩进等。表 9-7 列举了这些属性。

表 9-7　CSS 文本格式化属性

名称	说明
color	设置文本颜色
text-align	设置元素中文本的对齐方式
text-indent	设置元素中文本的首行缩进间距
direction	设置文本方向
unicode-bidi	创建双向文本
line-height	设置行高
text-shadow	设置文本阴影
text-decoration	向文本添加修饰（如下画线、删除线、上画线或者闪烁）
text-transform	控制元素中的字母大小写
letter-spacing	设置字符间距
word-spacing	设置每个单词之间的间距
white-space	设置元素中空白的处理方式（折叠、保留或者不换行）

9.2.1 文本颜色（color）

color 属性用于设置文本的颜色，即元素的前景色。这个颜色还会应用到元素的所有边框，除非被 border-color 或另外某个边框颜色属性覆盖。

没有设置 color 属性的文本将使用浏览器的默认颜色显示。如果需要使用该属性设置文本颜色，该属性的值可以是颜色名称、rgb 值或者十六进制数，其默认值取决于浏览器。

表示颜色的单位见表 9-8。

表 9-8　颜色单位

单位	说明
颜色名	颜色名称，如 red
rgb(x,x,x)	RGB 值，如 rgb(255,0,0)
rgb(x%,x%,x%)	RGB 百分比值，如 rgb(100%,0%,0%)
#rrggbb	十六进制数，如 #ff0000

9.2.2 文本排列（text-align）

text-align 是一个基本的属性，用于设置一个元素中的文本行互相之间的对齐方式。它类似于逐渐淘汰的 align 属性。该属性通过指定行框与哪个点对齐，从而设置块级元素内文本的水平对齐方式。该属性可能的取值见表 9-9。

表 9-9 text-align 属性的取值

值	说 明
left	将文本与包含它的元素的左边框对齐
right	将文本与包含它的元素的右边框对齐
center	将文本居中放置在包含它的元素中
justify	将文本的宽度扩展为包含的元素的整个宽度，从而实现两端对齐的效果

需要注意的是，text-align:center 与 <center> 元素的作用并不一样。<center> 元素不仅影响文本，还会把整个元素居中；而 text-align 属性不会控制元素的对齐，而只影响内部内容，即元素本身不会从一端移到另一端，只是其中的文本受影响。

text-align 属性还可能取值 justify，称为两端对齐。在两端对齐文本中，文本行的左右两端都放在父元素的内边界上。然后，调整单词和字母间的间隔，使各行的长度恰好相等。这种两端对齐的排列方式经常用于打印。例如，可以这样定义样式规则：

```
td.leftAlign    {text-align:left;}
td.rightAlign   {text-align:right;}
td.centerAlign  {text-align:center;}
td.justifyAlign {text-align:justify;}
```

然后，查看如下代码：

```
<table border="1">
    <tr>
        <td class="leftAlign">With sunshine, water, and careful tending, roses will bloom several times in a season.</td>
    </tr>
    <tr>
        <td class="rightAlign">With sunshine, water, and careful tending, roses will bloom several times in a season.</td>
    </tr>
    <tr>
        <td class="centerAlign">With sunshine, water, and careful tending, roses will bloom several times in a season.</td>
    </tr>
    <tr>
        <td class="justifyAlign">With sunshine, water, and careful tending, roses will bloom several times in a season.</td>
    </tr>
</table>
```

上述代码在浏览器中的显示效果如图 9-11 所示。

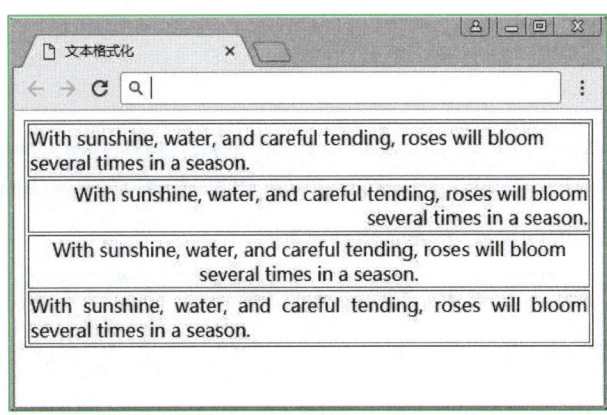

图 9-11

由图 9-11 可以看出，居左或者居右排列后，另外一端会显示为锯齿状（使用默认的字宽和间隔，以单词为单位换行）；而如果使用 justify，则会显示为两端对齐的效果。

但是，justify 的具体实现效果是依靠浏览器的，即由浏览器（而不是 CSS）来确定两端对齐文本如何拉伸，以填满父元素左右边界之间的空间，所以不同的浏览器可能会得到不同的结果。

9.2.3 文本缩进（text-indent）

把 Web 页面上的段落的第一行缩进，这是一种最常用的文本格式化效果。CSS 提供了 text-indent 属性用于缩进元素中的首行文本，即使用该属性可以让元素的第一行缩进一个给定的距离。该属性可能的取值见表 9-10。

表 9-10　text-indent 属性的取值

值	说　　明
length	定义固定的缩进长度，默认值为 0
%	定义基于父元素宽度的百分比的缩进

这个属性最常见的用途是将段落的首行缩进。下面的规则会使段落的首行缩进 2 em：

```
p.first   {text-indent: 2em;}
```

可以为块级元素应用 text-indent 属性，但无法将该属性应用于行内元素，且图像之类的替换元素上也无法应用 text-indent 属性。不过，如果一个块级元素（比如段落）的首行中有一个图像，它会随该行的其余文本移动。

如果想把一个行内元素的第一行"缩进"，可以用左内边距或外边距（将在后续章节讲解）创造这种效果。

text-indent 还可以设置为负值。如果使用负值，那么首行会被缩进到左边。利用这种技术，可以实现很多有趣的效果，如"悬挂缩进"的效果，即第一行悬挂在元素中余下部分的左边：

```
p.second    {text-indent: -2em;}
```

例如，查看如下代码：

```
<p class="first">This is a normal paragraph. This is a normal paragraph. This is a normal paragraph. </p>
<p class="second">This is a normal paragraph. This is a normal paragraph. This is a normal paragraph. </p>
```

上述代码在浏览器中的显示效果如图 9-12 所示。

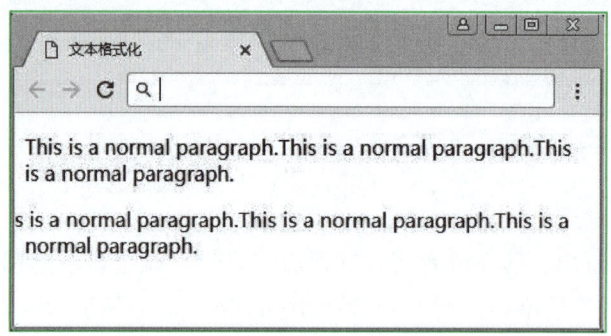

图 9-12

由图 9-12 可见，在为 text-indent 属性设置负值时要当心。如果对一个段落设置了负值，那么首行的某些文本可能会超出浏览器窗口的左边界。为了避免出现这种显示问题，建议针对负缩进再设置一个外边距或一些内边距（将在后续章节讲解）。

9.2.4　行高（line-height）

line-height 属性用于设置行间的距离。当处理大量文本时，增加文本行之间的垂直空间量可以提高文档的可阅读性，这种空间量称为行间距。在 Web 页面中增加行间距是非常有用的。例如，如果文本行之间存在更多的空间，当达到一行的末尾之后，更容易发现下一行的起点。

line-height 属性会影响行框的布局。在应用到一个块级元素时，它定义了该元素中基线之间的最小距离。行间距是 line-height 与 font-size 的计算值之差。行间距会被分为两半，分别加到一个文本行内容的顶部和底部。而可以包含这些内容的最小框就是行框。

line-height 属性可能的取值见表 9-11。

表 9-11　line-height 属性的取值

值	说明
normal	设置合理的行间距，为默认值
number	设置数字，此数字会与当前的字体尺寸相乘来设置行间距
length	设置固定的行间距
%	基于当前字体尺寸的百分比设置行间距

其中，如果取值为 number，称设置为原始数值。因为行间距等于这个数值与字体尺寸相乘的结果。例如，元素的文本大小是 16 px，而行高设置为数值 1.5，那么行间距为 24 px（16×1.5）。行高的默认为 1，因此这个数值可以被看成相对于默认行间距的缩放值。

例如，可以这样定义样式规则：

```
p          {border:1px solid red;}
p.smallNumber  {line-height:0.5;}
p.bigNumber    {line-height:2;}
```

其中，对于段落 <p> 元素设置了边框属性（将在后续章节详细讲解），便于查看行间距。然后，查看如下代码：

```
<p>这是拥有标准行高的段落。默认行高大约是 1。这是拥有标准行高的段落。</p>
<p class="smallNumber">number=0.5。这个段落拥有更小的行高。这个段落拥有更小的行高。这个段落拥有更小的行高。</p>
<p class="bigNumber">number=2。这个段落拥有更大的行高。这个段落拥有更大的行高。这个段落拥有更大的行高。</p>
```

上述代码在浏览器中的显示效果如图 9-13 所示。

如果取值为 length，称设置为固定的行间距长度，单位为长度单位。例如，可以这样定义样式规则：

```
p          {border:1px solid red;}
p.smallLength  {line-height:10px;}
p.bigLength    {line-height:30px;}
```

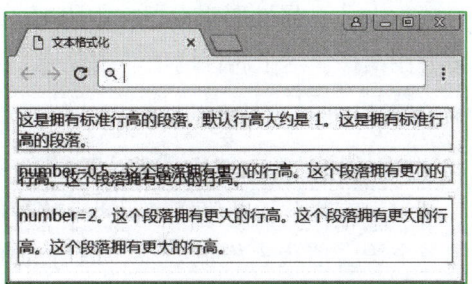

图 9-13

然后，查看如下代码：

```
<p>这是拥有标准行高的段落。在大多数浏览器中默认行高大约是 20px。这是拥有标准行高的段落。</p>
<p class="smallLength">length=10px。这个段落拥有更小的行高。这个段落拥有更小的行高。</p>
<p class="bigLength">length=30px。这个段落拥有更大的行高。这个段落拥有更大的行高。</p>
```

上述代码在浏览器中的显示效果如图 9-14 所示。

如果取值为百分比，则会相对于当前字体的尺寸来设置行间距。例如，可以这样定义样式规则：

```
p          {border:1px solid red;}
p.smallPercent  {line-height:90%;}
p.bigPercent    {line-height:200%;}
```

然后，查看如下代码：

```
<p>这是拥有标准行高的段落。在大多数浏览器中默认行高大约是 110% 到 120%。</p>
<p class="smallPercent">90%。这个段落拥有更小的行高。这个段落拥有更小的行高。这个段落拥有更小的行高。</p>
<p class="bigPercent">200%。这个段落拥有更大的行高。这个段落拥有更大的行高。这个段落拥有更大的行高。</p>
```

上述代码在浏览器中的显示效果如图 9-15 所示。

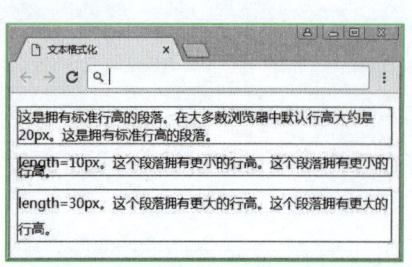

图 9-14

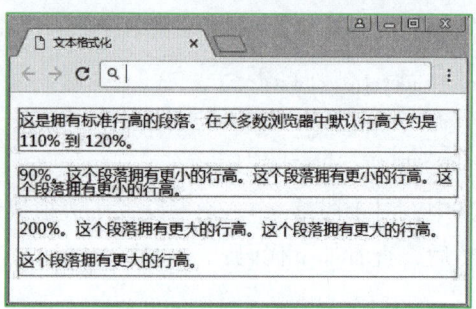

图 9-15

9.2.5 文本阴影（text-shadow）

text-shadow 属性用于设置文本阴影。阴影是单词的黑色版本，它位于单词的下方，并稍微有些偏移。这个属性的值非常复杂，采用 3 个长度和一个颜色来设置，这几个值之间用空格隔开，而且颜色是可选项。例如，可以这样定义：

```
.shadowText {text-shadow:0.3em 0.4em 0.5em gray}
```

其中，前两个长度值代表阴影偏移量的 X 和 Y 坐标，而第三个长度值代表模糊效果，最后的颜色代表阴影颜色，可以是颜色名称或者十六进制编码。然后，查看如下代码：

```
<p>普通段落</p>
<p class="shadowText ">使用了阴影效果的段落</p>
```

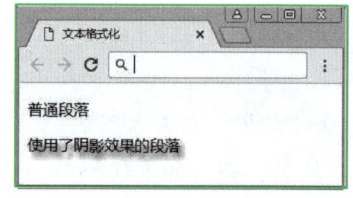

图 9-16

上述代码在浏览器中的显示效果如图 9-16 所示。

9.2.6 文本修饰（text-decoration）

text-decoration 属性用于对文本进行修饰。它允许对文本设置某种效果，如加下画线、上画线或者闪烁等。如果后代元素没有自己的装饰，祖先元素上设置的装饰会"延伸"到后代元素中。

text-decoration 属性可能的取值见表 9-12。

表 9-12　text-decoration 属性的取值

值	说　　明
none	定义标准的文本，为默认值
underline	定义文本下的一条线（下画线）
overline	定义文本上的一条线（上画线）
line-through	定义穿过文本下的一条线（类似于删除线）
blink	定义闪烁的文本

underline 会对元素加下画线，就像(X)HTML 中的<u>元素一样；而 overline 的作用恰好相反，会在文本的顶端加一条上画线；值 line-through 则在文本中间画一条贯穿线，类似于(X)HTML 中的 <S> 和 <strike> 元素；blink 会让文本闪烁，类似于 Netscape 支持的颇招非议的 <blink> 标记。

还可以在一个规则中结合多种装饰，只需要为 text-decoration 属性设置多个值，且多个值之间用空格隔开。例如，如果一个段落中的文本既有下画线，又有上画线，可以这样定义：

```
p  {text-decoration:underline overline;}
```

但是，如果两个不同的文本装饰都与同一元素匹配，按照 CSS 的优先规则胜出的值会完全取代另一个值。例如，查看如下样式规则：

```
h2.stricken {text-decoration: line-through;}
h2 {text-decoration: underline overline;}
```

然后，查看如下代码：

```
<h2>普通的 2 号标题文本</h2>
<h2 class="stricken">使用了样式类 stricken 的 2 号标题文本</h2>
```

上述代码在浏览器中的显示效果如图 9-17 所示。

none 值会关闭原本应用到一个元素上的所有装饰。通常，无装饰的文本是默认外观，但某些元素例外。比如，链接默认会有下画线。因此，如果希望去掉超链接的下画线，可以使用以下 CSS 来做到这一点：

图 9-17

```
a  {text-decoration: none;}
```

9.2.7　字符大小写转换（text-transform）

text-transform 属性用于处理字符的大小写，它会改变元素中字母的大小写，而不局限于源文档中字符的大小写。text-transform 属性可能的取值见表 9-13。

表 9-13　text-transform 属性的取值

值	说　　明
none	定义带有小写字母和大写字母的标准的文本，为默认值
lowercase	全部转换为小写字母
uppercase	全部转换为大写字母
capitalize	文本中的每个单词以大写字母开头

例如，可以这样定义样式规则：

```
p. none          {text-transform:none;}
p. uppercase     {text-transform:uppercase;}
p. lowercase     {text-transform:lowercase;}
p. capitalize    {text-transform:capitalize;}
```

然后，查看如下代码：

```
<p class="none">text-TRANSFORM is none.</p>
<p class="uppercase">text-transform is uppercase.</p>
<p class="lowercase">TEXT-TRANSFORM IS LOWERCASE.</p>
<p class="capitalize">text-transform is capitalize.</p>
```

上述代码在浏览器中的显示效果如图 9-18 所示。

图 9-18

9.3 案例：文本格式化

微课视频 046

案例：文本格式化

9.3.1 案例描述

本案例中，需要创建一个页面，所需要实现的网页效果如图 9-19 所示。

要求使用外部样式表来控制页面的外观。该页面效果的详细要求如下：

● 整个表格中的文本使用字体 serif，字体 courier New 作为替换字体，且文本大小为 18 像素。

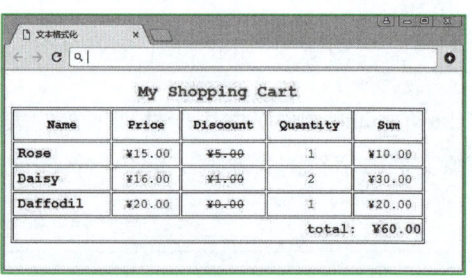

图 9-19

● 表格标题应该醒目显示，因此需要实现：首字母大写，文本加粗显示，字体大小为 24 像素，文本颜色值为#ff00dd，并设置行高为 45 像素。

● 列标题要求首字母大写，且行高为 40 像素。

● 表格的每行的第一个单元格中的文本居左排列，其他单元格的文本居中排列。

- 折扣列的文本需要有删除线。
- 最后一行显示总价,总价文本需要实现:居右排列,文本颜色为绿色,显示为粗体,字的大小为 20 像素,单词间距为 10 像素。
- 第一列中的商品名称为链接,单击后可以链接到相应的商品详细页面,链接文本要求实现:首字母大写,粗体显示,没有下画线,字的大小为 20 像素,文本颜色为蓝色。
- 当鼠标悬停在名称链接上时,要求文本颜色的值修改为#d01e3b。

9.3.2 案例分析

实现上述案例的步骤如下:

(1) 新建一个纯文本文件,并修改扩展名为 .htm 或者 .html,并创建文档的结构(版本信息、头部信息和主体元素等)。

(2) 为了实现页面的布局(页面文本以及文本框的对齐),使用表格来实现页面的布局:使用一个 5 行 5 列的表格,并设置后最后一行的单元格合并。

(3) 创建外部样式表文件 MyStyleSheet.css,用来添加样式规则以控制页面的外观。

(4) 为表格定义样式规则,主要是定义表格的宽度以及表格中的文本字型及字的大小。

(5) 为表格的标题设置样式,需要定义文本的颜色、字的大小、行高、加粗显示,并设置标题为大写。

(6) 为表格的题头行定义样式规则,主要是定义字符大写以及行高;另外,除第 1 列以外,其他单元格中的文本内容需要居中显示。

(7) 显示折扣价格的文本需要显示删除线。

(8) 为显示总价的文本定义样式规则,主要是定义文本的排列、字符大小、加粗显示和颜色。

(9) 为表格中的链接文本定义样式规则,要求大写显示,并且文本不显示下画线,还需要定义加粗显示、字符大小和颜色。

(10) 当鼠标悬停链接时,改变链接文本的颜色。

(11) 在浏览器中测试页面效果。

9.3.3 案例实现

(X) HTML 文档的代码如下:

```
<!DOCTYPE html>
<html>
    <head>
        <title>文本格式化</title>
        <link href="MyStyleSheet.css" type="text/css" rel="Stylesheet" />
    </head>
    <body>
```

```html
        <table border="1" class="shoppingCart">
            <caption>my shopping cart</caption>
            <tr>
                <th>name</th>
                <th>price</th>
                <th>discount</th>
                <th>quantity</th>
                <th>sum</th>
            </tr>
            <tr>
                <td><a href="#">rose</a></td>
                <td>&#165;15.00</td>
                <td class="discount">&#165;5.00</td>
                <td>1</td>
                <td>&#165;10.00</td>
            </tr>
            <tr>
                <td><a href="#">daisy</a></td>
                <td>&#165;16.00</td>
                <td class="discount">&#165;1.00</td>
                <td>2</td>
                <td>&#165;30.00</td>
            </tr>
            <tr>
                <td><a href="#">daffodil</a></td>
                <td>&#165;20.00</td>
                <td class="discount">&#165;0.00</td>
                <td>1</td>
                <td>&#165;20.00</td>
            </tr>
            <tr>
                <td id="totalPrice" colspan="5">total：&#165;60.00</td>
            </tr>
        </table>
    </body>
</html>
```

外部样式表 MyStyleSheet.css 文件中的代码如下：

```css
table.shoppingCart {
    width:600px;
    font-family:Serif,"Courier New";
```

```
        font-size:18px;}
    table.shoppingCart > caption    {
        text-transform:capitalize;
        font-weight:bold;
        color:#ff00dd;
        font-size:24px;
        line-height:45px;}
    table.shoppingCart th    {
        text-transform:capitalize;
        line-height:40px;}
    table.shoppingCart td    {
        line-height:30px;
        text-indent:5px;}
    table.shoppingCart td + td    {text-align:center;}
    td.discount    {text-decoration:line-through;}
    #totalPrice    {
        text-align:right;
        font-size:20px;
        font-weight:bold;
        color:Green;}
    table.shoppingCart td > a    {
        text-transform:capitalize;
        font-weight:bold;
        text-decoration:none;
        font-size:20px;
        color:Blue;}
    table.shoppingCart td > a:hover    {color:#d01e3b;}
```

9.4 本章小结

正如第 3 章中所讲述的那样，(X)HTML 在文本格式化方面的能力相当有限，而且大量的元素嵌套使用也会增加页面维护的难度。因此，并不建议使用各种格式化标记来实现文本格式化，而是建议使用 CSS 的样式规则来实现。

使用 CSS 可以修改文本的字体、大小、粗细、倾斜和转换为小型大写字母，还可以设置文本的颜色、排列、缩进、文本方向、行高和阴影，以及决定文本是否添加下画线、上画线、删除线或者闪烁效果。还可以使用 CSS 将文本转换为全大写、全小写或者首字母大写。

第10章 CSS背景

 本章重点

第 9 章已经介绍了如何使用 CSS 实现文本的格式化，本章将学习如何设置背景，包括设置背景颜色和背景图像，还可以实现背景图像的平铺、定位和固定。有如下重点：

（1）使用 CSS 的样式规则设置元素的背景色。

（2）使用 CSS 的样式规则设置元素的背景图像。

背景并不是特指整个页面的背景，而是指定元素的背景。换句话说，通过将一些元素的背景设置为某种颜色或者某个图像，可以修改段落或者单词的背景。可以同时为背景指定颜色或者图像的 URL，这样在图像尚未加载或者因为某种原因而无法加载的情况下，将使用这个颜色。需要注意的是，如果为元素指定了背景，则需要设置文本的颜色（也称为前景色）与背景有足够的对比度，以便于用户能够轻松阅读文档。

 本章资源

1. 文本　第 10 章　章节设计
2. 图片　第 10 章　示例图片
3. PPT　第 10 章　CSS 背景
4. 微课视频 047　CSS 背景
5. 微课视频 048　背景图像
6. 微课视频 049　组合设置
7. 微课视频 050　案例：使用 CSS 背景
8. 案例源代码　chapter_10_code

微课视频 047

CSS 背景

10.1 背景色

background-color 属性用于为元素设置背景色，该属性接受任何合法的颜色值，但不能继承。该属性可能的取值见表 10-1。

表 10-1 background-color 属性的取值

值	说 明
transparent	背景颜色为透明，为默认值
颜色名	规定颜色值为颜色名称的背景颜色，如 red
十六进制数值	规定颜色值为十六进制值的背景颜色，如 #ff0000
RGB 数值	规定颜色值为 RGB 代码的背景颜色，如 rgb(255,0,0)

background-color 属性是不能继承的，其默认值是 transparent，代表"透明"。也就是说，如果一个元素没有指定背景色，那么背景就是透明的，这样其祖先元素的背景才可见。

使用 background-color 属性会为元素背景设置一种纯色。可以为所有元素设置背景色，这包括 \<body> 元素这些块级元素，也包括 \<em> 和 \<a> 这些内联元素。例如，若要把段落的背景设置为灰色，可以这样定义样式规则：

```
p {background-color: gray;}
```

然后，查看如下代码：

```
<body>
    <p>我是一个有背景色的段落。</p>
</body>
```

上述代码在浏览器中的显示效果如图 10-1 所示。

由图 10-1 可见，设置了元素的背景色为灰色之后，如果文本还是默认的黑色，将难以阅读，因此需要设置文本颜色（也称为前景色）为与背景色对比较强烈的颜色。

```
p {
    background-color: gray;
    color: White;
    font-weight: bold;}
```

修改样式后的页面在浏览器中的显示效果如图 10-2 所示。

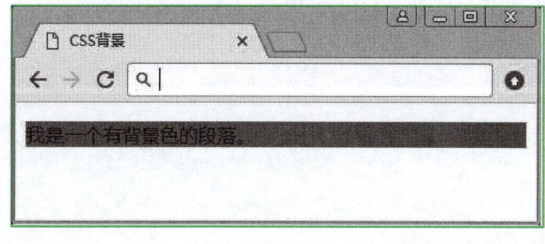

图 10-1

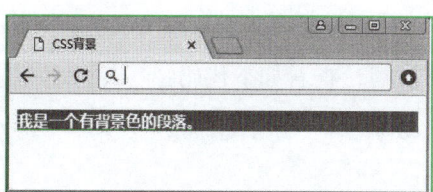

图 10-2

10.2 背景图像

微课视频 048
背景图像

CSS 也允许使用背景图像创建复杂的背景效果。表 10-2 列举了和背景图像相关的属性。

表 10-2 CSS 背景图像属性

名 称	说 明
background-image	把图像设置为元素的背景
background-repeat	设置背景图像是否重复显示以及如何重复显示
background-position	设置背景图像的起始位置
background-attachment	背景图像是否固定或者是否随着页面的其余部分滚动

这些背景属性都不能继承。下面将详细讲述每种属性的具体用法。

10.2.1 背景图片（background-image）

background-image 属性用于为元素设置背景图像，可以使用该属性将一幅图像设置为任何框的背景。该属性可能的取值见表 10-3。

表 10-3 background-image 属性的取值

值	说 明
url("URL")	指向图像的路径
none	不显示背景图像，为默认值

background-image 属性的默认值是 none，表示背景上没有放置任何图像。如果需要设置一个背景图像，需要用起始字母 url 附带一个图像的 URL 值，可以是相对 URL 或者绝对 URL。例如，可以这样定义：

body {background-image: url("image/bg_01.gif");}

大多数背景都应用到 <body> 元素，以便于为整个文档应用背景图像，但是也可以为其他元素设置背景图像。例如，下面的例子为一个段落应用了一个背景：

p {background-image: url("image/bg_02.jpg");}

也可以为内联元素设置背景图像。下面的例子为一个链接设置了背景图像：

a {background-image: url("image/bg_03.jpg");}

然后，查看如下代码：

```
<body>
    <p>
        我是一个有背景图像的段落。<br /><br /><br /><br />
        <a href="#">我是一个有背景图像的链接。</a><br /><br /><br /><br />
```

```
        </p>
    </body>
```

上述代码中添加了一些换行元素，用于扩大 <p> 元素的范围以更好地查看背景图像的效果。上述代码在浏览器中的显示效果如图 10-3 所示。

图 10-3

由图 10-3 可见，元素的背景占据了元素的全部尺寸，包括内边距和边框，但不包括外边距。默认情况下，背景图像位于元素的左上角，并在水平和垂直方向上重复。

这个例子并不是一个背景图像的优秀示例，只是展示了背景图像的工作原理。这个例子存在的问题是：背景图像中的颜色和文本颜色的对比度太低，难以阅读文本。其次，只有确实可以重复平铺的图像才会有好的背景效果（如 <body> 元素的背景图像），而对于某些不需要平铺的图像，可以通过 background-repeat 或者 background-position 属性进一步设置。最后，使用大图像文件作为背景图像时需要慎重，因为加载的速度可能会很慢。

另外，如果设置了 background-image 属性，将重写 background-color 属性。因此，建议在使用背景图像的同时，提供 background-color 属性，并且将其设置为和图像主要颜色类似的颜色，这样，将正在加载页面或者因为各种原因无法显示图像时，页面可以使用这种颜色作为背景色。

10.2.2 背景重复（background-repeat）

使用 background-image 属性为元素设置了背景图像后，默认情况下，背景图像在水平和垂直方向上重复出现，创建一种称为"墙纸"的效果。这种效果非常适用于为整个页面创建背景图案。但是某些情况下，需要在页面上控制背景图像的平铺效果，此时，可以使用 background-repeat 属性。

background-repeat 属性设置是否及如何重复背景图像，根据 background-repeat 属性的值，图像可以无限平铺、沿着某个轴（x 轴或 y 轴）平铺，或者不平铺。

background-repeat 属性可能的取值见表 10-4。

表 10-4　background-repeat 属性的取值

值	说　明
repeat	背景图像将在垂直方向和水平方向重复
repeat-x	背景图像仅在水平方向重复
repeat-y	背景图像仅在垂直方向重复
no-repeat	背景图像将仅显示一次

图像平铺是指从原图像的位置开始重复，该位置是根据 background-position 属性设置的。如果未规定 background-position 属性，图像会被放置在元素的左上角。repeat 值的效果如图 10-3 所示，而其他不同的值会带来不同的效果。下面逐一查看其他值的效果。

1. repeat-x 值

repeat-x 导致图像只在水平方向上重复。例如，可以这样定义样式规则：

```
body {
    background-image: url("image/bg_01.jpg");
    background-repeat: repeat-x;
    background-color: #9dcdfe;}
p {font-weight: bold;}
```

并在 <body> 元素中添加如下代码：

```
<p>background-repeat 属性的值为 repeat-x。</p>
```

上述规则在浏览器中的显示效果如图 10-4 所示。

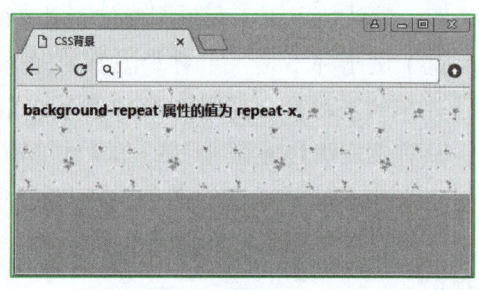

图 10-4

2. repeat-y 值

repeat-y 值会导致图像只在垂直方向上重复。例如，修改上段代码中的样式规则为（加粗部分为修改的代码）：

```
body {
    background-image: url("image/bg_01.jpg");
    background-repeat: repeat-y;
    background-color: #9dcdfe;}
```

上述规则在浏览器中的显示效果如图 10-5 所示。

3. no-repeat 值

属性值 no-repeat 则不允许图像在任何方向上平铺，常用于固定大小的背景图像。例如，可以这样定义样式规则：

```
body {
    background-image: url("image/bg_01.jpg");
```

```
background-repeat:no-repeat;
background-color:#9dcdfe;}
```

上述规则在浏览器中的显示效果如图 10-6 所示。

图 10-5

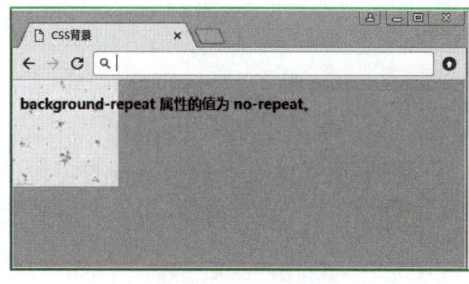

图 10-6

10.2.3 背景定位（background-position）

有时候希望修改背景图像的位置，如图中的背景图像位于页面居中显示，此时，可以利用 background-position 属性改变图像在背景中的位置，从而实现背景定位。初始背景图像（原图像）根据 background-position 属性的值放置，即起始位置。背景图像如果要重复，将从这一点开始。该属性可能的值见表 10-5。

表 10-5 background-position 属性的取值

值	说 明
x% y%	第一个值是水平位置，第二个值是垂直位置 表示沿着 x 轴（水平）和 y 轴（垂直）的百分比。左上角是 0% 0%，右下角是 100% 100%
x y	第一个值是水平位置，第二个值是垂直位置 表示沿着 x 轴（水平）和 y 轴（垂直）的绝对长度。左上角是 0 0
left	在页面或者包含元素的左边显示
center	在页面或者包含元素的中间显示
right	在页面或者包含元素的右边显示
top	在页面或者包含元素的顶部显示
bottom	在页面或者包含元素的底部显示

为 background-position 属性提供值有很多方法，表 10-5 中的值可以混用。

1. 关键字

图像放置关键字最容易理解，其作用如其名称所表明的。

根据规范，位置关键字可以按任何顺序出现，只要保证不超过两个关键字：一个对应水平方向，另一个对应垂直方向，这些关键字经常成对出现。

- right top：使图像放置在元素内边距区的右上角。
- left bottom：使图像放置在元素内边距区的左下角。

除此之外，还可以有 center center、center bottom 等。如果不作规定，则默认放置在左上角，相当于 0% 0%。

因此，如果希望段落的中部出现背景图像，可以定义如下样式规则：

```
p {
    background-image:url("image/bg_02.jpg");
    background-position:center;
    background-repeat:no-repeat;
    height:200px;
    border:1px solid gray;}
```

为了能够更好地查看效果，设置了段落的高度（height 属性）和边框（border 属性），这些属性将在后续章节讲解。然后，查看如下代码：

```
<p>这是一个具有背景图像的段落。</p>
```

上述规则在浏览器中的显示效果如图 10-7 所示。

图 10-7

如果设置背景图像水平方向平铺，则该图像会在段落的中间位置水平重复出现。表 10-6 显示了等价的位置关键字。

表 10-6　等价的位置关键字（用于 background-position 属性）

单一关键字	等价的关键字
center	center center
top	top center 或 center top
bottom	bottom center 或 center bottom
right	right center 或 center right
left	left center 或 center left

2. 百分比数值

百分比数值也经常成对出现，第 1 个值表示水平位置，第 2 个值表示垂直位置。左上角是 0% 0%，右下角是 100% 100%。如果仅规定了一个值，另一个值将是 50%。

百分比是相对于包含元素的尺寸而言的。如果希望用百分比来设置段落的中部出现背景图像，可以定义如下样式规则：

```
p {
    background-image:url("image/bg_02.jpg");
    background-position:50% 50%;
    background-repeat:no-repeat;
    height:200px;
    border:1px solid gray;
}
```

这会导致图像适当放置，其中心与其包含元素的中心对齐。百分数值同时应用于元素和图像，即图像中描述为 50% 50% 的点（中心点）与元素中描述为 50% 50% 的点（中心点）对齐。即使包含元素的尺寸发生变化，图像依然位于元素的中心位置。

如果图像位于 0% 0%，其左上角将放在元素内边距区的左上角；如果图像位置是 100% 100%，会使图像的右下角放在右边距的右下角。

因此，如果希望把背景图像放在水平方向 2/3、垂直方向 1/3 处，可以这样声明：

```
p {background-position:66% 33%;}
```

3. 长度值

如果设置 background-position 属性的值为长度值，则表示图像相对于元素内边距区左上角的偏移。偏移点是图像的左上角。长度值的单位可以是像素，或者长度的其他度量单位。如果设置如下样式规则：

```
p {
    background-image: url("image/bg_02.jpg");
    background-position:10px 20px;
    background-repeat:no-repeat;
    height:200px;
    border:1px solid gray;
}
```

那么背景图像的左上角与 background-position 声明中指定的点对齐，即图像的左上角将在元素内左上角向右 10 像素、向下 20 像素的位置上。上述样式规则在浏览器中的显示效果如图 10-8 所示。

图 10-8

由图 10-8 可见，将 background-position 属性设置为长度值与设置为百分比的效果是不同的。长度值所设置的偏移只是从一个左上角（包含元素的左上角）到另一个左上角（图像的左上角）的固定长度。偏移量还可以设置为负值以实现背景图像的特殊偏移。

10.2.4　背景图片的固定（background-attachment）

如果文档比较长，那么当文档向下滚动时，背景图像也会随之滚动。当文档滚动到超过图像的位置时，图像就会消失。可以通过 background-attachment 属性防止这种滚动。background-attachment 属性可能的值见表 10-7。

表 10-7　background-attachment 属性的取值

值	说　明
scroll	背景图像会随着页面其余部分的滚动而移动，为默认值
fixed	当页面滚动时，背景图像不会移动

在默认情况下，背景会随文档滚动，如果设置该属性的值为 fixed，则常用于实现称为水印的图像。这种设置意味着，当用户向上或者向下滚动页面时，背景图像固定，并不会随着页面的其余部分滚动，实现类似于水印的效果。例如，可以这样定义样式规则：

```
body  {
    background-image:url("image/Tulips.jpg");
    background-repeat:no-repeat;
    background-attachment:fixed;
    background-position:left top;
    background-color:#9dcdfe;}
```

10.2.5　背景图片的尺寸（background-size）

当背景图像的尺寸不太适合元素背景显示时，可以使用 background-size 属性来规定背景图像的尺寸，这是 CSS3 标准所提供的新特性。

background-size 属性可能的值见表 10-8。

表 10-8　background-size 属性的取值

值	说　明
value1 value2	固定数值，表示背景图像的宽度和高度
value1% value2%	百分比，以父元素的百分比来设置背景图像的宽度和高度
cover	把背景图像扩展至足够大，以使背景图像完全覆盖背景区域
contain	把背景图像扩展至最大尺寸，以使其宽度和高度完全适应内容区域

background-size 属性的默认值是图像的原始大小，使用该属性修改背景图像的尺寸时，请注意图像的原始比例，避免图像失真。例如，可以这样定义样式规则：

```css
div{
    border:1px solid black;
    width:200px;
    height:200px;
    background-image:url(image/bg_02.jpg);
    background-repeat:no-repeat;
}
```

然后在页面的主体中添加<div>元素，并分别定义以下样式：

```css
#d1{background-size:50% 140px;}
#d2{background-size:cover;}
#d3{background-size:contain;}
```

上述 3 个样式的显示效果，如图 10-9 所示。

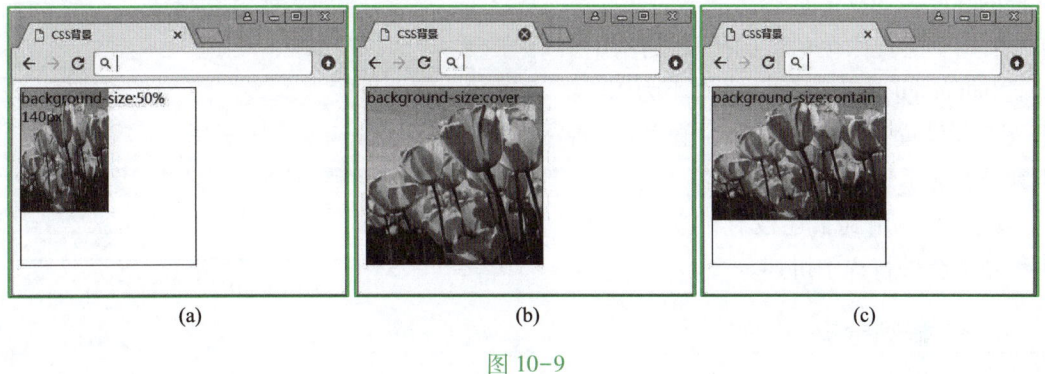

图 10-9

10.3 组合设置

组合设置是指可以使用 background 简写属性在一个声明中一次性指定所有 5 个背景属性，多个属性之间用空格隔开。

可以按顺序设置 5 个属性：background-color、background-image、background-repeat、background-attachment、background-position。例如，可以这样定义样式规则：

微课视频 049
组合设置

```css
body    {background:#9dcdfe url("image/Tulips.jpg") no-repeat fixed left top;}
```

如果不设置其中的某个值，将使用默认值。例如，也可以这样设置：

```css
body    {background:#ff0000 url("image/bg_01.gif");}
```

10.4　案例：使用 CSS 背景

10.4.1　案例描述

本案例中，需要创建一个页面，所需要实现的网页效果如图 10-10 所示。要求使用外部样式表来控制页面的外观。该页面效果的详细要求如下：

微课视频 050
案例：使用
CSS 背景

- 整个页面中的文本大小为 14 像素。
- 使用背景图像实现页面下方特殊的底边效果：使用 footer_bg.jpg 作为背景图像，且水平方向平铺，位置固定在页面底部。
- 所有文本框的高度为 20 像素（使用 height 属性），并使用 input_bg.jpg 文件作为背景图像，实现渐变效果。
- 短文本框的长度为 100 像素，长文本框的长度为 300 像素。
- 用于实现保存功能的按钮使用图像 save_button.gif 作为背景，字大小为 12 像素（需要设置边框 border 属性值为 0，否则默认会显示边框）。

此案例中用到了还没有讲述的属性，后续章节会进行详细讲述。

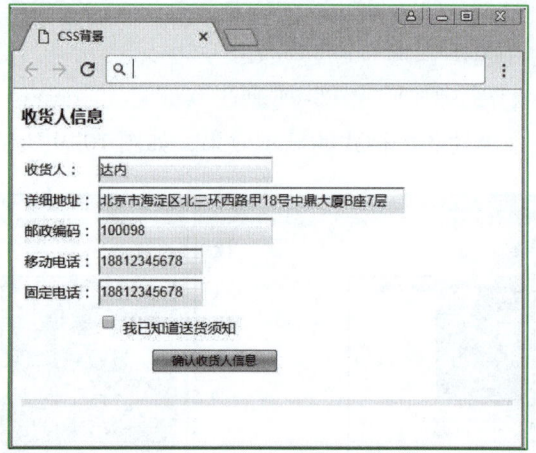

图 10-10

10.4.2　案例分析

实现上述案例的步骤如下：

（1）新建一个纯文本文件，修改扩展名为 .htm 或者 .html，并创建文档的结构（如版本信息、头部信息和主体元素等）。

（2）为了实现页面的布局（页面文本以及文本框的对齐），使用表格来实现页面的布局。

（3）创建外部样式表文件 MyStyleSheet.css，用来添加样式规则以控制页面的外观。

（4）为整个文档设置文本的大小。

（5）为包含页面信息的 <div> 元素设置外观，主要是设置背景图像在水平方向上平铺，以设置立体下边框的效果。

（6）为表格中的文本框设置样式，主要是高度以及背景图像的设置，并设置文本框的长度各不相同。

（7）为按钮定义外观，主要是高度、宽度、字体、行高以及背景图像的设置，并设置按钮在单元格中居中排列。

（8）在浏览器中测试页面效果。

10.4.3 案例实现

（X）HTML 文档的代码如下：

```html
<!DOCTYPE html>
<html>
    <head>
        <title>CSS 背景</title>
        <link href="MyStyleSheet.css" type="text/css" rel="Stylesheet" />
    </head>
    <body>
        <div id="divSend">
            <h3>收货人信息</h3>
            <hr />
            <table>
                <tr>
                    <td>收货人:</td>
                    <td><input value="达内" type="text" /></td>
                </tr>
                <tr>
                    <td>详细地址:</td>
                    <td><input class="longTxt" value="北京市海淀区北三环西路甲 18 号中鼎大厦 B 座 7 层" type="text" /></td>
                </tr>
                <tr>
                    <td>邮政编码:</td>
                    <td><input value="100098" type="text" /></td>
                </tr>
                <tr>
                    <td>移动电话:</td>
                    <td><input class="shortTxt" value="18812345678" type="text" /></td>
                </tr>
                <tr>
                    <td>固定电话:</td>
                    <td><input class="shortTxt" value="18812345678" type="text" /></td>
                </tr>
                <tr>
                    <td></td>
                    <td>
                        <input type="checkbox" id="chkKnow" />
                        <label for="chkKnow">我已知道送货须知</label>
```

```html
                    </td>
                </tr>
                <tr>
                    <td id="tdOK"><input id="btn_save" value="确认收货人信息" type="button" /></td>
                </tr>
            </table>
            <br />
        </div>
    </body>
</html>
```

外部样式表 MyStyleSheet.css 文件中的代码如下：

```css
body {font-size:14px;}
#divSend {
    background-image:url("image/footer_bg.jpg");
    background-repeat:repeat-x;
    background-position:left bottom;}
td > input {
    height:20px;
    text-align:left;
    background-image:url("image/input_bg.jpg");
    background-repeat:repeat-x;
    background-position:left bottom;}
input.longTxt {width:300px;}
input.shortTxt {width:100px;}
#btn_save {
    width:123px;
    height:23px;
    background:url("image/save_button.gif") no-repeat;
    font-size:12px;
    line-height:12px;
    border:0;
    text-align:center;}
#tdOK {
    text-align:center;
    height:40px;}
```

10.5 本章小结

为了提高页面的吸引力，经常需要为网页中的元素设置背景色或者背景图像。可以使用 background-color 属性为元素设置单色背景，也可以使用 background-image 属性为元素设置背景图像。如果为元素设置了背景图像，还可以设置该图像的重复、位置以及是否固定。

如果设置了背景图像，将重写设置的背景颜色。而在使用背景图像时，往往建议同时设置背景颜色，并且将其设置为与图像主要颜色类似的颜色。这样，如果背景图像无法显示，则会显示背景颜色作为替代。

在实际使用中，通常建议使用 background 属性进行组合设置，因为它得到了浏览器的广泛支持，即使是在较老的浏览器中也能够得到很好的支持。

第11章 尺寸与框模型

 本章重点

在前面章节中介绍了如何实现元素中文本的格式化以及如何为元素设置背景。本章将学习 CSS 的框模型，以及如何设置元素的尺寸（包括高度和宽度），如何设置元素的边框、边距以及轮廓。有如下重点：

(1) 使用 CSS 样式设置元素的尺寸。
(2) 使用 CSS 样式设置元素的边框和边距。
(3) 使用 CSS 样式设置元素的轮廓。

在 CSS 中，每一个元素被视为一个框，而对于每个框都可以设置其大小、边框、边距和轮廓。可以使用 CSS 控制框的尺寸，并可以分别控制每个框的顶部、底部、左边和右边框，还可以控制框的外边距和内边距，以及为框的每一部分指定不同的颜色、样式和宽度。通过使用框模型中的各属性，可以创建出有吸引力的界面。

 本章资源

1. 文本　第 11 章　章节设计
2. 图片　第 11 章　示例图片
3. PPT　第 11 章　尺寸与框模型
4. 微课视频 051　尺寸
5. 微课视频 052　框模型概述
6. 微课视频 053　边框
7. 微课视频 054　内边距
8. 微课视频 055　外边距
9. 微课视频 056　轮廓
10. 微课视频 057　案例：CSS 尺寸与框
11. 案例源代码　chapter_11_code

11.1 尺寸

微课视频 051
尺寸

CSS 尺寸属性用来控制元素的高度和宽度。表 11-1 列举了和尺寸相关的属性。

表 11-1　CSS 尺寸属性

名　　称	说　　明
height	设置元素的高度
line-height	设置行高（见 9.2.4 节）
max-height	设置元素的最大高度
min-height	设置元素的最小高度
width	设置元素的宽度
max-width	设置元素的最大宽度
min-width	设置元素的最小宽度

这些尺寸属性都不能继承。其中，line-height 属性在前述章节中已经讲述过，下面详细讲述其他属性的具体用法。

11.1.1 高度和宽度

height 属性用于设置元素的高度，即元素内容区的高度，在内容区外面可以增加内边距、边框和外边距；width 属性用于设置元素的宽度，即元素内容区的宽度，在内容区外面可以增加内边距、边框和外边距。height 属性和 width 属性可以采用的值见表 11-2。

表 11-2　高度和宽度属性的取值

值	说　　明
auto	由浏览器计算出实际的大小，为默认值
长度	使用长度单位，如 px、cm 等
百分比	具体尺寸基于父元素尺寸的百分比

例如，定义如下样式规则：

```
p       {border:1px solid red;}
p.first {width:100px;height:100px;}
```

为了便于查看框的尺寸效果，在这段样式规则中使用了边框属性 border，用于为元素定义边框显示。然后，查看如下代码：

```
<p>没有设置高度和宽度的段落</p>
<p class="first">设置了高度和宽度的段落</p>
```

上述代码在浏览器中的显示效果如图 11-1 所示。

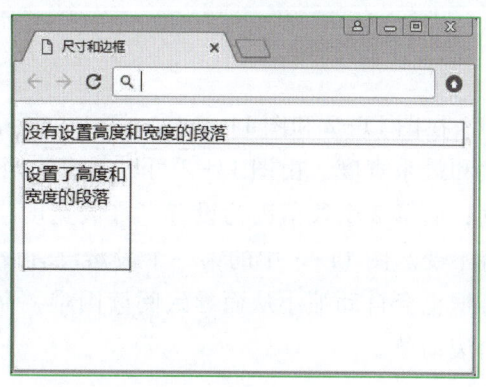

图 11-1

由图 11-1 可以看出，没有设置尺寸属性的段落会显示默认效果，即宽度为整个页面的宽度，而高度为包含文本的适应高度。设置了尺寸属性的段落则为 100 像素高，且宽度也是 100 像素。

11.1.2　max-width 和 min-width 属性

max-width 和 min-width 属性分别用于设定框的最大和最小宽度。当希望创建能够伸缩的页面以适应用户屏幕的大小时，这些属性会非常有用。可以为它们指定数值长度或者百分比，但是不允许指定为负值。

如果框太宽，则会导致文本行过长，在屏幕上阅读这样的文本会比较困难。max-width 属性用于定义元素的最大宽度，该属性值会对元素的宽度设置一个最高限制。元素可以比指定的最大宽度值窄，但不能比其宽。这样可以防止框太宽以至于不方便阅读。

同样，如果框太窄也会导致文本难以阅读，可以使用 min-width 属性用于定义元素的最小宽度，该属性值会对元素的宽度设置一个最小限制。这样可以防止框太窄以至于较长句子难以显示。例如，定义如下样式规则：

```
p       {border:1px solid red;}
p.first {min-width:300px;max-width:500px;}
```

图 11-2 和图 11-3 给出了上述样式规则在浏览器中的显示效果。

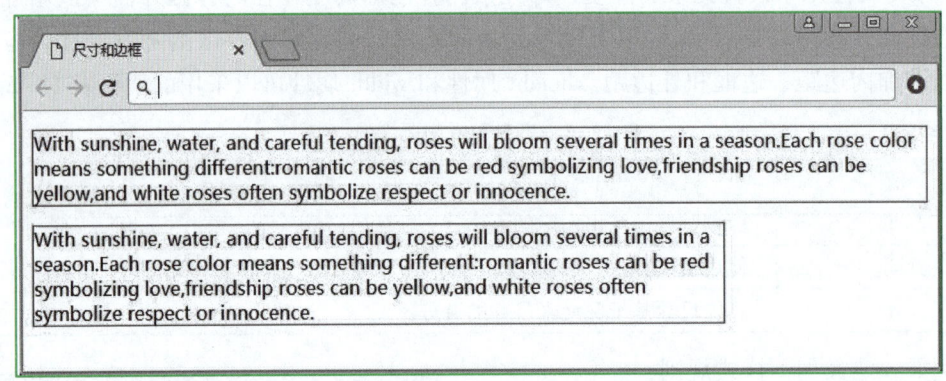

图 11-2

在图 11-2 和图 11-3 中，第 1 个段落只设置了边框样式，第 2 个段落还设置了最大和最小宽度。由图 11-2 可以看出，当屏幕宽度较大时，第 1 个段落框也会随之变宽；而第 2 个段落因为设置了最大宽度，即使屏幕超出最大宽度时，但是段落框却保持不变。图 11-3 中的第一个段落没有设置最小宽度，因此，当屏幕变得很窄时，段落框也会自动缩小从而导致阅读困难，而第 2 个段落因为设置了最小宽度，会出现横向滚动条。

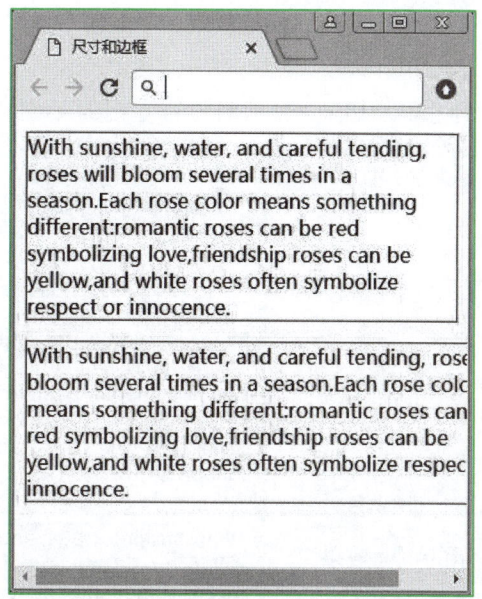

图 11-3

11.1.3 max-height 和 min-height 属性

max-height 和 min-height 属性分别用于设定框的最大和最小高度。与 max-width 和 min-width 属性一样，可以为它们指定数值长度或者百分比，但是不允许指定为负值。这两个属性在创建能够根据用户浏览器窗口的大小而调整尺寸的布局时非常有用。

对于没有设置最小和最大高度的段落，当窗口大小发生变化时，段落框会随之变化，可能会影响页面的布局及可阅读性；而如果设置了最小和最大高度，当窗口高度变化较大时，段落框会保持其最小高度和最大高度，从而保持一定的布局和可阅读性。

如果框中内容占用的空间大于元素框本身所允许的空间尺寸，内容会超出范围。这当然不是好现象，在下一节将介绍如何处理这种情况。

11.1.4 overflow 属性

对于设置了尺寸的元素框来说，如果元素中的内容所需的空间大于框本身的空间，会导致内容溢出，从而影响美观以及阅读感受。此时，需要使用 overflow 属性来处理这种情况。虽然 overflow 属性属于定位属性，并不属于尺寸属性，但是却很适合放在这里讲解，因为我们需要用它来解决元素框中内容溢出的问题。该属性可能的值见表 11-3。

表 11-3　属性 overflow 可能的取值

值	说　　明
visible	内容不会被修剪，会呈现在元素框之外，为默认值
hidden	内容会被修剪，并且其余内容是不可见的
scroll	内容会被修剪，但是浏览器会显示滚动条以便查看其余的内容
auto	如果内容被修剪，则浏览器会显示滚动条以便查看其余的内容

为 overflow 属性设置不同的值会带来不同的效果。下面逐一查看这些值的效果。

1. visible 值

visible 值为 overflow 属性的默认值，表示当内容溢出时不对内容进行处理，溢出的内容会呈现在元素框外。

2. hidden 值

hidden 值表示当内容溢出时，超出框范围的内容被隐藏不显示。例如，定义如下样式规则：

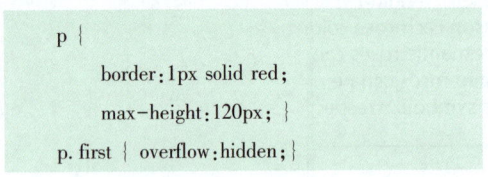

然后查看如图 11-4 所示的页面效果。

由图 11-4 可见，当文本内容较多，超过最大高度所规定的范围时，对于没有设置 overflow 属性或者 overflow 属性设置为 visible 时，内容将溢出显示，如第一个段落显示的效果；而设置了 overflow 属性值为 hidden 的段落，超出范围的文本被切除，不再显示，如第二个段落所示。

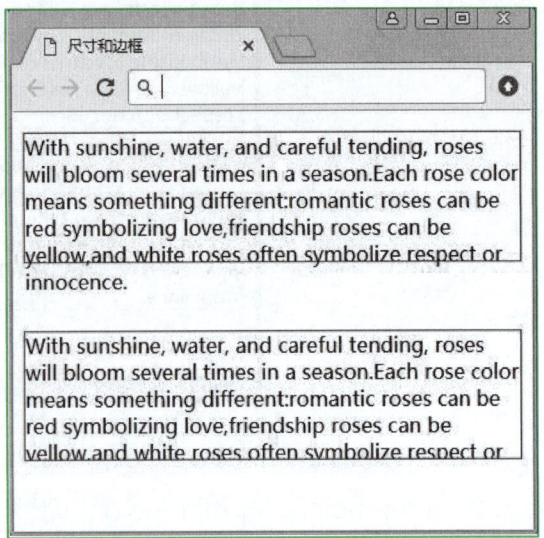

图 11-4

3. scroll 值

scroll 值表示为框设置滚动条，以便用户滚动查看内容。如果值为 scroll，不论是否需要，浏览器都会提供一种滚动机制。因此，有可能即使元素框中可以放下所有内容也会出现滚动条。例如，定义如下样式规则：

```
p {
    border:1px solid red;
    max-width:400px;
    overflow:scroll;}
p. first {max-height:120px;}
p. second {max-height:220px;}
```

然后查看如图 11-5 所示的页面效果。

图 11-5 中的第 1 个段落使用了样式类 first，第 2 个段落使用了样式类 second。由图可以看出，对于设置了 overflow 属性值为 scroll 的段落而言，如

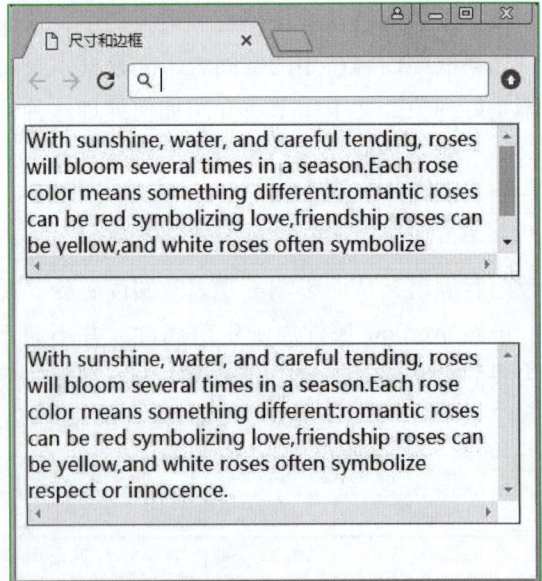

图 11-5

果文本内容较多以至于超出最大高度,会显示滚动条(第 1 个段落);但是,即使内容并不会溢出,也会显示滚动条(第 2 个段落),只是不可用而已。

4. auto 值

如果设置 overflow 属性的值为 auto,则会根据内容的需要决定是否显示滚动条。例如,定义如下样式规则:

```
p {
    border:1px solid red;
    max-width:400px;
    overflow:auto;}
p.first {max-height:120px;}
p.second {max-height:220px;}
```

然后依然查看上一个示例中的页面,所显示的效果如图 11-6 所示。

由图可以看出,如果文本内容较多以至于超出最大高度,会显示滚动条(第 1 个段落);如果内容并不会溢出,则不会显示滚动条(第 2 个段落)。

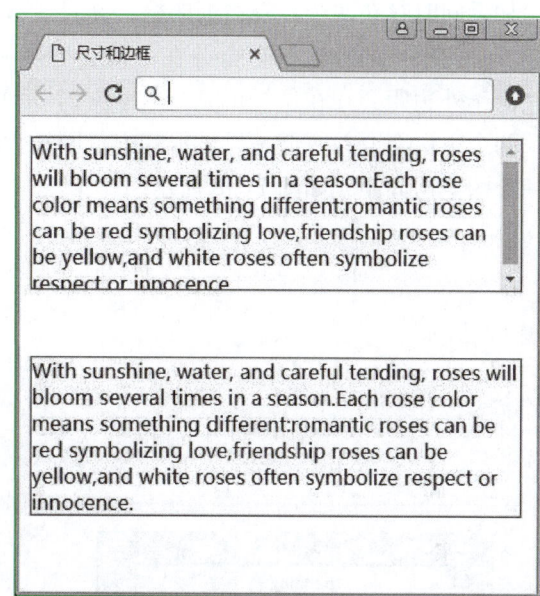

图 11-6

11.2 框模型概述

CSS 框模型(Box Model)规定了元素框处理元素内容、内边距、边框和外边距的方式。

11.2.1 框模型简介

在 CSS 中每一个元素都被视为一个框,每个框都有 3 个属性,见表 11-4。

表 11-4 元素框的属性

属性	说　　明
border	元素的边框,可能不可见。边框用于将框的边缘与其他框分开
margin	外边距,表示框的边缘与相邻框之间的距离,也称为页边空白
padding	内边距,表示框内容和边框之间的空间

为了更好地理解这些属性,图 11-7 表示了框的各个部分。

图 11-7 中的黑色框是元素的边框,由元素的高度和宽度属性确定;最外层的灰色区域为外边距(margin);中间的浅灰色区域为内边距(padding);最里层的白色区域为元素内容区域。

内边距、边框和外边距都是可选的,默认值是零。可以通过设置元素的 margin、

border 和 padding 属性来覆盖这些浏览器样式。也可以分别设置每个框的顶部、底部、左边和右边的边框、外边距和内边距。

如果同时存在两个具有边框的框，并且没有设置它们之间的间距，则两个框将紧挨在一起，且两个框的外边框会合并在一起，变成一个较粗的边框。如果两个边框都有边距时，对于外边距会存在这样的情况：当一个元素的底部空白接触另一个元素的顶部空白时，两个空白会合并，但是只显示其中范围较大的空白间距，如果大小相等，则只显示其中一个的空白间距，如图 11-8 所示。

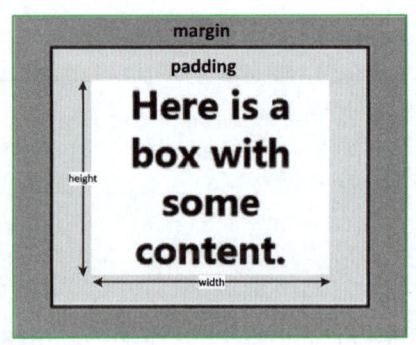

图 11-7

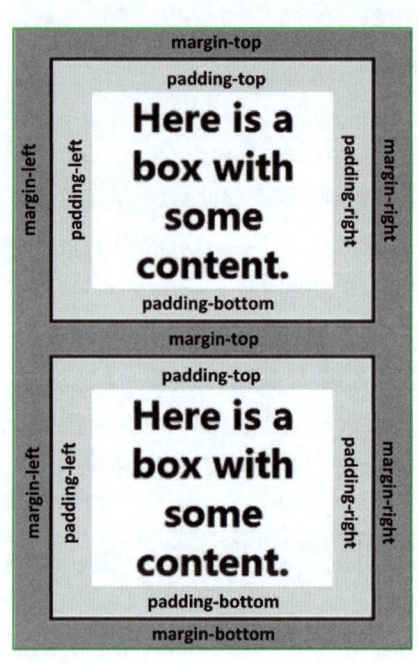

图 11-8

元素的背景应用于由内容和内边距组成的区域，但是不包括外边距。边框以外是外边距，外边距默认是透明的，因此不会遮挡其后的任何元素。

11.2.2 框模型示例

在 CSS 中，width 和 height 指的是内容区域的宽度和高度。增加内边距、边框和外边距不会影响内容区域的尺寸，但是会增加元素框的总尺寸。为了更好地理解框模型，先查看如下样式规则：

```
div.box {
    background-color:#f0f0f0;
    width:200px;
    height:100px;
    padding:20px;
    margin:5px;
    border:1px solid silver;
```

```
font-size:25px;
overflow:auto;}
```

然后查看如下代码：

```
<div class="box">This is content. This is content. This is content. </div>
```

上述代码在浏览器中的显示效果如图 11-9 所示（页面右侧的黑色边框为手工绘制，用于对比元素框的大小，非页面元素）。

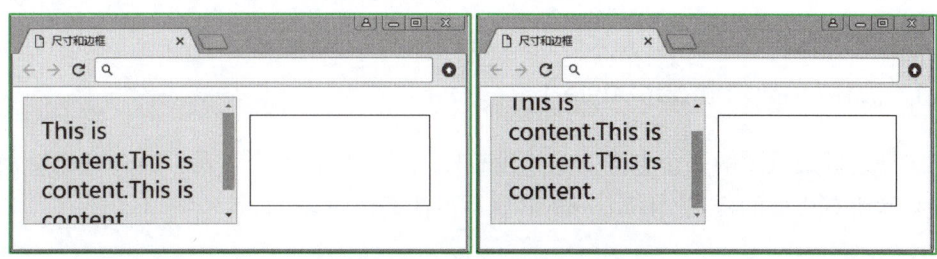

图 11-9

图 11-9 中页面上右边的黑色空白框是一个高 100 px、宽 200 px 的框，主要用于对比 <div> 元素框的大小。

那么，由图 11-9 可以看出，<div> 元素所代表的元素框距离页面的左边和顶部有一定的距离，因为它设置了 margin 属性从而导致出现页边空白。而 <div> 元素中的文本内容并不是紧挨着 <div> 元素的左上角出现（见左图），也是因为设置了 <div> 元素的 padding 属性，从而导致文本内容与边框之间出现了内部空白。因为文本内容超出了原有高度，因此出现了纵向滚动条，但是当滚动到底部时，文本内容与底边框之间依然有一定的空白距离（见右图）。

继续观察图 11-9 可见，<div> 元素中内容的高度与右边黑色空白框的高度一致，均为 100 px。但是其背景的高度却要高于 100 px，因为背景除了包括内容，还要包括内容周围的 padding 和 border 值。由此可见，元素内容占据的空间是由 width 属性设置的，而内容周围的 padding、margin 和 border 值是另外计算的。

因此，如果在一个具有边框的元素中放置文本，往往需要设置一些内边距，以便文本的边缘不要接触边框，这样更便于阅读。而外边距则可以在多个元素框之间创建空白，避免这些框都挤在一起。因此，在设计页面时，经常会使用 padding 属性和 margin 属性来设置页面的布局。但是，必须注意的是，使用了 padding 属性或者 margin 属性设置了元素的边距以后，会增加元素在页面布局中所占的面积。

11.2.3 auto 值

前面曾经提到，width 和 height 属性的值可以设置为 auto 值。auto 表示由浏览器来计算元素实际的大小。auto 值的计算方法是，从包含块的宽度中减去外边距、边框和内边距，而 "包含块的宽度" 指父元素留给当前元素的宽度。

11.3 边框

元素的边框就是围绕元素内容和内边距的一条或多条线。可以使用 CSS 属性来控制元素边框的样式、宽度和颜色。可以创建出效果出色的边框，并且可以应用于任何元素。

每个边框有 3 种属性：宽度、样式和颜色。这些边框属性都不能继承。下面详细讲解这 3 种属性。

微课视频 053
边框

11.3.1 边框样式（border-style）

样式是边框最重要的一个方面，因为没有样式，边框将不会显示。border-style 属性用于设置元素所有边框的样式。border-style 属性可能的值见表 11-5。

表 11-5 border-style 属性的取值

值	说　　明
none	定义无边框，相当于设置边框的宽度为 0
hidden	与 none 值的效果相同。不过应用于表元素 <table> 时除外
solid	定义实线边框，即边框由单条实线组成
dotted	定义点状边框，即边框由一系列的点组成
dashed	定义虚线边框，即边框由一系列的短线组成
double	定义双线边框，即边框由两条实线组成，且双线的宽度等于 border-width 的值
groove	定义 3D 凹槽效果边框，边框看起来如同雕刻进页面中
ridge	定义 3D 垄状效果边框，边框效果与 groove 相反
inset	定义 3D inset 效果边框，边框如同嵌入页面
outset	定义 3D outset 效果边框，边框看起来如同位于画布之外

1. 定义边框样式

只有当 border-style 属性的值不是 none 时边框才可能出现。

例如，查看如下代码（为了便于查看代码及实际效果，使用了内联样式）：

```
<p style="border-style:none;">None border</p>
<p style="border-style:hidden;">Hidden border</p>
<p style="border-style:solid;">Solid border</p>
<p style="border-style:dotted;">Dotted border</p>
<p style="border-style:dashed;">Dashed border</p>
<p style="border-style:double;">Double border</p>
<p style="border-style:groove;">Groove border</p>
<p style="border-style:ridge;">Ridge border</p>
```

```
<p style="border-style:inset;">Inset border</p>
<p style="border-style:outset;">Outset border</p>
```

上述代码在浏览器中的显示效果如图 11-10 所示。

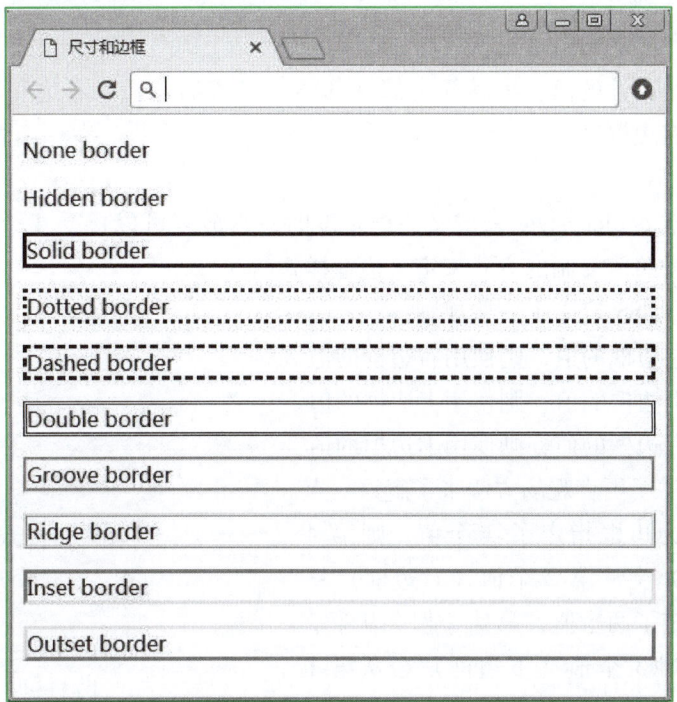

图 11-10

由图 11-10 可以看出，只需要定义边框的样式（none 值和 hidden 值除外），边框即可显示，而边框的颜色和宽度会使用默认值。需要注意的是，最后 4 个边框的样式看起来比较类似，但是实际上并不相同。

2. 定义单边样式

使用 border-style 属性可以为所有的边框定义样式，如果希望为元素框的某一个边设置边框样式，而不是设置所有 4 个边的边框样式，可以使用下面的单边边框样式属性：

- border-top-style
- border-right-style
- border-bottom-style
- border-left-style

3. 简写方式

如果需要为单边定义样式，也可以使用简写方式，即可以使用 border-style 属性定义每个边框的样式。将多个边框的样式值按照固定的顺序同时赋值给 border-style 属性，多个值之间以空格隔开。例如，可以这样定义：

```
p {border-style: solid double dotted dashed;}
```

上面这条规则为段落定义了 4 种边框样式。4 个值按照 top-right-bottom-left 的顺序。也可以同时使用单边属性和简写属性。例如，可以这样定义：

```
p {
    border-style: solid;
    border-top-style: none;
}
```

后定义的单边属性的值会覆盖简写属性的值，段落的左边、右边和底部会有实线边框，而顶部不会有边框。

4. 值复制

使用简写属性 border-style 来定义边框宽度时，它最多可以接受 4 个值，如果少于 4 个值也可以，会按照值复制的方式来定义边框样式。

对于值复制，CSS 定义了一些规则：

- 如果缺少左边框的值，则使用右边框的值。
- 如果缺少下边框的值，则使用上边框的值。
- 如果缺少右边框的值，则使用上边框的值。

图 11-11 提供了更直观的方法来了解这一点。

因此，如果为边框指定了 3 个值，则第 4 个值（即左边框）会从第 2 个值（右边框）复制得到。如果给定了两个值，第 4 个值会从第 2 个值复制得到，第 3 个值（下边框）会从第 1 个值（上边框）复制得到。最后一个情况，如果只给定一个值，那么其他 3 个边框都由这个值（上边框）复制得到。这也是为什么可以只为 border-style 属性设置一个值就可以为所有边框指定样式的原因。

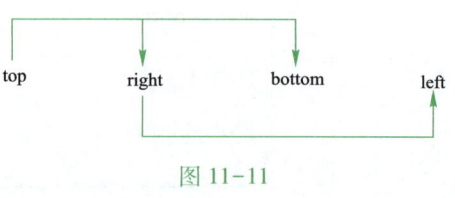

图 11-11

为了更好地理解值复制，查看如下规则：

```
p {margin: 0.5em 1em;}          /* 等价于 0.5em 1em 0.5em 1em */
h1 {margin: 0.25em 1em 0.5em;}  /* 等价于 0.25em 1em 0.5em 1em */
h2 {margin: 1px;}                /* 等价于 1px 1px 1px 1px */
```

因此，通过值复制，可以只指定必要的值，而不必全部都应用 4 个值。也有一些情况是不能通过值复制来解决的。比如，如果希望把 <p> 元素的上边框和左边框的样式设置为 solid，而下边框和右边框的样式设置为 dotted。在这种情况下，必须定义为：

```
p {border-style: solid dotted dotted solid;}
```

这样才能得到想要的结果。此时，所需值的个数没有办法更少了。

再来看另外一个例子。如果希望除了左边框是点线以外，所有其他边框样式都是实线：

```
p {border-style:solid solid solid dotted;}
```

此时也不能使用值复制。如果觉得书写多个 solid 比较麻烦，建议使用单边边框样式属性来控制：

```
p {
    border-style:solid;
    border-left-style:dotted;}
```

需要提醒大家的是,边框、边距的其他属性也可以使用值复制来设置。

11.3.2 边框宽度(border-width)

border-width 属性用于为边框指定宽度。只有当边框样式不是 none 时边框宽度才会起作用。如果边框样式是 none,即使设置了边框宽度,边框宽度也会被重置为 0。border-width 属性可能的值见表 11-6。

表 11-6 border-width 属性的取值

值	说 明
长度	定义长度单位,不能使用百分比,也不能设置为负值
thin	定义细的边框
medium	定义中等的边框,为默认值
thick	定义粗的边框

1. 定义边框宽度

由表 11-6 可见,为边框指定宽度有两种方法:可以指定长度值,比如 2px 或 0.1em;或者使用 3 个关键字(thin、medium 或者 thick)之一。

需要注意的是,CSS 没有定义 3 个关键字的具体宽度,所以对于这些关键字的实际宽度取决于浏览器本身。

2. 定义单边宽度

使用 border-width 属性可以为元素的所有边框设置宽度。如果需要,也可以通过下列属性分别设置边框各边的宽度:

- border-top-width
- border-right-width
- border-bottom-width
- border-left-width

如果设置各边框具有相同的宽度,往往不会如此麻烦地挨个对属性进行设置。单边宽度属性常用于设置各边框具有不同的宽度时。例如,可以这样定义:

```
p {
    width:200px;
    height:50px;
    border-style:solid;}
p.first {
    border-top-width:5px;
    border-right-width:10px;
```

```
border-bottom-width: 15px;
border-left-width: 2px;}
```

图 11-12 给出了上述样式规则在浏览器中的显示效果。

3. 简写方式

与 border-style 属性一样，也可以使用简写方式来定义单边宽度，即可以使用 border-width 属性定义每个边框的宽度。只需要将多个边框的宽度值按照 top-right-bottom-left 的顺序赋值给 border-width 属性，且多个值之间以空格隔开。例如，可以这样定义：

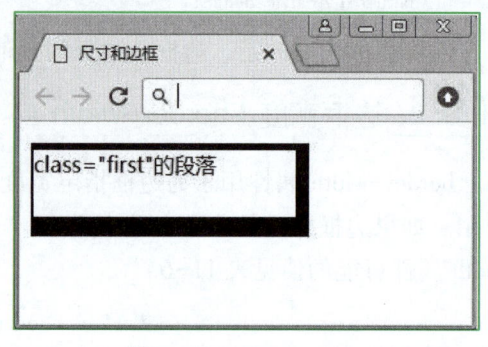

图 11-12

```
p.first    {border-width: 5px 10px 15px 2px;}
```

上面这条规则为段落定义了 4 种边框宽度，这个示例所得到的界面效果和图 11-12 相同。

使用简写属性 border-style 来定义边框宽度时，如果某些边框的宽度没有设置，则按照值复制的方式进行设置。例如，如果这样定义样式规则：

```
p.first    {border-width: 5px 10px;}
```

图 11-13 给出了上述样式规则在浏览器中的显示效果。

由图 11-13 可见，下边框会复制使用上边框的宽度值，而左边框会使用右边框的宽度值。

4. 没有边框

在前面的例子中已经看到，如果希望显示某种边框，就必须设置边框样式，例如 solid 或 outset。

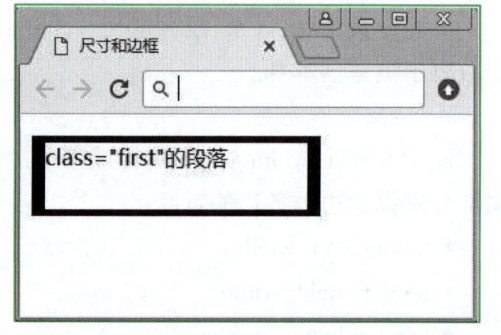

图 11-13

如果把 border-style 设置为 none，即使设置了边框的宽度，边框也不会显示。例如，这样定义样式规则：

```
P {border-style: none; border-width: 50px;}
```

尽管边框的宽度是 50 px，但是边框样式设置为 none。在这种情况下，不仅边框的样式没有了，其宽度也会变成 0。这是因为如果边框样式为 none，即边框根本不存在，那么边框就不可能有宽度，因此边框宽度自动设置为 0，而不论原先定义的是什么。

11.3.3 边框颜色（border-color）

border-color 属性用于设置边框的颜色，该属性的值可以是十六进制的颜色编码或者颜色名，也可以设置为表示红、绿、蓝的值或者百分比。border-color 属性可能的值见表 11-7。

表 11-7 border-color 属性的取值

值	说 明
颜色名称	规定颜色值为颜色名称的边框颜色，如 red
十六进制编码	规定颜色值为十六进制值的边框颜色，如#ff0000
rgb 数值	规定颜色值为 rgb 数值的边框颜色，如 rgb(255,0,0)
rgb 百分比	规定颜色值为 rgb 百分比的边框颜色，如 rgb(100%,0,0)
transparent	边框颜色为透明，为默认值

1. 定义边框颜色

默认的边框颜色是元素本身的前景色。如果没有为边框声明颜色，它将与元素的文本颜色相同。例如，可以定义如下样式规则：

```
p           {
    width:200px;
    height:50px;
    border-style:solid;
    border-width:2px;
    color:#00ff00;}
p.first     {border-color:rgb(255,0,0);}
```

图 11-14 给出了上述样式规则在浏览器中的显示效果。

由图 11-14 可见，第 1 个段落的边框颜色和字体颜色相同，而第 2 个段落的边框显示为所设置的边框颜色。

2. 定义单边颜色

使用 border-color 属性可以为 4 个边框设置颜色，还可以使用单边边框颜色属性来定义单边颜色。它们的原理与单边样式和宽度属性相同：

- border-top-color
- border-right-color
- border-bottom-color
- border-left-color

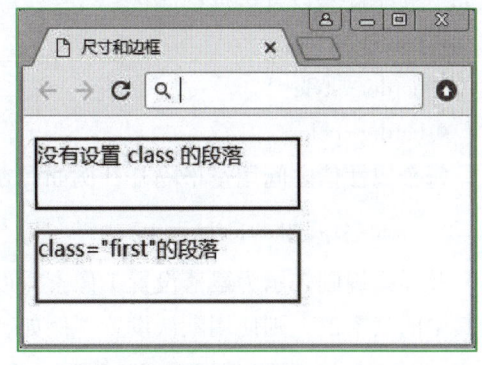

图 11-14

3. 简写方式

border-color 属性是一个简写属性,可设置一个元素的所有边框中可见部分的颜色,或者为 4 个边框分别设置不同的颜色。只需要将多个边框的颜色值按照 top-right-bottom-left 的顺序赋值给 border-color 属性,且多个值之间以空格隔开。例如,可以这样定义:

```
p {
    width:200px;
    height:50px;}
p.first {
    border-color: black red green blue;
    border-style:solid;}
```

border-color 属性一次可以接受最多 4 个颜色值,如果颜色值少于 4 个,值复制就会起作用。例如下面的规则声明了段落的上下边框是蓝色,左右边框是红色:

```
p.second {
    border-color: blue red;
    border-style:solid;}
```

4. 透明边框

如果边框没有样式,就没有宽度。但是,在有些情况下可能希望创建一个不可见的边框。这时,可以设置边框颜色为 transparent。这个值是 CSS2 引入的,用于创建有宽度但不可见的边框。

11.3.4 组合设置(border)

组合设置是指,可以使用 border 简写属性在一个声明中设置所有的边框属性。可以按照如下顺序逐一设置边框的属性:

- border-width
- border-style
- border-color

每个属性值之间用空格隔开。例如,在前面章节中,常使用如下样式规则:

```
P {border:1px solid red;}
```

此样式规则表示为段落设置 1 像素宽度的实线红色边框(包括 4 个边框)。如果不设置其中的某个值,则使用默认设置。例如,可以这样定义:

```
P {border:1px solid;}
```

此样式规则表示为段落设置 1 像素宽度的实线边框(包括 4 个边框),而边框的颜色则遵从默认的规定,即使用元素的前景色或者父元素的前景色。也可以使用下面的属性为框中的每一边的边框设置宽度、样式和颜色:

- border-top
- border-right

- border-bottom
- border-left

11.3.5 边框与背景

CSS 规范指出，边框绘制在"元素的背景之上"。这很重要，因为有些边框是"间断的"（例如点线边框或虚线框），元素的背景应当出现在边框的可见部分之间。

CSS2 指出，背景只延伸到内边距，而不是边框。后来 CSS2.1 进行了更正：元素的背景是内容、内边距和边框区的背景。大多数浏览器都遵循 CSS2.1 定义，不过一些较老的浏览器可能会有不同的表现。

11.3.6 边框倒角

前面已经介绍了如何使用 border 属性设置元素的边框，只是边框显示为矩形，即边框的 4 个角均为直角。在实际工作中，经常会遇到需要设置边框倒圆角的效果，这时可以使用 CSS3 提供的 border-radius 属性来实现。

border-radius 为简写属性，其取值为数值或者百分比，表示倒圆角的半径值。为该属性设置 4 个值，则按照顺时针的顺序设置 4 个倒角。例如，可以定义如下样式规则：

```
div {
    border:2px solid red;
    width:200px;
    height:50px;
}
#d1{border-radius:10px;}
#d2{border-radius:10px 15px 20px 25px;}
```

图 11-15 给出了上述样式规则在浏览器中的显示效果。

由图 11-15 可以看出，如果给 border-radius 属性设置一个值，则 4 个角使用同样的数值；也可以给该属性 4 个值，则从左上角开始顺时针设置各个倒角。

除了可以使用 border-radius 为元素的所有倒角设置尺寸，如果需要，也可以通过下列属性分别设置各倒角。

- border-top-left-radius：边框左上角。
- border-top-right-radius：边框右上角。
- border-bottom-left-radius：边框左下角。
- border-bottom-right-radius：边框右下角。

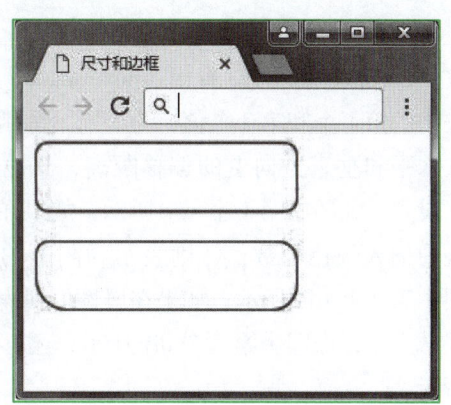

图 11-15

11.3.7 边框阴影

CSS3 还提供了 box-shadow 属性，用于设置边框的阴影，从而实现更为复杂的页面效果。

box-shadow 属性的取值为多个属性值的列表，语法规范如下：

```
box-shadow: h-shadow v-shadow blur spread color inset;
```

其中：
- h-shadow：必需，为水平阴影的位置。
- v-shadow：必需，为垂直阴影的位置。
- blur：可选，为模糊距离。
- spread：可选，为阴影的尺寸。
- color：可选，为阴影的颜色。
- inset：可选，将外部阴影（outset）改为内部阴影。

例如，可以定义如下样式规则：

```
div {
    border:2px solid red;
    width:200px;
    height:50px;}
#d1 {box-shadow: 5px 15px;}
#d2 {box-shadow: 10px 10px #ccc;}
#d3 {box-shadow: 10px 10px 5px #000;}
#d4 {box-shadow: 10px 10px 5px 10px #000;}
```

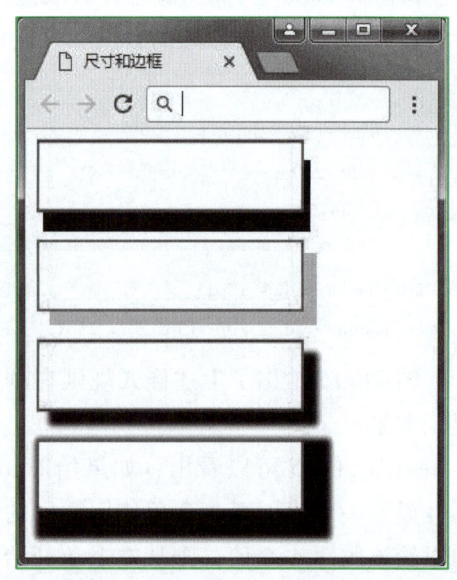

图 11-16

图 11-16 给出了上述样式规则在浏览器中的显示效果。

由图 11-16 可以看出，box-shadow 属性值列表中的第 1 个和第 2 个值，为必需，分别表示阴影在水平和垂直方向上的偏移距离，其他值均为默认设置，如图中第 1 个 div 所示；如果在属性值列表中加入颜色的数值，则表示为阴影的颜色，如图中第 2 个 div 所示；如果在属性值列表中加入模糊数值，则表示阴影边界发生模糊效果的区域大小，如图中第 3 个 div 所示；还可以在属性值列表中加入阴影尺寸，如图中第 4 个 div 所示。

11.4 边距

边距是指元素框和其他元素之间的距离，可能是和内容元素之间的距离，称为内边距；也可能是与下一个元素之间的空间量，称为外边距。

11.4.1 内边距（padding）

微课视频 054
内边距

内容区域和边框之间的空间是元素的内边距。控制该区域最简单的属性是 padding 属性，用于定义元素边框与元素内容之间的空白区域。

内边距可能的值见表 11-8。

表 11-8　padding 属性的取值

值	说　　明
长度	规定以具体单位计的内边距值，比如 px、cm 等。默认值是 0px
%	规定基于父元素的宽度的百分比的内边距
inherit	规定应该从父元素继承内边距

1. 设置内边距

由表 11-8 可见，padding 属性的值可以是长度值、百分比值或者单词 inherit，但不允许使用负值。如果希望所有 \<h1> 元素的各边都有 15 像素的内边距，可以这样定义（同时定义了边框，这样便于查看效果）：

```
h1  {padding:15px;border:1px solid silver;}
```

图 11-17 给出了上述样式规则在浏览器中的显示效果（文本内容相对于边框而言具有一定的距离）。

还可以为元素的内边距设置百分数值。百分数值是相对于其父元素的 width 计算的。所以，如果父元素的 width 改变，它们也会改变。例如，查看如下样式规则：

```
h1  {padding: 10%; border:1px solid silver;}
```

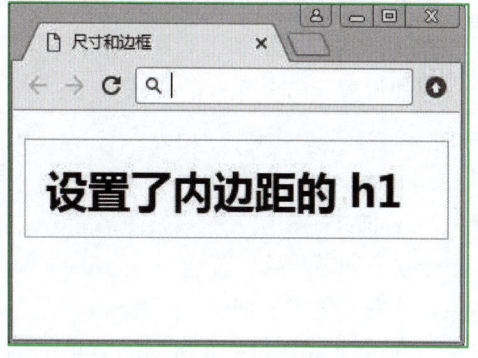
图 11-17

这条规则把标题 1 的内边距设置为父元素宽度的 10%。假如该 \<h1> 元素的父元素是 \<div> 元素，那么它的内边距要根据父元素的宽度计算。查看如下代码：

```
<div style="width:300px;"> <h1>设置了内边距的 h1 文本。</h1></div>
```

经过计算后，\<h1> 元素的内边距为 30 像素。

2. inherit 值

元素的内边距是不会继承的，即如果设置了 \<body> 元素具有值为 20 px 的 padding 属性，则该属性不会自动应用于 \<body> 元素内的其他元素。但是子元素可以设置 padding 属性的值为 inherit 从父元素继承内边距的值。

3. 单边内边距

使用 padding 属性可以设置所有的内边距，除此之外，还可以通过使用下面 4 个单独的属性，分别设置上、右、下、左内边距，且各边可以使用不同的单位或百分比值。

- padding-top：用于设置上内边距。
- padding-right：用于设置右内边距。
- padding-bottom：用于设置下内边距。
- padding-left：用于设置左内边距。

例如，可以这样定义：

```
h1 {
    padding-top: 10px;
    padding-right: 0.25em;
    padding-bottom: 2ex;
    padding-left: 20%;}
```

4. 简写方式

padding 简写属性用于在一个声明中设置所有内边距属性。即可以按照上、右、下、左的顺序分别设置各边的内边距，而且各边均可以使用不同的单位或百分比值。因此，下面的简写规则实现的效果与上面的单边声明规则是完全相同的：

```
h1 {padding: 10px 0.25em 2ex 20%;}
```

padding 属性一次可以接受最多 4 个值，如果值少于 4 个，值复制就会起作用。

需要注意的是，边距总是先设置左边距和上边距。如果内容的高度和宽度小于框的高度和宽度，则右边距和下边距不起作用。

假如设置 <h1> 元素的样式如下：

```
h1 {
    height:100px;
    width:450px;
    padding:5px 25px 15px;
    border:1px solid silver;}
```

那么，会出现如图 11-18 所示的效果（右边距和下边距不起作用）。

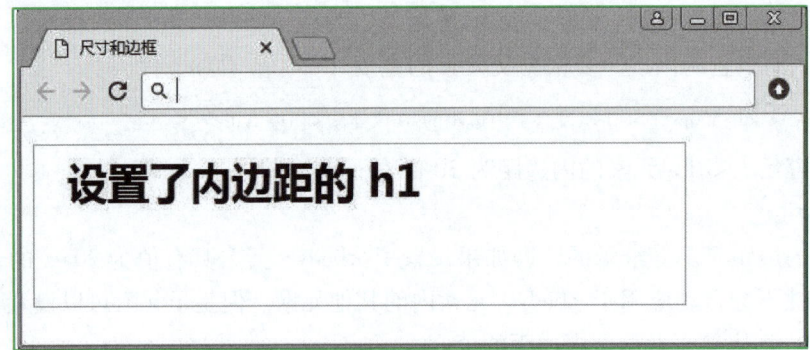

图 11-18

11.4.2 外边距(margin)

微课视频 055
外边距

围绕在元素边框周围的空白区域是外边距。设置外边距的最简单的方法就是使用 margin 属性,该属性会在元素外创建额外的空白。

margin 属性的默认值是 0,所以如果没有为 margin 声明一个值,就不会出现外边距。但在实际中,浏览器对许多元素已经提供了预定的样式,外边距也不例外。例如,在支持 CSS 的浏览器中,外边距会在每个段落元素的上面和下面生成"空行"。因此,如果没有为 <p> 元素声明外边距,浏览器可能会自己应用一个外边距。如果声明了 margin 属性,就会覆盖默认样式。外边距可能的值见表 11-9。

表 11-9　margin 属性的取值

值	说　　明
auto	由浏览器计算外边距
长度	规定以具体单位计的外边距值,比如 px、cm 等。默认值是 0 px
%	规定基于父元素的宽度的百分比的外边距
inherit	规定应该从父元素继承外边距

1. 设置外边距

margin 属性接受任何长度单位、百分数值、auto 或者单词 inherit,甚至可以是负值。为了查看外边距的效果,定义如下样式规则:

```
div    { border:1px dotted black;}
h1     {margin:15px; border:1px solid silver;}
```

并为页面添加如下代码:

```
<div><h1>设置了外边距的 h1 文本。</h1></div>
```

上述代码在浏览器中的显示效果如图 11-19 所示。

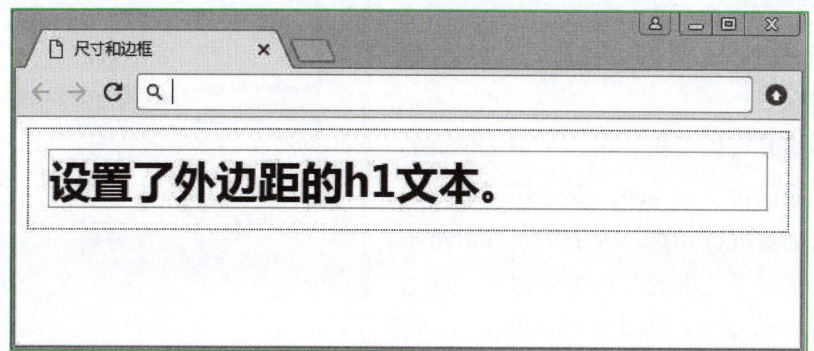

图 11-19

和内边距一样,也可以将元素的外边距设置为百分数值。百分数值是相对于其父元素的 width 计算的。也可以设置外边距的值为单词 inherit,表示继承父元素的设置。

2. auto 值

auto 值表示外边距由浏览器进行计算。在前面章节中曾提到,元素内容占据的空间由 width 属性设置,而内容周围的边距和 border 值另外计算。也就是说,包含元素留给当前元素的宽度里,需要包括子元素的外边距、边框的宽度、内边距和内容。例如,查看如下样式规则:

```css
div.parent {
    width:200px;
    height:200px;
    background-color:#f0f0f0;
    border:1px solid gray;}
div.child1 {
    width:150px;
    height:50px;
    margin:auto;
    border:5px solid gray;
    background-color:white;}
div.child2 {
    width:100px;
    height:50px;
    margin:20px;
    border:5px solid gray;
    background-color:white;}
```

然后,查看如下代码:

```html
<div class="parent">
    <div class="child1">div 1</div>
    <div class="child2">div 2</div>
</div>
```

上述代码在浏览器中的显示效果如图 11-20 所示。

由图 11-20 可以看出,第一个子 <div> 的 margin 属性的值设置为 auto,因此其左右外边距的值由浏览器进行计算,等于父元素留给子元素的宽度减去子元素的左右边框宽度、内边距宽度和内容的宽度,即为(200-150-5-5) px/2 = 20 px,这也是为什么两个子 <div> 元素的左外边距相同的原因,而 <div> 元素的上外

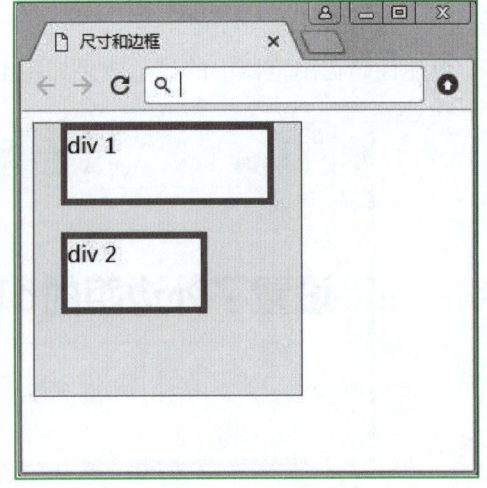

图 11-20

边距由浏览器自动设置为 0。

如果手工设置的宽度、边距以及边框的值加起来并不等于包含块的大小，则会出现一些问题。因此，如果需要手工设置 width 值，最好精确计算距离的大小，或者建议将外边距之一设置为 auto，这样外边距将自动伸缩以适应宽度的差值。

3. 负值

外边距还可以设置为负值。例如，对于图 11-20 所示的页面代码，将样式规则修改为如下代码：

```
div.parent {
    margin:10px;
    width:200px;
    height:200px;
    background-color:#f0f0f0;
    border:1px solid gray;}
div.child1 {
    width:150px;
    height:100px;
    margin-left:-15px;
    border:5px solid gray;
    background-color:white;}
div.child2 {
    width:50px;
    height:50px;
    margin-top:-20px;
    border:5px solid gray;
    background-color:white;}
```

图 11-21 给出了上述样式规则在浏览器中的显示效果。

由图 11-21 可以看出，设置外边距为负值后，会导致元素的重叠，常用于设置一些特殊页面效果。但是负值的外边距可能会对页面布局带来影响，因此使用时要小心。

4. 单边外边距

使用 margin 属性可以设置所有的外边距，除此之外，还可以通过使用下面 4 个单独的属性，分别设置上、右、下、左外边距，且各边可以使用不同的单位或百分比值。

- margin-top：用于设置上外边距。
- margin-right：用于设置右外边距。

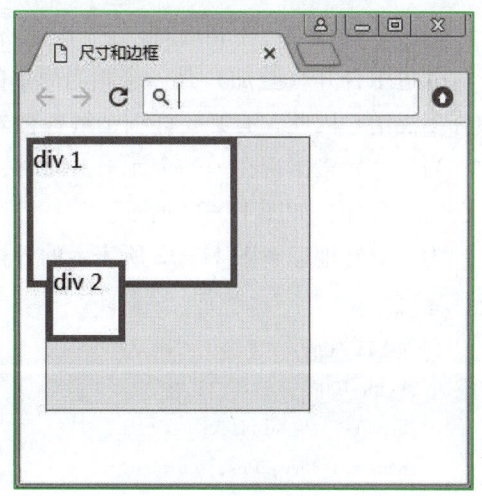

图 11-21

- margin-bottom：用于设置下外边距。
- margin-left：用于设置左外边距。

例如，可以这样定义：

```
div  { border:2px dotted black;}
h1 {
    margin-top：10px；
    margin-right：2em；
    margin-bottom：1cm；
    margin-left：0.5in；
    border:2px solid silver;}
```

5. 简写方式

margin 简写属性用于在一个声明中设置所有外边距属性。与内边距的设置相同，这些值的顺序是从上外边距（top）开始围着元素顺时针旋转的，即按照上、右、下、左的顺序分别设置。因此，下面的简写规则实现的效果与上面的单边声明规则是完全相同的：

```
h1 {margin: 10px 2em 1cm 0.5in;}
```

margin 属性一次可以接受最多 4 个值，如果值少于 4 个，值复制就会起作用。

6. <body>元素的默认边距

读者可能已经注意到，页面是有默认边距的。比如，即使没有对 <body> 和 <p> 元素定义任何与边距相关的属性，这些元素依然有默认的边距。不同的浏览器对于默认边距的设置各有不同，因此为了做到更好的普适性，建议使用 CSS 代码对元素的默认边距进行重新定义。

11.4.3 外边距合并

当两个垂直外边距相遇时，它们将形成一个外边距，称为外边距合并。

外边距合并（叠加）是一个相当简单的概念，但在实践中对网页进行布局时，它会造成许多混淆。因此，有必要详细了解各种外边距合并的情况。

当一个元素出现在另一个元素上面时，第 1 个元素的下外边距与第 2 个元素的上外边距会发生合并，如图 11-22 所示。

为了更好地理解图 11-22 所表示的外边距合并，先定义如下样式规则：

```
div.top  {
    height:50px；
    width:100px；
    border:2px solid black；
    margin-bottom:20px；}
div.bottom  {
    height:50px；
```

```
width:100px;
border:2px dashed black;
margin-top:10px;}
```

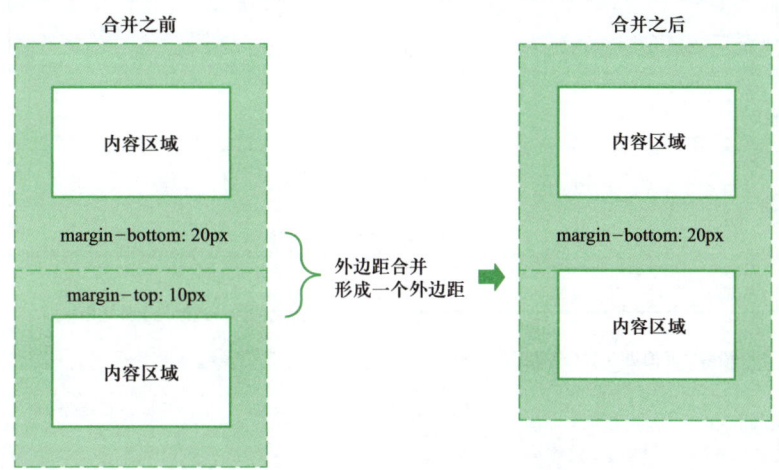

图 11-22

然后查看如下代码:

```
<div class="top">框 1</div>
<div class="bottom">框 2</div>
```

上述代码在浏览器中的显示效果如图 11-23 所示。

由图 11-23 可以看出,上方框(黑色实线边框的 <div> 元素)和下方框(黑色虚线边框的 <div> 元素)之间的间距为 20 像素,这是因为上方的 <div> 元素设置了 margin-bottom 属性的值为 20 px。同时查看代码可以发

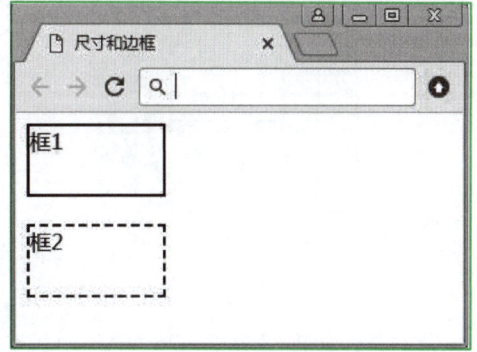

图 11-23

现,下方的 <div> 元素也设置了 margin-top 属性的值为 10 px,但是两个 <div> 之间的间距仍然是 20 像素,而不会累加为 40 像素。这是因为它们实现了外边距合并。

这就是一系列的段落元素占用空间非常小的原因,因为它们的所有外边距都合并到一起,形成了一个小的外边距。外边距合并初看上去可能有点奇怪,但是实际上,它是有意义的。

图 11-24 模拟一个由几个段落组成的典型文本页面。第 1 个段落上面的空间等于段落的上外边距。如果没有外边距合并,后续所有段落之间的外边距都将是相邻上外边距和下外边距的和。这意味着段落之间的空间是页面顶部的 2 倍。如果发生外边距合并,段落之间的上外边距和下外边距就合并在一起,这样各处的距离就一致了。

另外,当一个元素包含在另一个元素中时(假设没有内边距或边框把外边距分隔开),它们的上和下外边距也会发生合并,如图 11-25 所示。

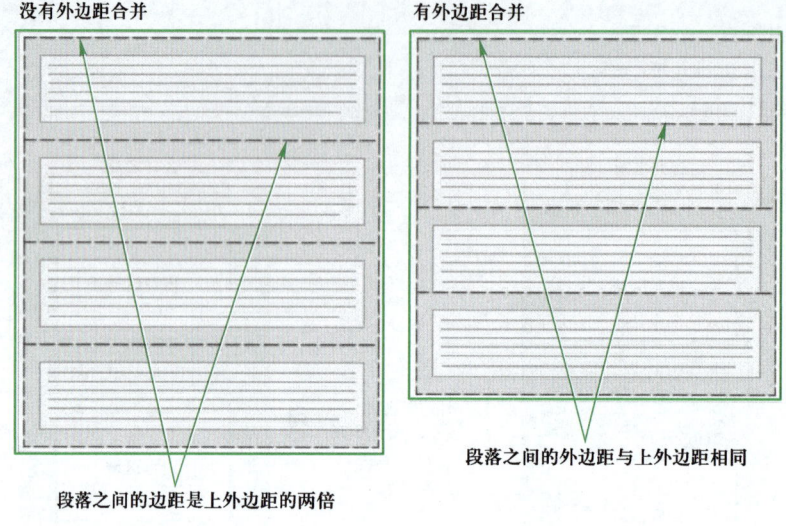

图 11-24

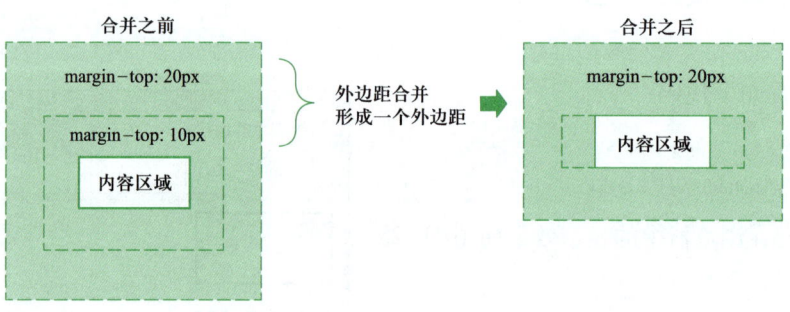

图 11-25

为了更好地理解图 11-25 所表示的外边距合并，先定义如下样式规则：

```
div.parent {
    height:150px;
    width:300px;
    border:2px solid black;
    margin-bottom:20px;}
div.child {
    height:100px;
    width:200px;
    margin-top:20px;}
div.content {
    height:50px;
    width:100px;
    margin-top:20px;}
```

该样式规则定义了 3 个 <div> 元素的样式，分别代表最外层父元素框，中间层子元素框和里层框。然后查看如下代码（为了方便对比代码查看页面效果，这里使用了内联样式表）：

```
<div class="parent">
    <div class="child" style="border:2px solid red;">
        <div class="content" style="border:2px solid red;">内容1</div>
    </div>
</div>
<div class="parent" style="border-style:dashed;">
    <div class="child">
        <div class="content">内容2</div>
    </div>
</div>
```

上述代码在浏览器中的显示效果如图 11-26 所示。

由图 11-26 可以看出，文本"内容 1"与其最外层框（黑色实线边框的 <div> 元素）的间距为两层间距的累加值；而文本"内容 2"与其最外层框（黑色虚线边框的 <div> 元素）的间距较小，只有 20 像素。它们的差别在于"内容 1"及其父元素设置了边框，因此外边距不会合并；而"内容 2"及其父元素并没有设置边框，发生了如图 11-25 所示的外边距合并。

当没有内边距或边框把外边距分隔开时就会出现上述外边距的合并。如果希望能够避免这种合并情况，可以设置透明边框或者设置内边距。例如，可以设置边框颜色为透明（只修改下方 <div> 元素的代码）：

```
<div class="parent" style="border-style:dashed;">
    <div class="child" style="border:2px solid transparent;">
        <div class="content" style="border:2px solid transparent;">内容2</div>
    </div>
</div>
```

或者修改 child 样式类的样式声明（不设置 margin-top，而是设置 padding-top 的值为 20 px）：

```
div.child {
    height:100px;
    width:200px;
    padding-top:20px;
}
```

上述任意一种修改在浏览器中的显示效果如图 11-27 所示。

由此可见，当使用框定义布局时，一定要注意外边距合并问题，否则会给页面布局带来困扰。

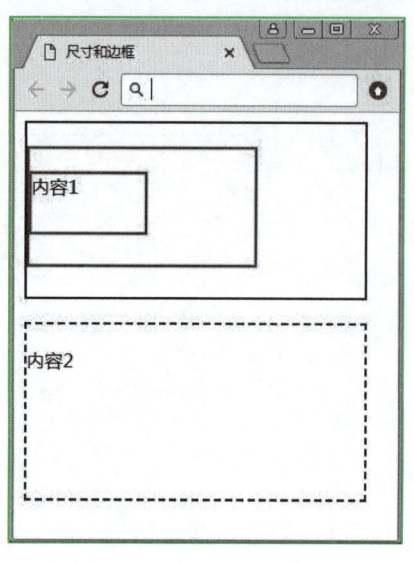

图 11-26

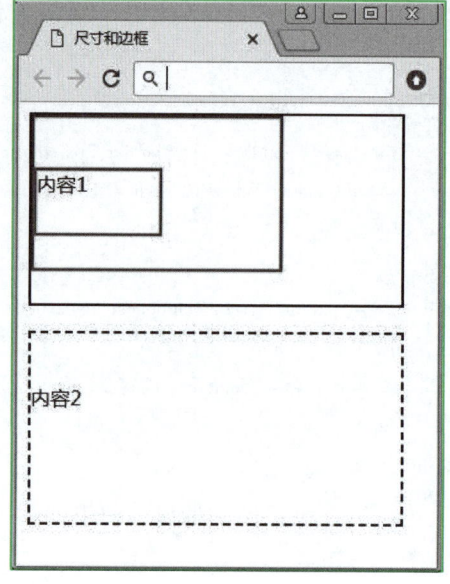

图 11-27

11.5 轮廓

轮廓（outline）是绘制于元素周围的一条线，位于边框边缘的外围，可起到突出元素的作用。表 11-10 列举了和轮廓相关的属性。

微课视频 056
轮廓

表 11-10 轮廓属性

名称	说明
outline-style	设置围绕元素的轮廓的样式
outline-width	设置围绕元素的轮廓的宽度
outline-color	设置围绕元素的轮廓的颜色
outline	简写属性，用来在一个声明中设置所有的 outline 属性

轮廓的所有边都是相同的，不能为元素的不同边的轮廓指定不同的值，且轮廓相关的属性是不能继承的。下面将详细讲述其他每种属性的具体用法。

11.5.1 轮廓样式（outline-style）

outline-style 属性用于设置一个元素的整个轮廓的样式，这些轮廓线将环绕着框。该属性的值和 border-style 属性的取值相同。例如，可以定义如下样式规则：

```
div.outline  {
    background-color:#f0f0f0;
```

```
    width:200px;
    height:100px;
    outline-style:solid;
    border:5px dashed silver;}
```

图 11-28 给出了上述样式规则在浏览器中的显示效果。

由图 11-28 可以看出，边框为灰色的 5 个像素的虚线，而轮廓为黑色的实线。可以把轮廓看成是元素的外边框。只需要定义轮廓的样式，轮廓即可显示，而轮廓的颜色和宽度会使用默认值。需要注意的是，轮廓的样式不能是 none，否则轮廓不会出现。

图 11-28

11.5.2 轮廓宽度（outline-width）

outline-width 属性用于设置元素整个轮廓的宽度，只有当轮廓样式不是 none 时，这个宽度才会起作用。如果样式为 none，宽度实际上会重置为 0，不允许设置负长度值。outline-width 属性的值必须是长度值或者 thin、medium 和 thick 中的某个值。例如，可以定义如下样式规则：

```
div    {
    background-color:#f0f0f0;
    width:200px;
    height:100px;
    border:5px dashed silver;}
div.outline    {
    outline-style:solid;
    outline-width:10px;}
```

然后，在<body>元素中添加如下代码：

```
Some text here.
<div>只有边框没有轮廓的框。</div>
Some text here.
<div class="outline">有边框和轮廓，且轮廓宽度为 10 的框</div>
```

上述代码在浏览器中的显示效果如图 11-29 所示。

轮廓不会占据空间，而边框会占据空间。由图 11-29 可见，两个 <div> 元素都有宽为 5 像素的边框，但是下一个 <div> 元素还有宽为 10 像素的轮廓。因为边框会占据空间，因此第一行文本会完全显示出来；但是轮廓不占据单独的空间，因此黑色的轮廓和第二行文本重叠在一起。

11.5.3 轮廓颜色（outline-color）

outline-color 属性用于设置一个元素整个轮廓中可见部分的颜色。该属性的值与 border-color 属性的取值相同。默认的轮廓颜色是元素本身的前景色。如果没有为轮廓声明颜色，它将与元素的文本颜色相同。

11.5.4 组合设置

outline 属性是一个简写属性，用于设置元素周围的轮廓线。只需要同时设置 outline-color、outline-style 和 outline-width 的值，且每个属性值之间用空格隔开即可，并且可以采取任意顺序。例如，也可以这样定义样式规则：

图 11-29

```
div.outline  {
    background-color:#f0f0f0;
    width:200px;
    height:100px;
    border:5px dashed gray;
    outline:silver dotted 15px;}
```

也可以只设置轮廓样式而省略其他两个属性的值，将显示默认设置。

11.6 案例：CSS 尺寸与框

微课视频 057

案例：CSS 尺寸与框

11.6.1 案例描述

本案例中，需要创建一个投票列表信息页面，网页效果如图 11-30 所示。

该页面效果的详细要求如下：

• 使用表格实现页面的布局。

• 使用外边框和轮廓设置框的立体效果。

• 使用 icon_bg_s.jpg 作为用户头像位置的背景图像。

• 鼠标悬停在超链接上时，文本需要加粗显示。

• 适当设置各元素的内边距或者外边距。

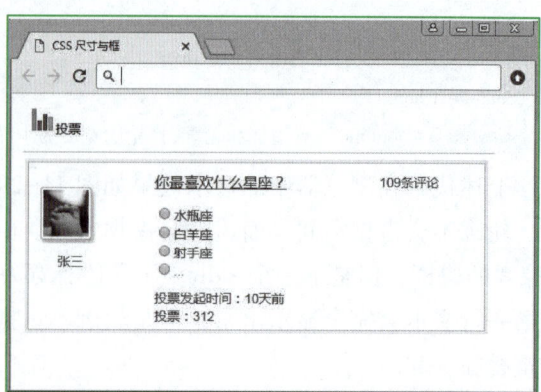

图 11-30

11.6.2 案例分析

实现上述案例的步骤如下：

（1）新建一个纯文本文件，并修改扩展名为.htm或者.html，并创建文档的结构（版本信息、头部信息和主体元素等）。

（2）为了实现页面的布局（页面文本以及文本框的对齐），使用表格来实现页面的布局。

（3）创建外部样式表文件MyStyleSheet.css，以用来添加样式规则来控制页面的外观。

（4）首先为页面定义字体的字型和字体大小。

（5）然后为"投票"标题框设置样式，主要是需要设置下边框以及边距。

（6）为表格定义外观，主要是高度、宽度、边框、边距以及字体，并定义单元格的高度以设置行高。

（7）设置用户头像的显示，最后需要设置超链接文本的外观。

（8）在浏览器中测试页面效果。

11.6.3 案例实现

（X）HTML文档的代码如下：

```
<!DOCTYPE html>
<html>
    <head>
        <title>CSS 尺寸与框</title>
        <link href="MyStyleSheet.css" type="text/css" rel="Stylesheet" />
    </head>
    <body>
        <div id="titleDiv"><img src="image/vote.gif" />投票</div>
        <table>
            <tr>
                <td rowspan="3">
                    <div class="userIcon">
                        <img src="image/vote1.jpg" alt="User photo" />
                        <p>张三</p>
                    </div>
                </td>
                <td><a class="linkText f16" href="#">你最喜欢什么星座？</a></td>
                <td><a href="#" class="reviewText">109 条评论</a></td>
            </tr>
            <tr>
                <td>
```

```html
                    <input id="r1" type="radio" name="star" /><label for="r1">水瓶座</label><br />
                    <input id="r2" type="radio" name="star" /><label for="r2">白羊座</label><br />
                    <input id="r3" type="radio" name="star" /><label for="r3">射手座</label><br />
                    <input id="r4" type="radio" name="star" /><label for="r4">...</label><br />
                </td>
                <td rowspan="2"></td>
            </tr>
            <tr>
                <td>投票发起时间：10 天前<br />投票：312</td>
            </tr>
        </table>
    </body>
</html>
```

外部样式表 MyStyleSheet.css 文件中的代码如下：

```css
.f16    {font-size:16px;}
body    {
    font-family:'lucida grande',helvetica,arial,sans-serif;
    font-size:14px;}
#titleDiv    {
    margin-left:5px;
    border-bottom:1px solid #D8DFEA;
    padding:5px 10px 15px 5px;
    margin-bottom:10px;
    width:90%;
    font-size:14px;
    vertical-align:middle;}
table    {
    width:500px;
    height:180px;
    margin:10px 0 3px 10px;
    border:1px solid #ccc;
    outline:3px solid #f7f7f7;
    color:#666;
    font-family:Arial;}
td    {height:30px;}
.userIcon    {
    margin-left:9px;
    padding:3px 3px;
    background: url(image/icon_bg_s.jpg) no-repeat;
    border:1px solid transparent;
```

```
                height:60px;
                width: 60px;
                margin-bottom:60px;}
.userIcon p     {text-align:center;}
a.linkText      {color:#369; font-family:Arial;}
a.linkText:hover        {font-weight:bold;}
a.reviewText    {color:#666; text-decoration:none;}
a.reviewText:hover      {font-weight:bold;}
```

11.7 本章小结

在用 CSS 处理网页时，它认为网页中的每个元素都包围在一个不可见的框中。这个框由内容区域、内容与框之间的空间（内边距 padding）、边框（border）和边框外的不可见空间（外边距 margin）组成。可以使用 CSS 属性来设置每个元素的框的外观，比如设置面积、边框、内边距以及外边距，并由此来控制页面的布局。

在处理元素的框的外观之前，首先需要知道 CSS 中常用的长度单位，以及如何使用高度和宽度属性来定义元素框的尺寸。因为浏览器窗口的大小可能发生变化，因此，还需要使用最大、最小尺寸来创建可以适应窗口大小发生变化的页面。

元素框的大小一旦设定，可以使用 border 属性来设置元素框的边框，包括边框的颜色、样式和宽度；还可以使用单边属性来设置每个边框的外观，或者使用值复制来实现简写定义。需要注意的是，如果需要显示边框，必须设置边框的样式。

除了设置边框，还可以使用 padding 属性设置内边距，使用 margin 属性设置外边距。通过对元素框边距的设置，可以提高页面的美观度和可阅读性。

轮廓是指绘制于元素周围的一条线，位于边框边缘的外围，但是与边框不同的是，它并不占用布局空间。因此，轮廓常用于突出显示元素。

第12章 列表样式

 本章重点

第 4 章中已经介绍了列表。利用 CSS 可以创建无序列表、有序列表、定义列表及其他列表，还可以实现列表的嵌套。使用 CSS 的样式规则定义列表，可以使列表的样式更加丰富美观。例如，列表符号除了可以使用第 4 章中提到的圆点、方块和数字等，还可以使用图像作为列表符号。

本章将学习如何使用 CSS 的样式规则来控制列表的外观，包括设置列表项的标记、位置、图像和文本与标记之间的距离。有如下重点：

(1) 使用 CSS 的样式规则设置列表项的标记。
(2) 使用 CSS 的样式规则设置列表项的位置。
(3) 使用 CSS 的样式规则设置列表项的图像。
(4) 对列表的样式进行组合设置。
(5) 设置列表标志与文本之间的距离。

虽然使用列表标记的某些属性（比如 type 属性）也可以设置列表项的标志，但是就像第 4 章中建议的那样，建议使用本章所讲解的 CSS 的列表属性控制列表的外观。

 本章资源

1. 文本　第 12 章　章节设计
2. 图片　第 12 章　示例图片
3. PPT　第 12 章　列表样式
4. 微课视频 058　设置列表
5. 微课视频 059　组合设置
6. 微课视频 060　案例：CSS 列表属性
7. 案例源代码　chapter_12_code

12.1 列表

微课视频 058
设置列表

列表在表达一组编号的或者采用项目符号的要点时非常有用。从某种意义上讲，不是描述性的文本的任何内容都可以认为是列表。意向调查、功能菜单、数据清单，甚至是所有的人员信息都可以表示为一个列表或者是列表的列表。

可以使用 <ul> 元素和 <li> 元素创建无序列表，还可以使用 <ol> 元素和 <li> 元素创建有序列表，或者使用 <dl> 元素、<dt> 元素和 <dd> 元素创建定义列表。由于列表如此多样，这使得列表相当重要。使用 CSS 可以在很大程度上控制列表的外观。

CSS 列表属性允许设置列表项标志，或者将图像作为列表项标志。表 12-1 列举了和列表外观相关的 CSS 属性。

表 12-1　CSS 列表属性

名　称	说　明
list-style-type	设置列表标志的类型，以控制标志的形状或外观
list-style-position	设置列表中列表项标志的位置
list-style-image	将图像设置为列表项标志，而不是项目符号或者数值
list-style	简写属性，用于把所有用于列表的属性设置于一个声明中
marker-offset	指定列表中标记符和文本之间的距离

上述属性都是可以继承的，下面将分别讲述这些列表属性的用法。

12.2 列表项标志（list-style-type）

在设置列表的外观中，最简单、最常用同时也是被各浏览器支持的最好的属性就是设置列表项的标志类型。

list-style-type 属性用于控制列表中列表项标志的样式。该属性的取值需要依据列表的类型。例如，在一个无序列表中，列表项的标志是出现在各列表项旁边的圆点，而在有序列表中，标志可能是字母、数字或另外某种计数体系中的一个符号。

12.2.1 无序列表项标志

list-style-type 属性用于无序列表时可以采用的值见表 12-2。

表 12-2　list-style-type 属性用于无序列表时的取值

值	说　明
none	无标志
disc	标志是实心圆，为默认值
circle	标志是空心圆
square	标志是实心方块

由表 12-2 可见，使用 list-style-type 属性设置无序列表项标志时，类似于使用 <li> 元素的 type 属性。但是，依然建议大家使用 CSS 属性来控制而不是(X)HTML 代码来控制列表的外观，这样可以实现代码和样式的分离，从而提高文档的可维护性。

与使用(X)HTML 代码中的 type 属性相同的是，list-style-type 属性可以用于列表元素 <ul>，以影响整个列表中所有的列表项；也可以用于列表项元素 <li> 以实现列表项的单独设置。<li> 元素中的设置将覆盖 <ul> 元素中的设置。例如，定义如下样式规则：

```
.none     {list-style-type:none;}
.circle   {list-style-type:circle;}
.disc     {list-style-type:disc;}
.square   {list-style-type:square;}
```

然后，在页面的主体中添加如下代码：

```
<ul class="none">
    <li>list item 1</li>
    <li class="circle">list item 2</li>
    <li class="disc">list item 3</li>
    <li class="square">list item 4</li>
</ul>
```

上述代码在浏览器中的显示效果如图 12-1 所示。

图 12-1

由图 12-1 可见，第一个列表项不显示列表项标志，因为它继承使用父元素 <ul> 的设置；而其他列表项均使用自己的样式设置。

12.2.2　有序列表项标志

list-style-type 属性用于有序列表时，经常采用的且得到了各浏览器广泛支持的值见表 12-3。

表 12-3　list-style-type 属性用于有序列表时常用的取值

值	说　　明	示　　例
decimal	数字标志	1, 2, 3, 4, 5
decimal-leading-zero	标志为 0 开头的数字	01, 02, 03, 04, 05
lower-roman	标志为小写罗马数字	i, ii, iii, iv, v
upper-roman	标志为大写罗马数字	I, II, III, IV, V
lower-alpha	标志为小写英文字母	a, b, c, d, e
upper-alpha	标志为大写英文字母	A, B, C, D, E

由表 12-3 可见，使用 list-style-type 属性设置有序列表的列表项标志时，也类似于使用 <li> 元素的 type 属性，只是多了一种标记为 0 开头的数字类型。如同前面建议的那样，

应该使用 CSS 属性来控制列表项的标志而不是 type 属性。

例如，定义如下样式规则：

```
.number｛list-style-type:decimal;｝
.number0｛list-style-type:decimal-leading-zero;｝
.lowerRoman｛list-style-type:lower-roman;｝
.upperRoman｛list-style-type:upper-roman;｝
.lowerAlpha｛list-style-type:lower-alpha;｝
.upperAlpha｛list-style-type:upper-alpha;｝
```

然后，在页面的主体中添加如下代码：

```
<ol class="number">
    <li>list item 1</li>
    <li class="number0">list item 2</li>
    <li class="lowerRoman">list item 3</li>
    <li class="upperRoman">list item 4</li>
    <li class="lowerAlpha">list item 5</li>
    <li class="upperAlpha">list item 6</li>
</ol>
```

上述代码在浏览器中的显示效果如图 12-2 所示。

由图 12-2 可见，第一个列表项显示数字作为列表项标志，因为它继承使用父元素 <ol> 的设置；而其他列表项均使用自己的样式设置，显示不同的标志。

除了表 12-3 中那些常用的值之外，list-style-type 属性还可以使用一些其他值。而其他取值的显示效果往往取决于各浏览器的支持程度，这里不再赘述。

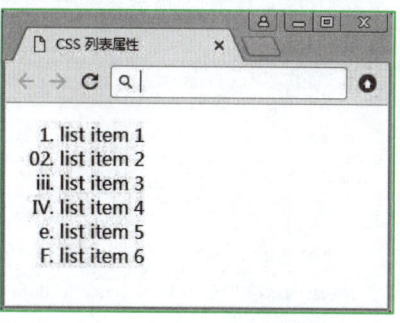

图 12-2

12.3 列表项位置（list-style-position）

在列表中，列表项中的文本总是紧跟在列表项标志之后出现，但是如果列表项中的文本较多以至于超过一行时，情况会有所不同。默认情况下，换行的文本会与第一行文本位置对齐，即所有的文本都缩进在列表项标志之后，如图 12-3 所示。

除了使用默认设置，还可以使用 list-style-position 属性来设置列表项标志的位置，即设置在何

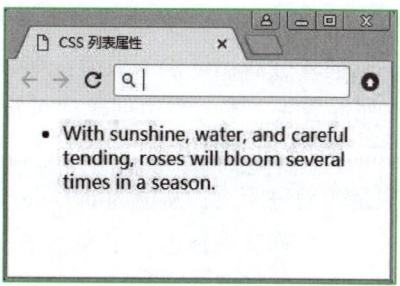

图 12-3

处放置列表项标志。该属性可能的取值见表 12-4。

表 12-4　list-style-position 属性的取值

值	说　　明
inside	列表项目标志放置在文本以内，且环绕文本根据标志对齐
outside	保持标志位于文本的左侧，放置在文本以外，且环绕文本不根据标志对齐，为默认值
inherit	规定应该从父元素继承 list-style-position 属性的值

只要是有列表项标志的元素都可以使用 list-style-position 属性，即该属性既可以用在有序列表，也可以用在无序列表。例如，定义如下样式规则（为了便于阅读，定义了列表项之间的外边距）：

```
li.outside    {
    list-style-position:outside;
    margin-top:3px;}
li.inside    {
    list-style-position:inside;
    margin-top:3px;}
```

并在页面主体中添加如下代码：

```
<ul>
    <li>With sunshine, water, and careful tending, roses will bloom several times in a season. </li>
    <li class="inside">A versatile flower, and sending daisies is always a pleasant way to make a lasting impression. </li>
</ul>
<ol>
    <li>With sunshine, water, and careful tending, roses will bloom several times in a season. </li>
    <li class="inside">A versatile flower, and sending daisies is always a pleasant way to make a lasting impression. </li>
</ol>
```

图 12-4 给出了上述样式规则在浏览器中的显示效果。

由图 12-4 可以看出，即使设置了 list-style-position 属性为不同的值，也只有当列表项中的文本超过一行时才会看出区别。值为 outside 的 list-style-position 属性会在文本的左边创建项目符号。而 list-style-position 属性的值如果为 inside，列表项的起始位置会有一定的缩进距离，从值为 outside 时的列表项的内容处开始，且列表项标志位于文本中，而不是单独位于一边。

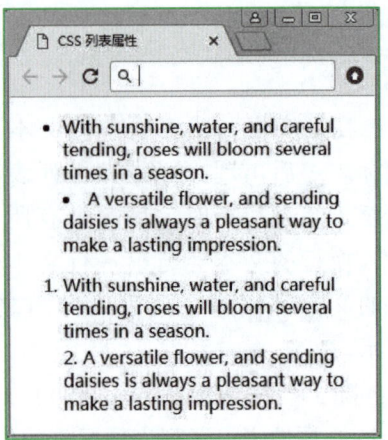

图 12-4

12.4 列表项图像(list-style-image)

虽然使用 list-style-type 属性可以控制列表项的标志,但是该属性只能设置常规标志,如圆形或者数字等。如果需要为页面添加更吸引人的效果,可能会希望为列表项添加图像作为标志。这时,需要使用 list-style-image 属性。

list-style-image 属性使用图像来替换列表项的标志,它可以指定图像作为一个有序或无序列表项的标志。如果需要控制图像相对于列表项内容的放置位置,则可以使用 list-style-position 属性。该属性可能的取值见表 12-5。

表 12-5　list-style-image 属性的取值

值	说　　明
URL	图像的路径
none	无图形被显示,为默认值
inherit	规定应该从父元素继承 list-style-image 属性的值

对于图 12-4 中的页面,修改样式规则如下:

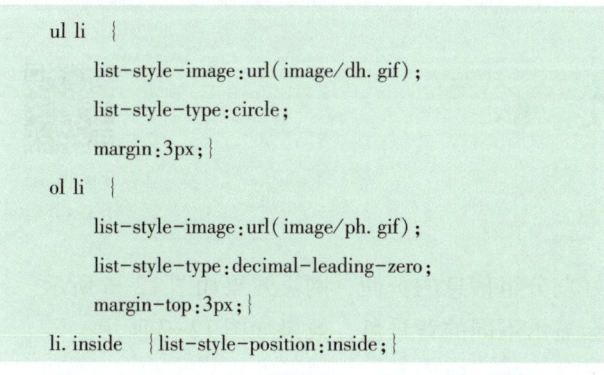

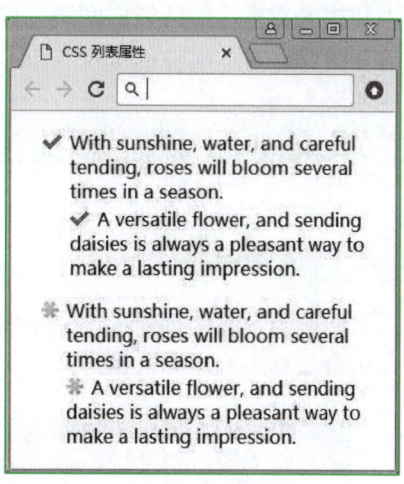

图 12-5

图 12-5 给出了上述样式规则在浏览器中的显示效果。

由图 12-5 可见,可以使用 list-style-image 属性来指定图像作为有序或无序列表项的标志,还可以使用 list-style-position 属性控制图像放置的位置。如果图像无法显示,将显示样式中定义的常用标志。

12.5 组合设置

微课视频 059
组合设置

组合设置是指可以使用 list-style 属性在一个声明中设置所有的列表属性。list-style 属性是一个简写属性,涵盖了所有其他列表样式属性。可以将列表的 3 个样式属性合并为一个方便的属性赋值给 list-style 属性,且多个属性值之间用空格隔开。

建议按照如下顺序设置属性：
- list-style-type
- list-style-image
- list-style-position

例如，可以这样定义：

```
li    {list-style : circle url( image/dh. gif) inside;}
```

事实上，list-style 属性中的值可以按任何顺序列出，而且这些值都可以忽略。只要提供了一个值，其他的就会填入其默认值。

12.6　marker-offset 属性

由前面的示例可以看出，无论是使用普通的列表项标志，还是使用图像作为标志，标志和相关的文本之间具有一定的距离，这个间距由浏览器计算后设置。除了使用默认设置，还可以使用 marker-offset 属性来指定列表项标志和文本之间的距离。

marker-offset 属性的默认值为 auto，即由浏览器自动设置间距。如果需要定制列表项标志和相关文本之间的空白间距，则需要为 marker-offset 属性设置一个长度。遗憾的是，目前各浏览器对该属性的支持有限。

12.7　案例：CSS 列表属性

微课视频 060

案例：CSS 列表属性

12.7.1　案例描述

本实例中，需要创建一个显示所有好友分组信息的页面，网页效果如图 12-6 所示。当鼠标悬停其中某分组项的时候，会显示不同的背景色，效果如图 12-7 所示。

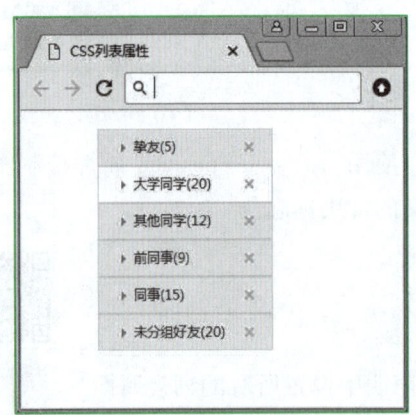

图 12-6

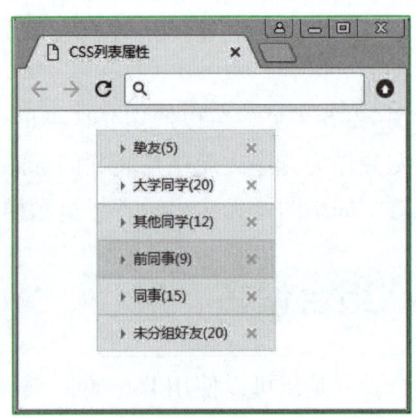

图 12-7

该页面效果的详细要求如下：

- 共显示6个好友分组，每个分组先显示一个右三角图像作为前导图标，然后显示组名，最后显示一个表示删除功能的图像。
- 每个分组需要有背景色和外边框。
- 当前显示的好友分组需要修改背景色以高亮显示，如图12-6中的第二项"大学同学"所示。
- 当鼠标悬停在其他分组上时，需要修改背景色以突出显示，如图12-7中的第四项"前同事"所示。

该页面需要使用的图像文件如图12-8所示。

图 12-8

12.7.2 案例分析

实现上述案例的步骤如下：

（1）新建一个纯文本文件，并修改扩展名为.htm或者.html，并创建文档的结构（版本信息、头部信息和主体元素等）。

（2）创建外部样式表文件MyStyleSheet.css，用来添加样式规则以控制页面的外观。

（3）为列表元素li添加样式，定义边框、边距、背景色、尺寸、行高，并设置del.gif为背景图像，且设置yousanjiao.gif图像作为列表项的图像替代列表项标志。

（4）为列表项中的链接a定义样式，去掉下画线，并设置文本颜色和字体大小。

（5）设置当鼠标悬停到li上时，li元素的背景色以及当前li项的背景色。

（6）在浏览器中测试页面效果。

12.7.3 案例实现

（X）HTML文档的代码如下：

```
<!DOCTYPE html>
<html>
    <head>
        <title>CSS 列表属性</title>
        <link href="MyStyleSheet.css" type="text/css" rel="Stylesheet" />
    </head>
    <body>
        <ul>
            <li><a href="#">挚友(5)</a></li>
            <li class="current"><a href="#">大学同学(20)</a></li>
            <li><a href="#">其他同学(12)</a></li>
            <li><a href="#">前同事(9)</a></li>
            <li><a href="#">同事(15)</a></li>
            <li><a href="#">未分组好友(20)</a></li>
        </ul>
```

```
        </body>
</html>
```

外部样式表 MyStyleSheet.css 文件中的代码如下：

```
li      {
        border: #e4e4e4 1px solid;
        padding:3px 5px 2px 20px;
        margin: 0px 0px 0px 20px;
        background-color: #f4f4f4;
        background-image: url(image/del.gif) no-repeat;
        background-position:90% 50%;
        line-height: 19px;
        width: 129px;
        height: 25px;
        list-style:none url(image/yousanjiao.gif) inside;}
li>a    {
        text-decoration:none;
        color: #369;
        font-size: 12px;}
li:hover     {background-color:#e4ebf2;}
li.current   {background-color:#fafafa;}
```

需要注意的是，在这个案例中，将最右边的 del.gif 图像做成了背景图像，这样是不允许为其添加单击事件以实现删除功能的。如果需要为图像添加单击事件以实现代码编程，则需要更换实现方式。

12.8 本章小结

当需要概括页面的内容时，会经常使用列表。可以使用(X)HTML 代码创建各种列表，如无序列表和有序列表，还可以使用 CSS 的列表属性来控制列表的外观。

本章介绍了如何使用 CSS 的列表属性来控制列表的外观。可以使用 list-style-type 属性来定义列表项标志，或者使用 list-style-position 属性来定义列表项标志的位置，还可以使用 list-style-image 属性来定义图像标志（这是一个很有用的属性）。如果分别设置列表的各种属性太过麻烦，还可以使用 list-style 简写属性来进行组合设置。CSS 规范还定义了 marker-offset 属性来设置列表项标志和相关文本之间的距离，只是目前各浏览器对其支持有限，使用时须谨慎。

需要注意的是，列表除了可以使用本章中介绍的与列表相关的样式属性，还可以使用前面章节中介绍的其他 CSS 的列表属性，如背景色、边框和间距等。结合这些 CSS 属性，即可创建出有足够吸引力的页面。

第13章 表格样式

 本章重点

第6章中已经介绍了表格。可以使用(X)HTML标记创建表格，也可以使用表格嵌套创建复杂的结构。对于表格而言，它可以使用前面章节中讲述的很多CSS样式（如背景色、边框和字体等），除此之外，还有一些专属于表格的CSS样式属性。

本章将学习如何使用仅与表格相关的CSS样式规则控制表格的外观，包括设置表格边框的合并、边框的间距、表格标题的位置、空白单元格的设置以及显示规则。有如下重点：

（1）使用CSS样式设置表格边框的合并和边框的间距。
（2）使用CSS样式设置表格标题的位置。
（3）使用CSS样式设置单元格为空时的边框显示。
（4）设置表格的显示规则。

虽然使用表格标记的某些属性（比如<table>元素的border属性）也可以设置表格的外观，但是这些(X)HTML标记的功能是十分有限的，而且为了提高页面的可维护性，依然建议使用CSS样式属性来控制表格的外观。

 本章资源

1. 文本　第13章　章节设计
2. 图片　第13章　示例图片
3. PPT　第13章　表格样式
4. 微课视频061　表格常用属性
5. 微课视频062　表格特有属性
6. 微课视频063　案例：CSS表格属性
7. 案例源代码　chapter_13_code

13.1　CSS 表格属性

在前面章节中，某些示例对表格使用了 CSS。通常用于 \<table\>、\<td\> 和 \<th\> 元素的 CSS 样式属性有如下几种。

微课视频 061
表格常用属性

- padding 属性：设置单元格的边框和单元格内容之间的空白间距。
- border 属性：设置表格的边框。
- 文本格式化的相关属性：如 font-size、color 和 font-family 等。
- width 属性：设置表或者单元格的宽度。
- height 属性：设置单元格的高度。
- background 属性：设置表格或者单元格的背景颜色或者背景图像。
- text-align 属性：设置单元格中内容的水平对齐方式。
- vertical-align 属性：设置单元格中内容的垂直对齐方式。

这些属性中，除了 vertical-align 属性，其他属性在前面章节中都有详细讲述，这里只单独讲解 vertical-align 属性的用法，其他属性则通过示例来展示它们对于表格外观的影响。

13.1.1　垂直方向对齐（vertical-align）

vertical-align 属性用于设置元素的垂直对齐方式，当操作内联元素时（比如图像或者普通文本），该属性非常有用。该属性定义行内元素的基线相对于该元素所在行的基线的垂直对齐，在表单元格中，这个属性会设置单元格框中的单元格内容的对齐方式。

vertical-align 属性可能的取值有很多，但是该属性在用于表格单元格中的内容垂直对齐方式时可取的值见表 13-1。

表 13-1　vertical-align 属性的取值

值	说　　明
top	把元素的顶端与行中最高元素的顶端对齐
middle	把此元素放置在父元素的中部
bottom	把元素的底端与行中最低的元素的底端对齐

例如，定义如下样式规则：

```
.top     {vertical-align:top;}
.middle  {vertical-align:middle;}
.bottom  {vertical-align:bottom;}
td       {width:200px;height:80px;border:1px solid red;}
```

然后，在页面的主体中添加如下代码：

```
<table>
    <tr>
        <td>some text</td>
        <td class="top">some text</td>
    </tr>
    <tr>
        <td class="middle">some text</td>
        <td class="bottom">some text</td>
    </tr>
</table>
```

上述代码在浏览器中的显示效果如图 13-1 所示。

表格单元格中内容的垂直对齐方式的默认值为 middle，因此，图 13-1 中表格的第一列的两个单元格中的文本都是垂直居中显示；而设置了 top 值和 bottom 值以后，可以设置单元格中内容位于单元格顶部或者底部显示。另外，默认情况下，单元格中的文本在水平方向上居左显示，可以使用 text-align 属性来修改其水平对齐方式。

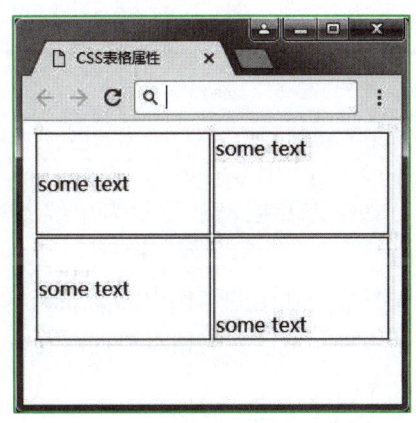

图 13-1

13.1.2 使用其他 CSS 样式属性

上一个示例中，除了使用了 vertical-align 属性，也使用了 width 属性、height 属性设置单元格的大小，还使用了 border 属性设置单元格的边框。下面试着使用其他常用属性来控制表格的外观。

1. border 属性

可以使用 border 属性为表格设置边框。例如，这样定义样式规则：

```
table,tr{
    border:1px solid gray;
    width:300px;
    height:100px;}
```

图 13-2 给出了上述样式规则在浏览器中的显示效果。

由图 13-2 可以看出，设置 <table> 元素的边框，只显示表格的外边框，但是表中的所有单元格并不会继承这个属性，因此并不会显示表格中行与列之间的边框；而对 <tr> 元素设置边框属性无效。如果需要显示每行每列之间的边框，则需要对单元格设置边框。针对图 13-2 的例子，添加样式代码如下：

```
td      {border:1px solid red;}
```

图 13-3 给出了上述样式规则在浏览器中的显示效果。

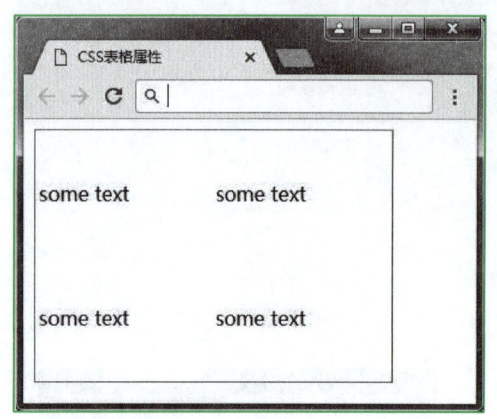

图 13-2

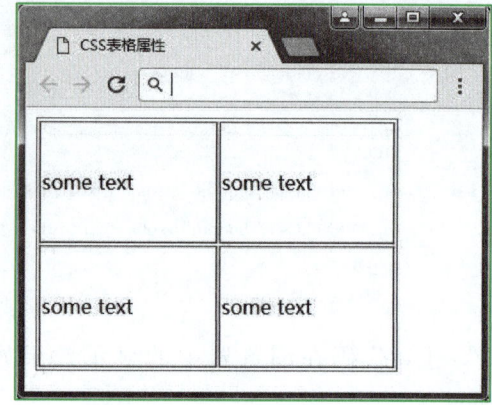

图 13-3

图 13-3 中的表格具有双线条边框，这是由于 <table> 和 <td> 元素都有独立的边框。如果需要把表格显示为单线条边框，则需要使用 13.2 节中讲述的 border-collapse 属性。

另外，在这些示例中都为表格 <table> 元素或者单元格设置了 width 属性控制宽度。如果不控制宽度，表格将根据需要来占据尽可能多的空间，以便于在一行中显示尽可能多的文本。

2. 边距属性

除了可以使用 text-align 属性控制单元格内文本的水平对齐方式，或者使用 vertical-align 属性控制单元格内文本的垂直对齐以外，还可以使用 padding 属性控制表格中内容与边框的距离。例如，这样定义样式规则：

```
table,tr {
    border:1px solid gray;
    width:300px;
    height:100px;}
td      {border:1px solid red;}
td.align {
    text-align:center;
    vertical-align:middle;}
td.padding    {padding-left:10px;}
```

然后，在页面的主体中添加如下代码：

```
<table>
    <tr>
        <td class="padding">设置了 padding 属性</td>
        <td>第 1 行第 2 列</td>
```

```
        </tr>
        <tr>
            <td class="align">设置了对齐属性</td>
            <td>第 2 行第 2 列</td>
        </tr>
</table>
```

上述代码在浏览器中的显示效果如图 13-4 所示。

如果对于单元格同时设置了文本对齐属性和 padding 属性，则会显示二者叠加的效果，即在对齐的基础上再添加内边距。这会让页面变得复杂，因此尽量不要如此设置。

3. 背景和文本属性

可以使用 background 属性设置表格或者单元格的背景色以及背景图像，还可以使用文本格式化相关的样式属性来定义表格中的文本。

图 13-4

需要注意的是，除了 background-color 属性和 height 属性之外，最好避免将这些属性用于 <tr> 元素。因为这些属性用于表行时，浏览器对它们的支持有限。

13.1.3 表格特有的属性

除了上一节中讲述的那些属性以外，还有一些属性是只与表格相关的。这些仅与表格相关的样式属性可以极大地改善表格的外观，见表 13-2。

微课视频 062
表格特有属性

表 13-2 表格特有的 CSS 属性

名 称	说 明
border-collapse	设置是否把表格边框合并为单一的边框
border-spacing	设置分隔单元格边框的距离
caption-side	设置表格标题的位置
empty-cells	设置是否显示表格中的空单元格
table-layout	设置显示单元、行和列的算法

下面将分别讲述这些表格属性的用法。

13.2 边框合并（border-collapse）

在前面的示例中不难发现，如果设置了单元格的边框，相邻单元格的边框会单独显示，类似于双线边框（见图 13-1 和图 13-3）。如果需要合并相邻的边框，则可以使用 border-collapse 属性。该属性设置是否将表格边框折叠为单一边框，即是否被合并为一个单一的边框，还是像在标准的 HTML 中那样分开显示。

border-collapse 属性可能的取值见表 13-3。

表 13-3　border-collapse 属性的取值

值	说　　明
separate	边框会被分开，为默认值，且不会忽略 border-spacing 和 empty-cells 属性
collapse	边框会合并为一个单一的边框，并且会忽略 border-spacing 和 empty-cells 属性
inherit	规定应该从父元素继承 border-collapse 属性的值

border-collapse 属性的值如果设置为 separate 值或者不设置，浏览器会独立显示每一个单元格的边框，即使两个相邻单元格具有不同类型的边框。因为每个单元格都显示独立的边框，因此也可以使用 border-spacing 属性和 empty-cells 属性对表格进行进一步的外观控制。

border-collapse 属性的值如果设置为 collapse 值，则会对边框进行合并，即会基于一组内置的复杂规则来决定显示哪一个边框。一般情况下，浏览器会对边框进行折叠。也正是因为相邻单元格的边框被合并，则不能再使用 border-spacing 属性和 empty-cells 属性对表格进行进一步的外观控制。例如，定义如下样式规则：

```
table          {border:2px dotted black;}
td             {width:200px;height:50px;}
table.separate {border-collapse:separate;}
table.collapse {border-collapse:collapse;}
td.solid       {border:3px solid silver;}
td.dashed      {border:3px dashed gray;}
```

然后，在页面的主体中添加如下代码：

```
border-collapse:separate
<table class="separate">
    <tr>
        <td class="solid">第 1 行第 1 列</td>
        <td class="dashed">第 1 行第 2 列</td>
    </tr>
</table>
<br />
```

```
border-collapse:collapse
<table class="collapse">
    <tr>
        <td class="solid">第 1 行第 1 列</td>
        <td class="dashed">第 1 行第 2 列</td>
    </tr>
</table>
```

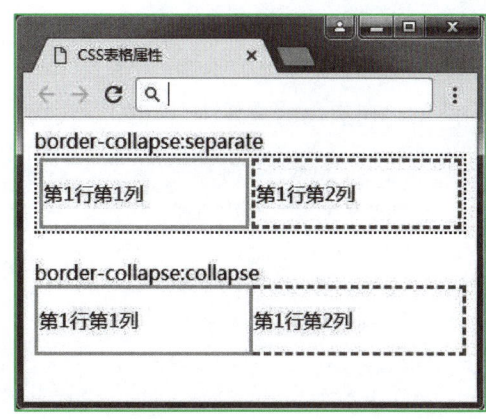

上述代码在浏览器中的显示效果如图 13-5 所示。

为了更好地查看效果，图 13-5 中的相邻单元格使用了不同样式的边框。

图 13-5

图 13-5 中的第 1 个表格的 border-collapse 属性使用了 separate 值，则表格的边框、各单元格的边框都独立显示，即使相邻的单元格的边框样式不同。第 2 个表格的 border-collapse 属性使用了 collapse 值，相邻的边框则会发生合并，边框会互相折叠。由图可见，实线边框的优先级高于虚线边框。

13.3 边框间距（border-spacing）

由前面的示例不难发现，在表格中的单元格之间存在一定的间距，如果希望控制这个间距，则可以使用 border-spacing 属性。该属性设置相邻单元格的边框间的距离，但是仅限于分隔单元格边框，即 border-collapse 属性为 separate 值的情况下，也称为边框分离模式。

border-spacing 属性的值可以是长度单位或者单词 inherit。如果设置为长度，则可以使用 px、cm 等单位，但是不允许使用负值；如果设置为 inherit 值，表示规定应该从父元素继承 border-spacing 属性的值。

设置 border-spacing 属性的值为长度值时，可以为该属性指定一个或者两个值。如果指定一个值，则该值同时应用于水平和垂直间距；如果指定两个值，那么第一个值指定水平间距，第二个值指定垂直间距，且两个值之间用空格隔开。例如，定义如下样式规则：

```
table    {border:2px dotted gray;}
td       {
         background-color:#f0f0f0;
         width:200px;
         height:50px;
         border-collapse:separate;
         border:1px solid black;}
```

```
table.singleSpacing    {border-spacing:5px;}
table.doubleSpacing    {border-spacing:10px 20px;}
```

然后，在页面的主体中添加如下代码：

```html
<table class="singleSpacing">
    <caption>设置一个值</caption>
    <tr>
        <td>第 1 行第 1 列</td>
        <td>第 1 行第 2 列</td>
    </tr>
    <tr>
        <td>第 2 行第 1 列</td>
        <td>第 2 行第 2 列</td>
    </tr>
</table>
<br />
<table class="doubleSpacing">
    <caption>设置两个值</caption>
    <tr>
        <td>第 1 行第 1 列</td>
        <td>第 1 行第 2 列</td>
    </tr>
    <tr>
        <td>第 2 行第 1 列</td>
        <td>第 2 行第 2 列</td>
    </tr>
</table>
```

上述代码在浏览器中的显示效果如图 13-6 所示。

由图 13-6 可以看出，第 1 个表的 border-spacing 属性只设置了一个值 5 px，则单元格边框之间的垂直和水平间隔均为 5 像素；而第 2 个表的 border-spacing 属性设置了两个值，则单元格边框之间的水平间距为 10 像素，而垂直间距较大，为 20 像素。

需要注意的是，为了尽量能够在各浏览器中得到一致的显示效果，最好为 <table> 元素设置 border-spacing 属性，而不是单元格等其他元素。

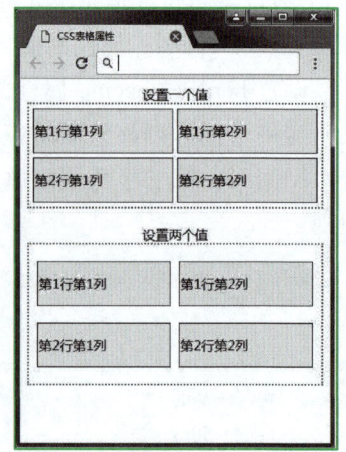

图 13-6

13.4 空单元格设置（empty-cells）

表格中的单元格可能不会包含任何内容，如果需要设置是否显示表格中的空单元格的边框，则可以使用 empty-cells 属性（当然仅限于分离边框模式下）。

empty-cells 属性定义了不包含任何内容的表单元格如何表示。该属性可能的取值见表 13-4。

表 13-4 empty-cells 属性的取值

值	说明
hide	不在空单元格周围绘制边框，即隐藏空单元格的边框（在 IE 浏览器中该值是默认值）
show	即使单元格为空，也在单元格周围绘制边框（在 Firefox 浏览器中该值是默认值）
inherit	规定应该从父元素继承 empty-cells 属性的值

如果设置 empty-cells 属性的值为 show，即设置为显示，就会绘制出单元格的边框和背景；如果 border-collapse 属性的值不是值 separate，则将忽略这个属性。例如，定义如下样式规则：

```
td       {
    background-color:#f0f0f0;
    width:200px;
    height:50px;
    border-collapse:separate;
    border:1px solid black;}
td.hide  {empty-cells:hide;}
td.show  {empty-cells:show;}
```

然后，在页面的主体中添加如下代码：

```
<table>
    <tr>
        <td>第 1 行第 1 列</td>
        <td class="hide"></td>
    </tr>
    <tr>
        <td class="show"></td>
        <td>第 2 行第 2 列</td>
    </tr>
</table>
```

上述代码在浏览器中的显示效果如图 13-7 所示。

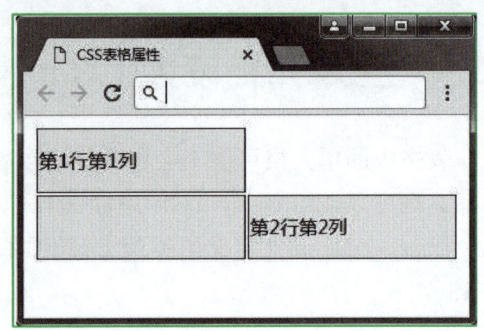

图 13-7

由图 13-7 可以看出，如果设置单元格的 empty-cells 属性的值为 hide，则不会显示边框和背景色（见第 1 行第 2 列的单元格）；如果设置单元格的 empty-cells 属性的值为 show，则会显示单元格的边框和背景色（见第 2 行第 1 列的单元格）。

13.5 标题位置（caption-side）

查看前面示例中的图 13-6 可以发现，表格标题在默认情况下显示在表格顶部，且文本居中对齐。如果希望修改表格标题的放置位置，可以使用 caption-side 属性。

caption-side 属性设置表格标题的位置，用于指定表标题相对于表框的放置位置。该属性可能的取值见表 13-5。

表 13-5　caption-side 属性的取值

值	说明
top	把表格标题定位在表格之上，为默认值
bottom	把表格标题定位在表格之下
left	把表格标题定位在表格的左边
right	把表格标题定位在表格的右边
inherit	规定应该从父元素继承 caption-side 属性的值

13.6 显示规则（table-layout）

table-layout 属性用来帮助浏览器如何显示或者布局一张表，即用来设置显示表格单元格、行、列的算法规则。table-layout 属性可能的取值见表 13-6。

其中，如果设置 table-layout 属性的值为 auto，称为自动表格布局，浏览器在显示表之前查看每一个单元格，然后基于所有单元格的设置计算表的大小，而列的宽度是由列单元格中没有折行的最宽的内容设定的。在第 6 章讲解表格时曾提到，在默认情况下单元格的大小会适应内容的大小，这正是因为使用了自动布局的原因。

表 13-6　table-layout 属性的取值

值	说明
auto	列宽度由单元格内容设定，为默认值
fixed	列宽由表格宽度和列宽度设定
inherit	规定应该从父元素继承 table-layout 属性的值

自动表格布局的算法在表格复杂时会比较慢,这是由于它需要在确定最终的布局之前访问表格中所有的内容。如果不知道每一列的确定大小,这种方式会非常有用。

如果设置 table-layout 属性的值为 fixed,称为固定表格布局。在固定表格布局中,水平布局仅取决于表格宽度、列宽度、表格边框宽度、单元格间距,与单元格的内容无关。

固定表格布局与自动表格布局相比,允许浏览器更快地对表格进行布局。因为若指定使用固定表格布局,则浏览器在接收到第一行后就可以显示表格。如果表格庞大且已经指定了大小,则会加速表的显示。

需要注意的是,固定布局算法比较快,但是不太灵活,而自动算法比较慢,不过更能反映传统的 HTML 表。

13.7 案例:CSS 表格属性

13.7.1 案例描述

本实例中,需要创建一个显示所查询的机票信息的页面,网页效果如图 13-8 所示。

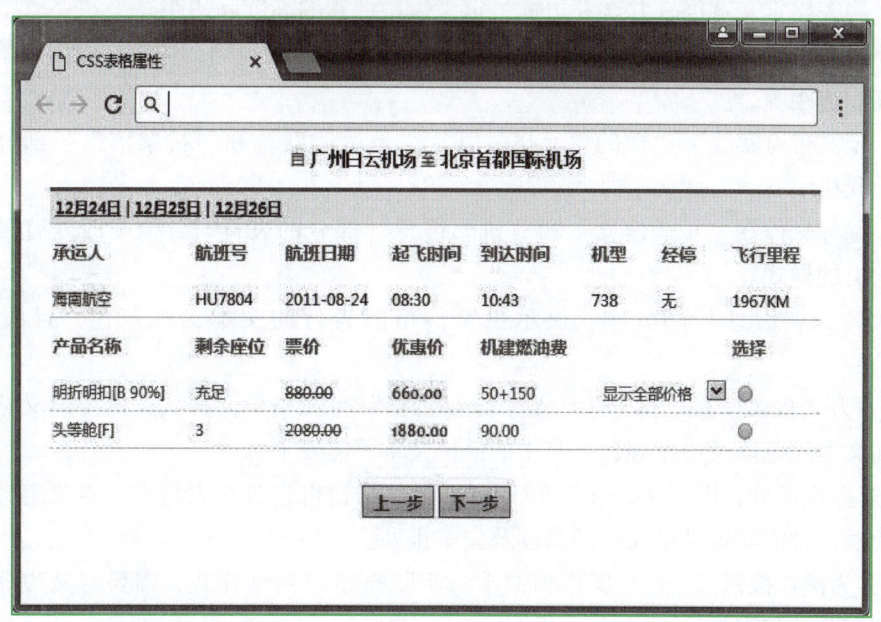

图 13-8

该页面需要使用的图像文件如图 13-9 所示(图(a)为"显示全部价格"后的图片按钮所用;图(b)为"上一步"和"下一步"按钮的背景图片)。

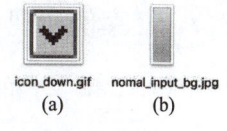

图 13-9

13.7.2 案例分析

实现上述案例的步骤如下：

（1）新建一个纯文本文件，并修改扩展名为.htm或者.html，并创建文档的结构（版本信息、头部信息和主体元素等）。

（2）分析图13-8所示的页面可以看出，页面显示的信息主要分为5部分：标题信息（用于显示航班的出发地与目的地）、日期部分（用于查看不同日期的机票信息）、承运信息（分为标题部分和具体信息）、机票信息部分（也分为标题和不同的机票信息）、操作部分（"上一步"和"下一步"按钮）。

（3）因为"承运信息"和"机票信息"有大量文本纵向对齐的效果，因此使用表格来组织页面数据；"标题信息"可以作为表格的标题；"日期部分"作为表格的题头；"操作部分"也可以作为表格的行存在。

（4）创建外部样式表文件MyStyleSheet.css，以用来添加样式规则来控制页面的外观。

（5）为此样式表文件添加样式规则设置页面的字体样式和大小，而图13-8的页面中有些文本为红色，有些文本为粗体显示，分别为其定义样式规则。

（6）为表格定义宽度，并合并边框，定义表格标题的高度和边距。

（7）使用<th>元素定义"日期部分"，并为其定义样式规则，主要是设置背景色、边框、行高和边距等。

（8）定义带有实线下边框的单元格，以及"承运信息"和"机票信息"部分的标题行及其单元格。

（9）鼠标悬停在"承运信息"和"机票信息"部分的表行时，需要改变背景色，设置状态伪类的样式。

（10）"机票信息"部分中，显示机票价格的表行的文本为浅灰色，且底边框为虚线。

（11）为"机票信息"部分中"显示全部价格"单元格定义样式，需要定义宽度、背景图像和文本颜色以及边距等，且其中的链接文本不需要下画线。

（12）操作部分，即"上一步"和"下一步"按钮也包含在表行中，需要定义单元格没有底边框，且需要定义单元格的高度及文本排列。

（13）为操作按钮（"上一步"和"下一步"按钮）定义样式，需要定义边框、背景图像、文本颜色和边距等。

（14）在浏览器中测试页面效果。

13.7.3 案例实现

（X）HTML文档的代码如下：

```
<!DOCTYPE html>
<html>
```

```html
<head>
    <title>CSS 表格属性</title>
    <link href="MyStyleSheet.css" type="text/css" rel="Stylesheet" />
</head>
<body>
    <table>
        <caption>
            <span class="red">自</span>
            <span class="font_black14">广州白云机场</span>
            <span class="red">至</span>
            <span class="font_black14">北京首都国际机场</span>
        </caption>
        <tr>
            <th colspan="8"><a href="#">12月24日</a> | <a href="#">12月25日</a> | <a href="#">12月26日</a></th>
        </tr>
        <tr class="header">
            <td>承运人</td>
            <td>航班号</td>
            <td>航班日期</td>
            <td>起飞时间</td>
            <td>到达时间</td>
            <td>机型</td>
            <td>经停</td>
            <td>飞行里程</td>
        </tr>
        <tr class="flyContent">
            <td class="red">海南航空</td>
            <td>HU7804</td>
            <td>2011-08-24</td>
            <td>08:30</td>
            <td>10:43</td>
            <td>738</td>
            <td>无</td>
            <td>1967KM</td>
        </tr>
        <tr class="header">
            <td>产品名称</td>
            <td>剩余座位</td>
            <td>票价</td>
            <td>优惠价</td>
```

```html
                <td>机建燃油费</td>
                <td colspan="2"> </td>
                <td>选择</td>
            </tr>
            <tr class="priceContent" title="产品描述:明折明扣    使用规定:1.退票收取....">
                <td>明折明扣[B 90%]</td>
                <td>充足</td>
                <td><del>880.00</del></td>
                <td><span class="font_red14boldcandara">660.00</span></td>
                <td>50+150</td>
                <td colspan="2" class="showAllPrice"><a href="#">显示全部价格</a></td>
                <td><input type="radio" /></td>
            </tr>
            <tr class="priceContent" title="头等舱:明折明扣    使用规定:1.退票收取....">
                <td>头等舱[F]</td>
                <td>3</td>
                <td><del>2080.00</del></td>
                <td><span class="font_red14boldcandara">1880.00</span></td>
                <td>90.00</td>
                <td colspan="2"></td>
                <td><input type="radio" /></td>
            </tr>
            <tr class="update">
                <td colspan="8">
                    <input type="button" class="submitButton" id="Button1" value="上一步"/>
                    <input type="button" class="submitButton" id="Button2" value="下一步"/>
                </td>
            </tr>
        </table>
    </body>
</html>
```

外部样式表 MyStyleSheet.css 文件中的代码如下:

```css
body {
    font-family:"microsoft yahei", arial, "宋体";
    font-size:12px;
    padding-left:15px;}
.red     {color:Red;}
.font_black14 {
    font-family:"宋体";
    font-size:14px;
    font-weight:700;
```

```css
    color: #232222;}
.font_red14boldcandara  {
    font-family: "Candara","Arial","宋体";
    font-size: 14px;
    font-weight: 700;
    color:Red;}
table  {
    border-collapse:collapse;
    width:96%;}
caption  {height:30px;padding-top:5px;}
th  {
    background-color: #ffffff;
    border-bottom: #d3d3d3 1px solid;
    background-color: #f1f1f1;
    border-top:3px #e4484e solid;
    text-align: left;
    line-height: 22px;
    padding-left: 4px;
    height: 22px;}
td  {
    height:25px;
     padding-left:2px;
     border-bottom: #d3d3d3 1px solid;}
tr.header  {
    color: #777777;
    font-size: 14px;
    font-weight: 700;}
tr.header td  {
    border-bottom-style:none;
    height:40px;}
tr.flyContent:hover  {
    background-color:#ffeedd;}
tr.priceContent:hover  {
    background-color:#ffeedd;}
tr.priceContent td  {
    color:#636363;
    border-bottom:1px dashed #D6D3D6;}
td.showAllPrice  {
    width:60px;
    text-align:right;
    padding-right:30px;
```

```css
        background: url(image/icon_down.gif) no-repeat 98% 2px;
        color: #777777;}
    td.showAllPrice>a  {
        text-decoration:none;
        color:#636363;}
    tr.update td   {
        border-bottom-style:none;
        height:50px;
        vertical-align:bottom;
        text-align:center;}
    .submitButton   {
        border: #e84343 1px solid;
        background: url(image/nomal_input_bg.jpg) repeat-x 50% bottom;
        color: #c00;
        padding-left: 8px;
        padding-right: 8px;
        height: 24px;
        font-weight: bold;
        padding-top: 1px;}
```

13.8　本章小结

　　虽然在第 6 章中已经介绍了如何创建表格，但是对于如何设置表格的外观而言，仅靠 (X)HTML 显然是不够的。本章介绍了如何使用常用的 CSS 属性来设置表格的样式，例如可以设置表格的背景色、背景图像、边框、边距、大小和文本格式。

　　除了使用这些常见的样式属性来美化表格之外，还可以使用一些表格所特有的样式属性来设置表格。表格特有的样式属性中最常用的就是 border-collapse 属性。该属性用于设置边框的合并，如果需要设置边框之间的间距，则可以使用 border-spacing 属性。除此之外，可以使用 empty-cells 属性设置空单元格的样式，还可以使用 caption-side 属性设置表格标题的位置。尽管表格的功能十分强大，但是它们在浏览器中显示起来可能非常慢。主要是因为浏览器必须先计算表格的宽度和高度，然后才开始显示单元格。因此，对于复杂的大型表格，可以使用 table-layout 属性来设置表格的显示规则，以尽量减少浏览器的计算量，从而使得表格尽快地显示出来。

第14章 定位与显示

 本章重点

前面已经介绍了在 CSS 中如何使用框表示每个元素的内容，还可以使用 CSS 的样式属性设置框及其外观。但是到目前为止，还不能灵活设置这些元素框的位置和显示方式，本章将讲述如何使用 CSS 的定位属性控制元素框在页面中的位置，还可以设置这些元素框的显示方式，比如是否可见，光标形式以及透明度等。有如下重点：

（1）网页中的定位机制。
（2）使用 CSS 样式实现不同定位方式下的元素定位。
（3）使用浮动属性定制页面外观。
（4）设置元素的显示方式。

 本章资源

1. 文本　第 14 章　章节设计
2. 图片　第 14 章　示例图片
3. PPT　第 14 章　定位与显示
4. 微课视频 064　定位概述
5. 微课视频 065　相对定位
6. 微课视频 066　绝对定位
7. 微课视频 067　固定定位
8. 微课视频 068　溢出与垂直对齐
9. 微课视频 069　浮动定位
10. 微课视频 070　display 属性
11. 微课视频 071　其他显示相关属性
12. 微课视频 072　案例：CSS 定位与显示
13. 案例源代码　chapter_14_code

14.1 定位概述

在 CSS 出现之前，通常使用表格精确地控制页面中内容的位置，而且内容以普通的流方式呈现，即内容按照它们在(X)HTML 文档中出现的顺序显示。但是，通过使用 CSS 的定位属性，即使不用表格，也可以实现页面的精确布局，还可以让信息显示的顺序与它们在(X)HTML 文档中出现的顺序不同。

虽然目前依然可以看到很多使用表格定位元素的页面，但是使用 CSS 进行定位的趋势将越来越强烈，因为它可以使页面的内容有更好的可重用性，实现页面和布局的真正分离。这是因为一旦页面的布局过多地依赖表格，则通常页面将仅限于显示在最初为其设计的媒体上。随着更多具有不同功能的设备访问 Internet，则可能更多地使用 CSS 来实现定位。

14.1.1 定位机制

CSS 为定位提供了一些属性，利用这些属性，可以建立列式布局，还可以将布局的一部分与另一部分重叠，这样可以完成多年来通常需要使用多个表格才能完成的任务。

定位的基本思想很简单，即可以定义元素框相对于其正常位置应该出现的位置，或者相对于父元素、另一个元素甚至浏览器窗口本身的位置。显然，这个功能非常强大，而且各浏览器对 CSS2 中定位的支持远胜于对其他方面的支持。

CSS 有 3 种基本的定位机制：普通流定位、浮动和绝对定位。CSS 所提供的用于定位的属性见表 14-1。

表 14-1 CSS 定位属性

属 性	说 明
position	规定元素的定位类型
偏移属性	top、bottom、left、right 属性，用于定义元素框的偏移位置
clip	剪裁绝对定位元素
z-index	设置元素的堆叠顺序
float	规定框是否应该浮动
clear	规定元素的哪一侧不允许其他浮动元素
vertical-align	设置元素的垂直对齐方式

其中，使用 position 属性和偏移属性可以实现普通流定位（包括相对定位）和绝对定位（包括固定定位）；使用 float 属性可以实现浮动定位。其他属性为辅助属性。

14.1.2 普通流定位

在默认情况下，通过使用称为普通流的方式在页面中布局元素。

在普通流中定位，元素的位置由元素在(X)HTML 中的位置决定。页面中的块级元素框从上到下一个接一个地排列，且每一个块级元素都会出现在一个新行中（比如 <p> 元素、<div> 元素），元素框之间的垂直距离是由框的垂直外边距计算出来的。

内联元素将在一行中从左到右排列水平布置，不需要从新行开始。可以使用水平内边距、边框和外边距调整它们的间距。但是，垂直内边距、边框和外边距不影响行内框的高度。由一行形成的水平框称为行框（Line Box），行框的高度总是足以容纳它所包含的所有行内框。不过，设置行高可以增加这个框的高度。

为了更好地理解普通流定位模式，定义如下样式规则：

```
p {
    height:70px;
    border:1px solid gray;
    margin-top:20px;
    padding-top:10px;}
div {
    height:70px;
    border:2px dashed black;
    margin-top:20px;
    padding-top:10px;}
b {
    height:50px;
    border:2px dotted red;
    margin-top:20px;
    padding-top:10px;}
```

然后在页面的主体中添加如下代码：

```
<div><u>This</u> is the <i>first</i> <b>block</b> element. </div>
<div><u>This</u> is the <i>second</i> <b>block</b> element. </div>
<p><u>This</u> is <i>paragraph</i> <b>one</b>. </p>
```

上述代码在浏览器中的显示效果如图 14-1 所示。

由图 14-1 可以看出，每个块级元素（段落和 <div> 元素）按照在(X)HTML 中书写的顺序逐一出现在一个不同的行中，而 <b>、<i> 和 <u> 这些内联元素则位于块级元素中的同一行，且按照从左到右的顺序出现。对于块级元素，可以设置边框、高度、宽度、外边距和内边距；而对于内联元素，即使设置高度和外边距，也没有实际效果，只能设置内边距（见 <b> 元素的显示效果）。

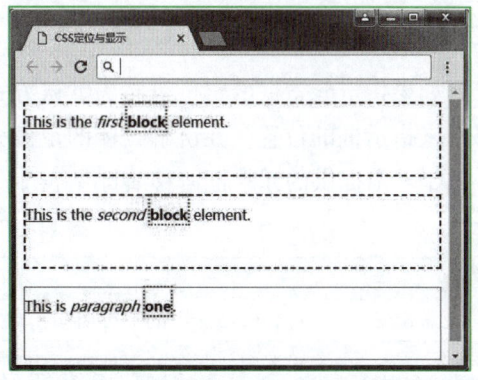

图 14-1

如果希望让元素的位置与在普通流位置中出现的位置不同，则需要使用定位属性来实现。使用 position 属性可以更改定位模式为相对定位、绝对定位和固定定位，还可以使用偏移属性来实现元素框位置的偏移；或者使用 float 属性来实现浮动定位。

14.1.3 position 属性

任何元素都可以定位,只是绝对或固定元素会生成一个块级框,而不论该元素本身是什么类型;相对定位元素会相对于它在正常流中的默认位置偏移。可以使用 position 属性指定元素的定位方式,该属性可能的取值见表 14-2。

表 14-2 position 属性的取值

值	说　　明
static	没有定位,元素出现在正常的流中,为默认值,即此功能与普通流相同
relative	生成相对定位的元素,元素框的位置相对于其在普通流中的位置有所偏移
absolute	生成绝对定位的元素,元素框被精确地定位在包含它的元素的位置中
fixed	生成绝对定位的元素,位置从一个固定的点开始计算。对于浏览器而言,这个点是浏览器窗口的左上角,因此是相对于浏览器窗口进行定位
inherit	规定应该从父元素继承 position 属性的值

通过使用 position 属性,可以选择 4 种不同类型的定位,这会影响元素框生成的方式。

position 属性取值为 static 时,元素框正常生成。块级元素生成一个矩形框,作为文档流的一部分,行内元素则会创建一个或多个行框,置于其父元素中。static 值为默认值,代表普通流定位模式,因此很少需要显式地指定该值。

如果指定 position 属性的值为 static,则不能使用偏移属性来修改元素框的位置,也不能使用 z-index 属性设置元素框的堆叠顺序。即使设置了这些属性,浏览器也会自动忽略它们(指 top、bottom、left、right 和 z-index)。

另外,static 值和相对定位(relative 值)都是普通流定位。相对定位之所以被看作普通流定位模型的一部分,是因为元素的位置是相对于它在普通流中的位置(详见 14.2.1 节)。

在后续的章节中将依次讲解这些值的用法。

14.1.4 偏移属性

如果指定元素框的定位机制为默认方式以外的其他方式,则经常需要使用元素框偏移属性来指示框的位置。在讲解具体的定位方式之前,先来查看这些用于偏移的属性。

CSS 中提供的元素框偏移属性见表 14-3。

表 14-3 CSS 偏移属性

属　　性	说　　明
top	设置定位元素的上外边距边界与其包含块上边界之间的偏移
bottom	设置定位元素的下外边距边界与其包含块下边界之间的偏移
right	设置定位元素的右外边距边界与其包含块右边界之间的偏移
left	设置定位元素的左外边距边界与其包含块左边界之间的偏移

需要注意的是,如果 position 属性的值为 static,那么设置这些偏移属性不会产生任何效果。这些属性可能的取值见表 14-4。

表 14-4 偏移属性的取值

值	说　　明
auto	通过浏览器计算偏移的位置，为默认值
长度	使用长度单位设置偏移量，如 px、cm 等单位，可使用负值
百分比	设置以包含元素的百分比计算偏移量，可使用负值
inherit	规定应该从父元素继承偏移属性的值

14.2　几种常用的定位

前面已经介绍过，CSS 有 3 种基本的定位机制：普通流定位、浮动和绝对定位。上一节已经讲解了普通流定位模式，而浮动将在下一节讲解。本节先讲解普通流定位中的相对定位，然后讲解两种绝对定位：绝对定位和固定定位。

14.2.1　相对定位

相对定位是一个非常容易掌握的概念。如果对一个元素进行相对定位，元素仍保持其未定位前的形状，它原本所占的空间仍保留，只是元素框会相对于它原来的位置偏移某个距离。通过设置垂直或水平位置，让这个元素相对于它的起点进行移动。

微课视频 065
相对定位

相对定位将元素相对于它在普通流中的位置进行定位，具体的位置由 14.1.4 节中介绍的偏移属性来设置。因此，如果需要设置元素为相对定位，则首先需要设置 position 属性的值为 relative，然后使用 left 属性或者 right 属性设置水平方向的偏移量；也可以使用 top 属性或者 bottom 属性设置垂直方向的偏移量。

1. 设置 top 属性和 left 属性

如果将 top 设置为 20 px，那么框将在原位置顶部下面 20 像素的地方；如果 left 设置为 30 像素，那么会在元素左边创建 30 像素的空间，也就是将元素向右移动。例如，定义如下样式规则：

```
div     {
    width:400px;
    height:100px;
    border:1px solid gray;}
span    {border:2px dashed black;}
.box_relative  {
    position: relative;
    left: 30px;
    top: 20px;}
```

然后，在页面的主体中添加如下代码：

```
<div>
    普通 div
    <span>内联元素 &lt;span&gt;</span>
    <span class="box_relative">内联元素 &lt;span&gt;</span>
</div>
<div class="box_relative">使用相对定位的 div</div>
```

上述代码在浏览器中的显示效果如图 14-2 所示。

由图 14-2 可以看出，设置了相对定位以后，第 2 个 <div> 元素相对于原来的位置（左边紧靠页面左边；顶部紧靠着上一个 <div> 元素的底部）向下偏移了 20 像素，向右偏移了 30 像素。

也可以设置内联元素为相对定位，如第 1 个 <div> 元素中的 <span> 元素。设置了相对定位以后，第 2 个 <span> 元素相对于原来的位置（左边紧靠上一个 <span> 元素的右边；顶部紧靠着父元素 <div> 元素的顶部）向下偏移了 20 像素，向右偏移了 30 像素。

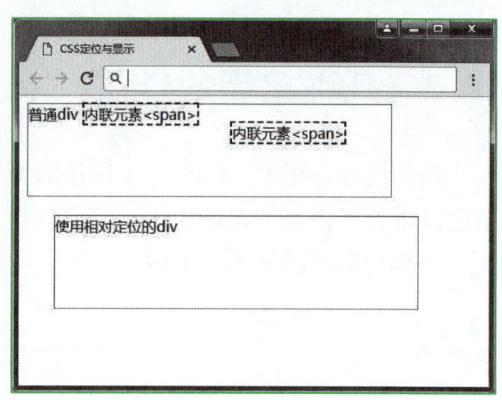

图 14-2

需要注意的是，在使用相对定位时，无论是否进行移动，元素仍然占据原来的空间。因此，移动元素可能会导致它覆盖其他框。

2. 设置为负值

如果将偏移属性的值设置为负值，则会反方向偏移。例如，修改上一个示例中的样式规则如下：

```
body  {
    padding-left:50px;
    padding-top:50px;}
div   {
    width:400px;
    height:100px;
    border:1px solid gray;}
span  {border:2px dashed black;}
.box_relative {
    position: relative;
    left:-30px;
    top:-20px;}
```

此样式规则中，为了便于查看实际效果，设置了页面的内边距。图 14-3 给出了上述代码在浏览器中的显示效果。

由图 14-3 可以看出，如果设置 left 属性为负值，则元素框会向左移动；而设置了 top 属性为负值，元素框会向上移动，从而导致元素的堆叠。

需要注意的是，除非为元素框设置背景色或者背景图像，否则默认情况下，元素框是透明的，如图 14-3 所示。这将会使得重叠的文本难以辨认，可以通过设置元素框的背景色来实现相互覆盖。另外，当相对定位的元素互相重叠时，CSS 规范并没有表明哪个元素应当出现在上方，而且不同的浏览器的处理方式也不尽相同。可以使用将在 14.2.4 节中讲解的堆叠顺序属性来设置重叠元素出现的顺序。

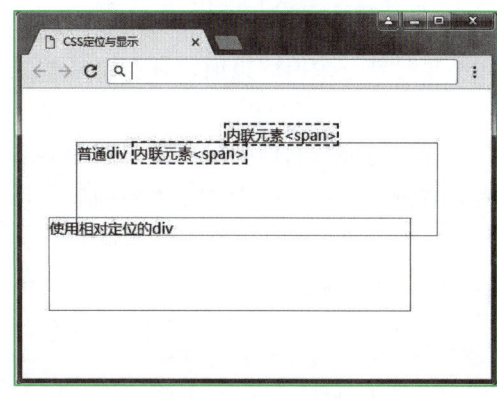

图 14-3

3. 设置 bottom 属性和 right 属性

如果将 bottom 设置为 20 px，那么框将在原位置底部上方 20 像素的地方；如果将 right 设置为 30 像素，那么会在元素右边创建 30 像素的空间，也就是将元素向左移动。例如，修改上一个示例中的样式规则如下：

```
body    {
    padding-left:50px;
    padding-top:50px;}
div     {
    width:400px;
    height:100px;
    border:1px solid gray;}
span    {border:2px dashed black;}
.box_relative {
    position: relative;
    right: 30px;
    bottom: 20px;}
```

此样式规则中，为了便于查看实际效果，也设置了页面的内边距。该样式规则在浏览器中的显示效果和图 14-3 相同。由此可见，设置 right 属性和 bottom 属性的值，如同为 left 属性和 top 属性设置相对应的负值。

在左偏移（left 属性）和右偏移（right 属性）之间只能设置一种偏移；同样，在顶部偏移（top 属性）和底部偏移（bottom 属性）之间也只能选择一种偏移。如果同时指定了左偏移和右偏移，或者同时指定了顶部偏移和底部偏移，则其中一个值必须是另外一个值的负值。例如，可以这样设置：

```
.box_relative {
    position: relative;
    left: 30px;
    right: -30px;
    top:20px;
    bottom:-20px;}
```

如果同时具有左偏移和右偏移，或者同时设置了顶部偏移和底部偏移，且其中一个值并不是另外一个值的负值，则右偏移和底部偏移将被忽略，所以尽量不要如此设置。

4. 设置为百分比

如果将偏移属性的值设置为百分比，则偏移量相对于父元素框的面积进行计算。例如，修改上一个示例中的样式规则如下：

```
div     {
        width:400px;
        height:100px;
        border:1px solid gray;}
span    {border:2px dashed black;}
.box_relative   {
        position: relative;
        left: 7.5%;
        top: 20%;}
```

图 14-4 给出了上述代码在浏览器中的显示效果。

由图 14-4 可以看出，设置了相对定位的第二个 <span> 元素将相对于其父元素的尺寸计算其偏移量。水平偏移量根据父元素的宽度的百分比进行计算，从而向右偏移 30 像素；垂直偏移量根据父元素的高度的百分比进行计算，因此向下偏移 20 像素。

设置了相对定位的第二个 <div> 元素

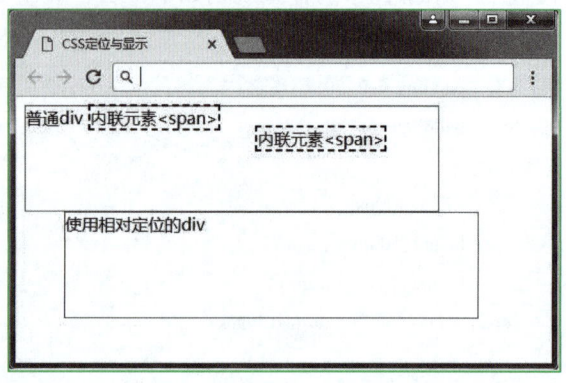

图 14-4

将相对于页面的宽度计算其水平偏移，至于垂直偏移量则没有得到良好的支持。

5. 设置为 auto

偏移属性的值也可以设置为单词 auto，表示由浏览器自行计算偏移量。

对于相对定义元素，如果 top 和 bottom 都是 auto，其计算值则都是 0；如果其中之一为 auto，则取另一个值的相反数；如果二者都不是 auto，bottom 将取 top 值的相反数。

14.2.2 绝对定位

绝对定位是指将元素的内容从普通流中完全移除，并且可以使用偏移属性来固定该元素的位置。

微课视频 066
绝对定位

绝对定位使元素的位置与文档流无关，因此不占据空间，这一点与相对定位不同。相对定位实际上被看作普通流定位模型的一部分，因为元素的位置相对于它在普通流中的位置，而普通流中其他元素的布局和绝对定位的元素无关。

1. 设置绝对定位

如果需要设置元素为绝对定位，则首先需要设置 position 属性的值为 absolute，然后使用 left 属性或者 right 属性设置元素的水平位置；也可以使用 top 属性或者 bottom 属性设置元素的垂直位置。偏移属性的取值和上一节中讲解的相同，可以设置为长度值、百分比、auto 等，还可以设置为负值。例如，定义如下样式规则：

```
div {
    width:400px;
    height:250px;
    border:1px solid gray;
    position: absolute;
    left: 50px;
    top: 50px;}
p {
    height:80px;
    border:2px dashed black;
    background-color:#f0f0f0;}
p.box_absolute {
    position: absolute;
    left: 200px;
    top: -30px;}
```

然后，在页面的主体中添加如下代码：

```
<div>
    <p>没有设置定位机制的段落</p>
    <p class="box_absolute">使用绝对定位的段落</p>
    <p>没有设置定位机制的段落</p>
</div>
```

上述代码在浏览器中的显示效果如图 14-5 所示。

一旦设置元素的定位机制为绝对定位方式，元素框会从文档流中完全删除，元素原先在正常文档流中所占的空间会关闭，就好像元素原来不存在一样。因此，图 14-5 中的第三个段落和第一个段落的位置紧挨在一起，好像第二个段落不存在一样。

使用了绝对定位的元素会相对于其包含块定位。包含块可能是文档中的另一个元素或者是初始包含块。因此，图 14-5 中的第二个段落会根据父元素 <div> 的位置进行定位，向右偏移 200 像素，向上偏移 30 像素（可以设置为负值）。

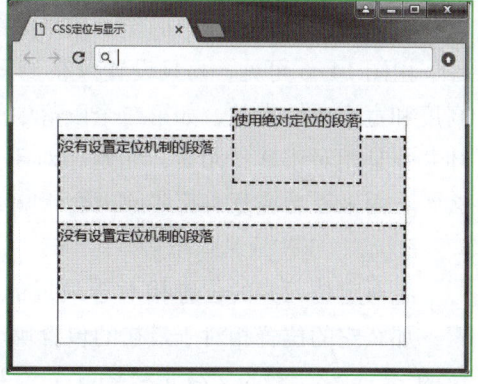

图 14-5

2. 绝对定位的内联元素

元素定位后生成一个块级框，而不论原来它在正常流中生成何种类型的框。因此，一旦设置内联元素为绝对定位以后，可以实现和块级元素相同的定位效果。例如，定义如下样式规则：

```
div  {
    width:400px;
    height:250px;
    border:1px solid gray;
    position: relative;
    left: 50px;
    top: 50px;}
p  {
    height:80px;
    border:2px dashed black;
    background-color:#f0f0f0;}
span  {
    height:40px;
    width:200px;
    border:2px dotted black;
    background-color:gray;}
span.box_absolute  {
    position: absolute;
    left: 20px;
    top: 60px;}
```

然后，在页面的主体中添加如下代码：

```
<div>
    <p>第一个段落<span>内联元素 &lt;span&gt;</span></p>
    <p>第二个段落<span class="box_absolute">第二个段落中绝对定位的内联元素 &lt;span&gt;</span></p>
</div>
```

上述代码在浏览器中的显示效果如图 14-6 所示。

由图 14-6 可见，一旦设置内联元素为绝对定位，则其成为一个块级框，为其设置的高度和宽度属性有效，如第二个段落中的 <span> 元素。但是，此 <span> 元素的绝对位置却并非是相对于其父元素，而是相对于更上一级的包含元素 <div> 进行设置。这是为什么？下面来看看究竟有哪些原因会影响绝对定位元素的位置。

3. 绝对定位元素的位置

绝对定位元素的位置相对于最近的已定位祖先元素，如果元素没有已定位的祖先元素，那么它的位置相对于最初的包含块。这就可以解释图 14-6 中的现象了。因为绝对定位的 <span> 元素的父级元素 <p> 元素并没有设置其定位属性；但是 <p> 元素的父级元素 <div> 设置了定位属性。因此，<span> 元素的位置是相对于元素 <div> 而言的。

为了实现 <span> 元素相对于其父级元素 <p> 元素进行绝对定位，修改段落元素 <p> 的样式规则如下：

```
p  {
    position:relative;
    height:80px;
    border:2px dashed black;
    background-color:#f0f0f0;}
```

图 14-7 给出了修改样式规则后页面在浏览器中的效果。

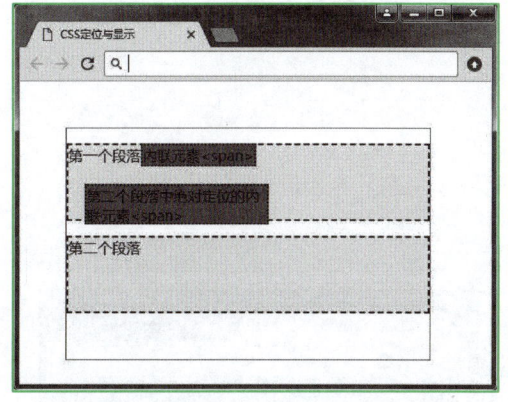

图 14-6

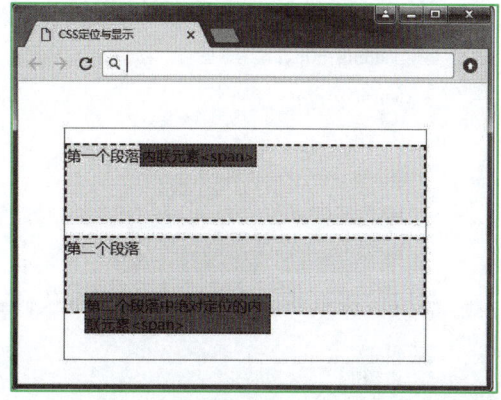

图 14-7

当包含元素 \<p\> 的 position 属性被设置为 relative 后，绝对定位的内联元素 \<span\>则相对于段落进行位置偏移。

另外需要注意的是，因为绝对定位框被排除在普通流之外，所以即使两个垂直框间空白相遇，它们也不会产生折叠。

到这里，对相对定位和绝对定位做个小小的总结。

对于定位的主要问题是要记住每种定位的意义：相对定位是"相对于"元素在文档中的初始位置，而绝对定位是"相对于"最近的已定位祖先元素，如果不存在已定位的祖先元素，那么"相对于"最初的包含块。

14.2.3 固定定位

微课视频 067
固定定位

固定定位是指将元素的内容固定在页面的某个位置。设置元素为固定定位后，元素不仅从普通流中完全移除，而且当用户向下滚动页面时元素框并不随着移动。

固定定位元素的位置与文档流无关，因此也不占据空间。如果需要设置元素为固定定位，则首先需要设置 position 属性的值为 fixed，可定位于相对于浏览器窗口的指定坐标。元素的位置可通过 left、top、right 以及 bottom 这些偏移属性来规定。偏移属性的取值依然和前面小节中讲解的相同。

为了演示固定定位方式，下面模拟一个常见的页面广告的效果。许多网页经常会有一个广告框浮动在页面上，而无论怎么滚动页面，该框的位置仍固定在页面的某个位置。可以用固定定位来模拟此效果。例如，定义如下样式规则：

```
#advertise  {
    position:fixed;
    top:30px;
    left:80px;
    width:30%;
    height:80px;
    border:1px solid gray;
    background-color:#f0f0f0;
    padding:30px;
    font-size:24px;}
p  {
    border:2px dotted black;
    height:100px;
    background-color:pink;}
```

然后，在页面的主体中添加如下代码：

```
<div id="advertise">广告框</div>
<p>段落 1</p>
<p>段落 2</p>
<p>段落 3</p>
<p>段落 4</p>
```

之所以在样式中设置段落的高度为 100 像素，并在页面主体中添加多个段落元素，是为了增加页面的长度以显示滚动的效果。

上述代码在浏览器中的显示效果如图 14-8 所示。

由图 14-8 可见，即使页面已经滚动，但是灰色广告框依然位于固定的位置，且重叠于其他元素之上。

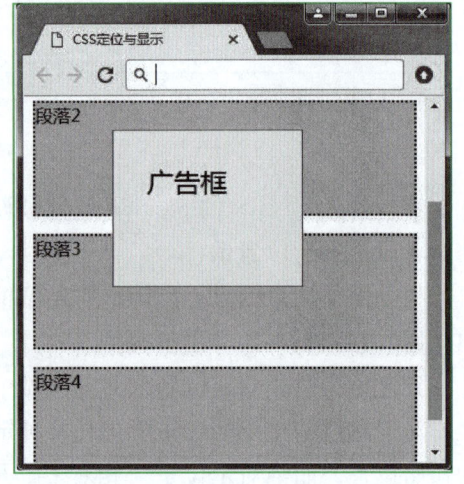

图 14-8

14.2.4 堆叠顺序

在前面的示例中提到过，一旦修改了元素的定位方式，则元素可能会发生堆叠。当发生堆叠时，默认的处理方式是第一个元素位于后面的元素下方，称为堆叠上下文。对于相对定位、绝对定位和固定定位的元素框，可以使用 z-index 属性来修改堆叠上下文以控制元素框出现的重叠顺序。z-index 属性用于设置元素的堆叠顺序。该属性可能的值见表 14-5。

表 14-5 z-index 属性的取值

值	说　　明
auto	堆叠顺序与父元素相等，为默认值
数值	设置元素的堆叠顺序，可以为负值

如果设置 z-index 属性的值为数值，数值越大表示堆叠顺序更高。拥有更高堆叠顺序的元素总是会处于堆叠顺序较低的元素的前面，即元素的显示会接近页面表面。

z-index 属性设置一个定位元素沿 z 轴的位置，z 轴定义为垂直延伸到显示区的轴。如果为正数，则离用户更近，为负数则表示离用户更远。例如，定义如下样式规则：

```
div {
    z-index:100;
    height:100px;
    border:1px solid gray;
    background-color:#f0f0f0;}
p {
    height:80px;
    width:300px;
    border:2px dashed black;
    background-color:white;}
p.first {
    position:relative;
    top:10px;
    left:30px;
    z-index:1;}
p.second {
    position:absolute;
    top:60px;
    left:120px;
    z-index:2;}
#advertise {
    position:fixed;
    z-index:3;
    top:120px;
    left:150px;
    width:100px;
    height:80px;
    border:1px solid gray;
    background-color:#f0f0f0;
    padding:30px;
    font-size:24px;}
```

然后，在页面的主体中添加如下代码：

```
<div>没有设置定位的 &lt;div&gt;</div>
<p class="first">段落1：相对定位</p>
<p class="second">段落2：绝对定位</p>
<div id="advertise">广告框</div>
```

上述代码在浏览器中的显示效果如图 14-9 所示。

由图 14-9 可见，虽然设置了第一个 <div> 元素的 z-index 属性的值为 100，为当前页面上的最大堆叠值，但是因为此 <div> 元素没有设置定位属性，即为普通流模式定位，则堆叠顺序无效，依然显示在最底端；其余设置了定位属性的元素按照其设置的堆叠顺序逐一显示。因为这些元素框都是重叠的，则 z-index 属性的值越大，相应的元素框越接近于顶部（如广告框的 <div> 元素位于最顶端）。

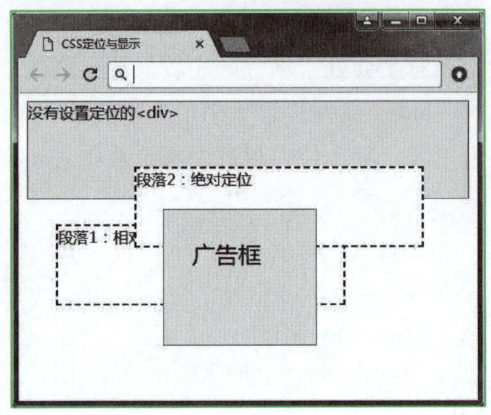

图 14-9

14.2.5 垂直对齐

在前述章节中曾经介绍过 vertical-align 属性在表格中的应用。在表单元格中，这个属性会设置单元格框中的单元格内容的对齐方式。vertical-align 属性除了可以设置单元格中的对齐方式，还可以用于元素的垂直定位，即可以定义行内元素的基线相对于该元素所在行的基线的垂直对齐。vertical-align 属性可能的取值见表 14-6。

微课视频 068
溢出与垂直对齐

表 14-6　vertical-align 属性的取值

值	说　　明
baseline	元素放置在父元素的基线上，为默认值
sub	垂直对齐文本的下标
super	垂直对齐文本的上标
top	把元素的顶端与行中最高元素的顶端对齐
text-top	把元素的顶端与父元素字体的顶端对齐
middle	把此元素放置在父元素的中部
bottom	把元素的底端与行中最低的元素的底端对齐
text-bottom	把元素的底端与父元素字体的底端对齐
长度	设置为长度单位
百分比	使用 "line-height" 属性的百分比值来设置此属性，允许使用负值
inherit	规定应该从父元素继承 vertical-align 属性的值

为了更好地理解这些取值的用法，下面逐一试验它们。例如，定义如下样式规则：

```
div {
    border:1px solid black;
    width:350px;
    height:70px;
    margin-top:10px;
    margin-left:10px;
```

```
            font-size:24px;}
span    {font-size:16px;}
img     {height:60px;}
.baseline    {vertical-align:baseline;}
.sub         {vertical-align:sub;}
.super       {vertical-align:super;}
.top         {vertical-align:top;}
.textTop     {vertical-align:text-top;}
.middle      {vertical-align:middle;}
.bottom      {vertical-align:bottom;}
.textBottom  {vertical-align:text-bottom;}
```

然后,在页面的主体中添加如下代码(其中,省略号的位置填入上面定义的样式类的名称以查看不同值的效果):

```
<div>
    Some text   is <span class="baseline">baseline</span>
    <img class="baseline" src="image/flower.jpg" alt="vote"/>
</div>
<div>
    Some text   is <span class="...">...</span>
    <img class="..." src="image/flower.jpg" alt="vote"/>
</div>
...
<div>
    Some text   is <span class="textBottom">text-ottom</span>
    <img class="textBottom" src="image/flower.jpg" alt="vote"/>
</div>
```

上述代码在浏览器中的显示效果如图 14-10 和图 14-11 所示。

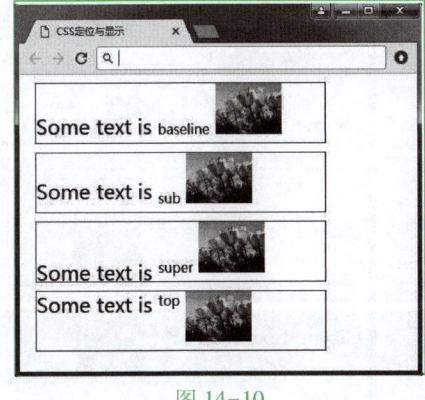
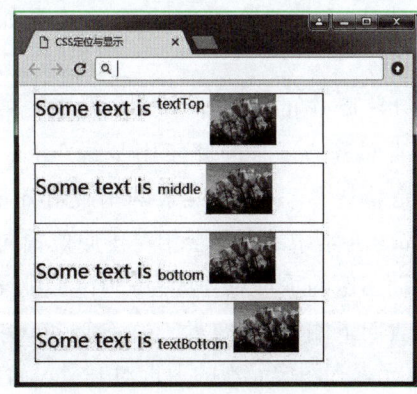

图 14-10   图 14-11

图 14-10 和图 14-11 演示了设置垂直对齐属性的值为各关键字时的效果。还可以为 vertical-align 属性设置为长度或者百分比,甚至可以设置为负值。如果设置了百分比,则

按照 "line-height" 属性的值进行计算。例如，定义如下样式规则（分别使用长度和百分比定义垂直对齐）：

```css
div    {
        border:1px solid black;
        width:400px;
        margin-top:10px;
        margin-left:10px;
        font-size:24px;
        line-height:100px;}
img    {height:60px;}
span.number   {vertical-align:10px;}
img.number    {vertical-align:-30px;}
span.percent  {vertical-align:10%;}
img.percent   {vertical-align:-30%;}
```

然后，在页面的主体中添加如下代码：

```html
<div>
    Some text  is <span>here</span>
    <img src="image/flower.jpg" alt="vote"/>
</div>
<div>
    Some text  is <span class="number">number</span>
    <img class="number" src="image/flower.jpg" alt="vote"/>
</div>
<div>
    Some text  is <span class="percent">percent</span>
    <img class="percent" src="image/flower.jpg" alt="vote"/>
</div>
```

上述代码在浏览器中的显示效果如图 14-12 所示。

图 14-12 中的第 1 个 <div> 元素中的内容没有设置垂直对齐方式，因此使用基线对齐；而第 2 个 <div> 元素中的 <span> 元素的垂直对齐量为 10 px，则 <span> 元素中的文本会相对于原位置向上偏移 10 像素；而图像的垂直对齐量为-30 px，则图像会相对于原位置向下偏移 30 像素。第 3 个 <div> 元素中的 <span> 元素和图像元素的垂直对齐量设置为百分比，则会相对于父元素的 line-height 属性的值进行计算，效果和第 2 个<div> 元素的效果相同。

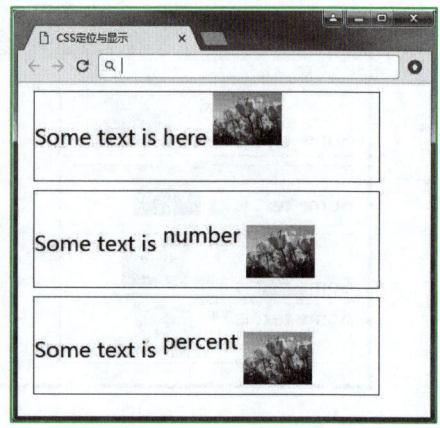

图 14-12

需要注意的是，这些操作可能会导致父元素高度的增加。

14.3 浮动定位

元素的定位方式中除了普通流定位、相对定位、绝对定位以外，还可以设置浮动定位。浮动的作用虽然不完全是定位，但是却经常被用来实现特殊的定位效果。

14.3.1 浮动概述

浮动定位是指将元素排除在普通流之外，并且将它放置在包含框的左边或者右边，但是依旧位于包含框之内。也就是说，浮动的框可以向左或向右移动，直到它的外边缘碰到包含框或另一个浮动框的边框为止。

由于浮动框不在文档的普通流中，所以文档的普通流中的块框表现得就像浮动框不存在一样。为了更好地理解浮动的作用，下面先用一些示意图解释浮动的效果，然后再使用 float 属性来实现这些效果。

首先看图 14-13（a），包含框中有 3 个元素框。如果把框 1 向右浮动，则它脱离文档流并且向右移动，直到它的右边缘碰到包含框的右边缘，如图 14-13（b）所示。

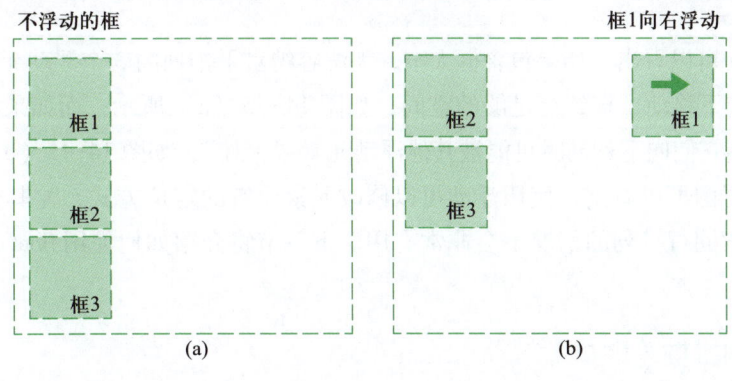

图 14-13

然后，查看图 14-14。

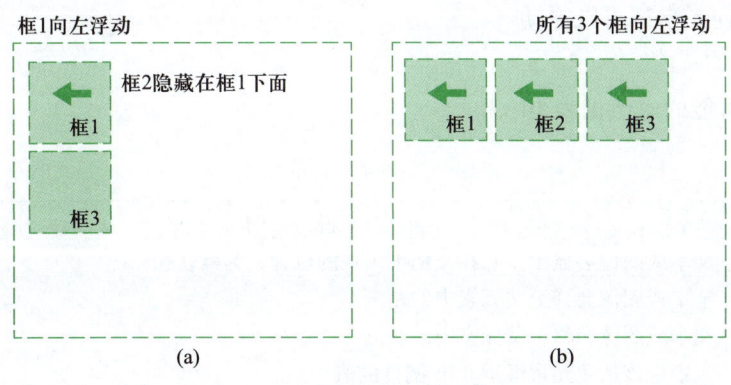

图 14-14

由图 14-14 可以看出，当框 1 向左浮动时，它脱离文档流并且向左移动，直到它的左边缘碰到包含框的左边缘。因为它不再处于文档流中，所以它不占据空间，实际上覆盖住了框 2，使框 2 从视图中消失，如图 14-14（a）所示。

而如果把所有 3 个框都向左移动，那么框 1 向左浮动直到碰到包含框，另外两个框向左浮动直到碰到前一个浮动框，如图 14-14（b）所示。

而如果包含框太窄或者浮动框的高度不同，会出现什么现象呢？查看图 14-15。

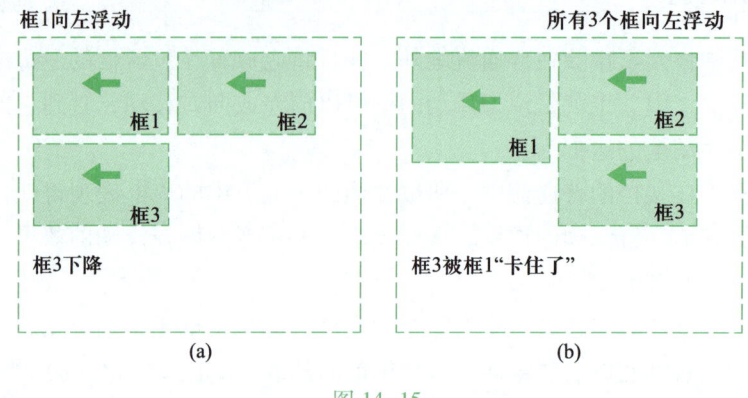

图 14-15

由图 14-15 可以看出，如果包含框太窄，无法容纳水平排列的 3 个浮动元素，那么其他浮动框会自动向下移动，直到有足够的空间，如图 14-15（a）所示；而如果浮动元素的高度不同，那么当它们向下移动时可能被其他浮动元素"卡住"，如图 14-15（b）所示。

由这些示意图可以看出，使用浮动可以修改元素原有的定位方式，尤其在一些需要设置多个块级元素同行排列的情况下会非常有用。下一节将介绍如何使用 float 属性来实现浮动定位效果。

14.3.2 浮动属性（float）

如果需要指示框浮动在包含框的左边或者右边，可以通过 float 属性来实现。float 属性定义元素在哪个方向浮动。以往这个属性总应用于图像，使文本围绕在图像周围，不过在 CSS 中，任何元素都可以浮动。

1. 使用浮动属性

float 属性可能的取值见表 14-7。

表 14-7　float 属性的取值

值	说　　明
none	文本或图像会显示于它在文档中出现的位置，为默认值
left	文本或图像会移至父元素中的左侧
right	文本或图像会移至父元素中的右侧
inherit	规定应该从父元素继承 float 属性的值

例如，定义如下样式规则：

```
div    {
    height:100px;
    background-color:#f0f0f0;
    border:1px solid gray;
    margin:10px 0px 0px 10px;
    font-size:24px;}
div.float    {float:right;}
```

然后，在页面的主体中添加如下代码：

```
<div>框 1</div>
<div class="float">框 2</div>
<div>框 3</div>
```

上述代码在浏览器中的显示效果如图 14-16 所示。

由图 14-16 可以看出，设置框 2 向右浮动后，它会停靠在页面的右边框，而框 3 位于框 2 浮动前的位置，就像框 2 不存在一样。但是因为没有指定元素框的宽度，则浮动框会尽可能的窄，如同框 2 的效果。

因此，指定元素的 float 属性后，最好设置元素的 width 属性，用于指示浮动框占用包含框的宽度。修改 <div> 元素的样式规则，为其加上宽度：

```
div    {
    width:100px;
    height:100px;
    background-color:#f0f0f0;
    border:1px solid gray;
    margin:10px 0px 0px 10px;
    font-size:24px;}
div.float    {float:right;}
```

图 14-17 给出了上述代码在浏览器中的显示效果。

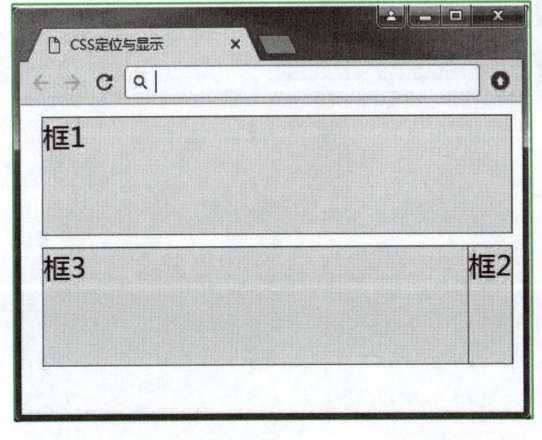

图 14-16

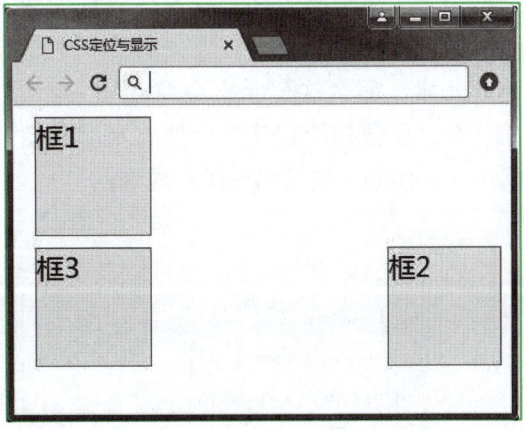

图 14-17

2. 浮动元素的重叠

设置元素为浮动后，可能会导致元素的重叠。例如，定义如下样式规则：

```css
div.float  {
    float:left;
    width:150px;
    height:100px;
    border:1px solid gray;
    background-color:#f0f0f0;}
div.noFloat  {
    width:200px;
    height:120px;
    border:2px dotted black;
    background-color:pink;}
```

为了便于查看元素重叠的效果，这里特意定义了不同大小的 <div> 元素。然后，在页面主体中添加如下代码：

```html
<div class="float"></div>
<div class="noFloat"></div>
<div class="noFloat"></div>
```

上述代码在浏览器中的显示效果如图 14-18 所示。

由图 14-18 可以看出，当框 1 向左浮动时，它脱离文档流并且向左移动。因为它不再处于文档流中，所以它不占据空间，实际上覆盖住了框 2。但是，这种重叠是不能通过设置重叠顺序来调整的。因此，对于浮动元素框，尽量不要产生重叠。

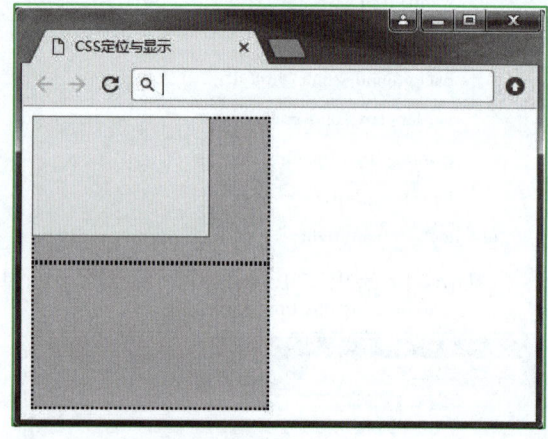

图 14-18

3. 浮动空间

当元素浮动时，首先需要设置框的大小。假如在一行之上只有极少的空间可供浮动元素，那么这个元素会跳至下一行，而这个过程会持续到某一行拥有足够的空间为止。例如，定义如下样式规则：

```css
div  {
    width:400px;
    height:300px;
    border:1px solid gray;
    margin:20px 0px 0px 20px;
    font-size:24px;}
p  {
```

```
              float:left;
              background-color:#f0f0f0;
              border:2px dotted black;}
    p.one      {width:200px;height:150px;}
    p.two      {width:150px;height:80px;}
    p.three    {width:100px;height:50px;}
```

然后，在页面主体中添加如下代码：

```
<div>
    <p class="one">段落 1</p>
    <p class="two">段落 2</p>
    <p class="three">段落 3</p>
</div>
```

上述代码在浏览器中的显示效果如图 14-19 所示。

由图 14-19 可以看出，包含框 <div> 元素太窄，无法容纳水平排列的三个浮动 <p> 元素，那么浮动块会自动向下移动。如果浮动元素的高度不同，那么当它们向下移动时可能被其他浮动元素"卡住"。

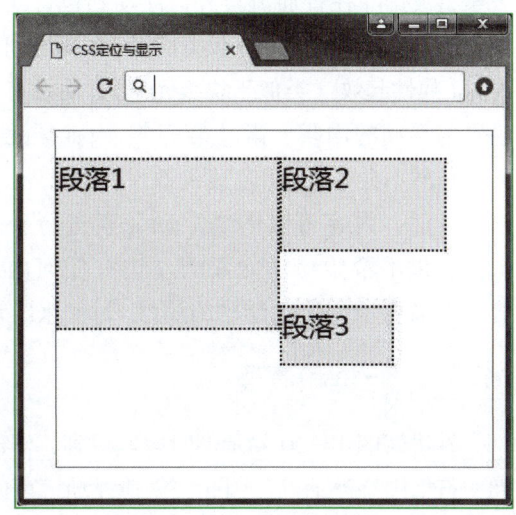

图 14-19

4. 内联元素的浮动

在 CSS 中，任何元素都可以浮动。浮动元素会生成一个块级框，而不论它本身是何种元素。因此，对于内联元素，如果设置为浮动，会产生和块级框相同的效果。例如，定义如下样式规则：

```
p      {height:200px;
        border:1px solid gray;
        margin:20px 0px 0px 20px;
        font-size:24px;}
span   {
        background-color:#f0f0f0;
        border:2px dotted black;
        width:100px;
        height:100px;}
span.float    {float:right;}
```

然后，在页面主体中添加如下代码：

```
<p>This is paragraph. This is paragraph. This is paragraph.
    <span class="float">内联元素框 1</span>
    <span class="float">内联元素框 2</span>
    This is paragraph. This is paragraph. This is paragraph.
```

```
<span>内联元素框 3</span>
</p>
```

上述代码在浏览器中的显示效果如图 14-20 所示。

由图 14-20 可以看出，内联元素浮动后，元素将被排除在普通流之外，浮动到包含元素 <p> 的右边，并且为其设置的 width 属性和 height 属性起效（类似于块级元素）；而没有设置为浮动的内联元素（第三个 <span> 元素）依然不会有高度和宽度的效果。

此时，内容可以围绕浮动元素进行布局。如果不希望浮动元素的左边有任何内容，则需要使用清除浮动的属性 clear 来实现，在下节中将讲解该用法。

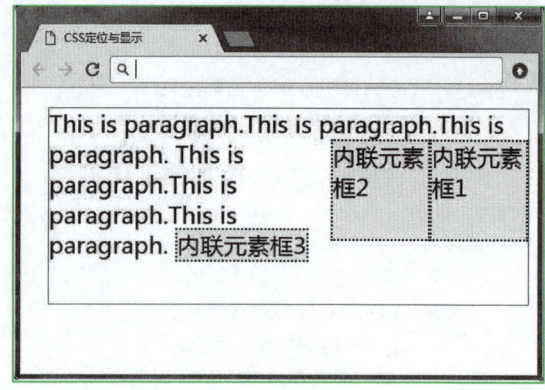

图 14-20

14.3.3 行框和清理

在讲解图 14-20 的示例时曾经提到，浮动框旁边的行框会被缩短，从而给浮动框留出空间，行框围绕浮动框。因此，创建浮动框可以实现类似于文本围绕图像的效果，如图 14-21 所示。

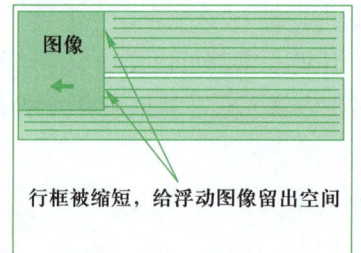

图 14-21

要想阻止行框围绕浮动框，则需要设置行框的某些边不挨着浮动框。为了实现这种效果，可以通过在被清理的元素的上外边距上添加足够的空间，从而使元素的顶边缘垂直下降到浮动框下面，如图 14-22 所示。

这样就可以让周围的元素为浮动元素留出空间。如果要实现如图 14-22 所示的效果，则需要使用 clear 属性。

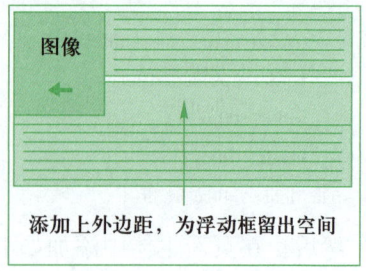

图 14-22

14.3.4 清除浮动（clear）

clear 属性用于设置一个元素的侧面是否允许其他的浮动元素。其可能的取值见表 14-8。

表 14-8 clear 属性的取值

值	说　　明
none	允许浮动元素出现在两侧，为默认值
left	在左侧不允许浮动元素
right	在右侧不允许浮动元素
both	在左右两侧均不允许浮动元素
inherit	规定应该从父元素继承 clear 属性的值

其中，none 值为默认值，不进行清理，即会出现文本围绕的效果；而如果声明为左边或右边清除，表示框的哪些边不应该挨着浮动框，会使元素的上外边框边界刚好在该边上浮动元素的下外边距边界之下。例如，定义如下样式规则（为两个浮动元素框定义不同的高度）：

```
p  {
    height:200px;
    border:1px solid gray;
    margin:20px 0px 0px 20px;
    font-size:24px;}
div  {
    width:100px;
    border:1px solid gray;
    margin:20px 0px 0px 20px;
    font-size:24px;
    background-color:#f0f0f0;}
div.floatLeft  {
    float:left;
    height:150px;}
div.floatRight  {
    float:right;
    height:100px;}
```

然后，在页面主体中添加如下代码：

```
<div class="floatLeft">左侧浮动框</div>
<div class="floatRight">右侧浮动框</div>
<p>This is paragraph. This is paragraph. This is paragraph. This is paragraph. </p>
```

此时，虽然先定义 <div> 元素再添加段落 <p> 元素，但是因为两个 <div> 元素分别设置了向左和向右浮动，则段落 <p> 元素会向上移，且出现文本包围浮动框的效果，如图 14-23 所示。

如果不希望实现图 14-23 所示的文本围绕效果，则可以设置段落元素的 clear 属性。如果需要清除右侧浮动框，则可以设置 clear 属性为值 right，即段落元素的右边不允许有浮动元素。修改样式规则如下：

```
p {
    height:200px;
    border:1px solid gray;
    margin:20px 0px 0px 20px;
    font-size:24px;
    clear:right;
}
```

图 14-24 给出了修改样式规则后的代码在浏览器中的显示效果。

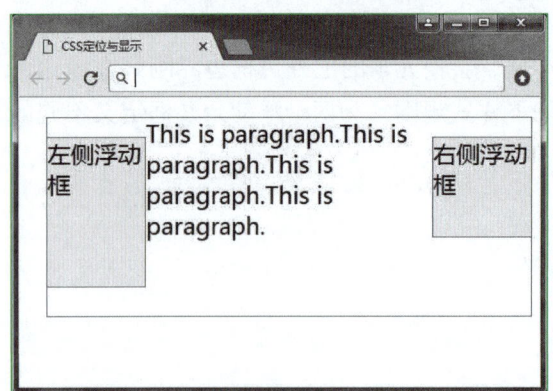

图 14-23

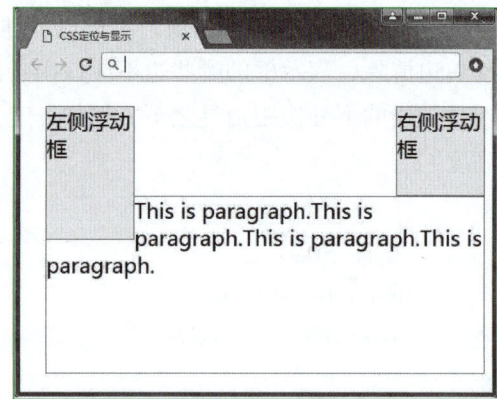

图 14-24

由图 14-24 可以看出，设置了段落的 clear 属性为 right 值以后，为段落元素添加上外边距以实现清除右边浮动框的效果。但是因为左边浮动框的高度大于右边浮动框，左边依然有文本围绕浮动框的效果。

因此，如果需要完全清除文本围绕的效果，则可以设置清除左侧浮动框（左侧浮动框的高度大于右侧浮动框，可以添加足够的上外边距）；或者设置 clear 属性为 both 值。为此，修改样式规则如下：

```
p {
    height:200px;
    border:1px solid gray;
    margin:20px 0px 0px 20px;
    font-size:24px;
    clear:both;
}
```

图 14-25 给出了修改样式规则后的代码在浏览器中的显示效果。

需要注意的是，如果设置了元素的浮动，因为浮动元素脱离了文档流，所以包围该浮动元素的父元素将不再占据空间，除非为父元素设置固定数据的尺寸。

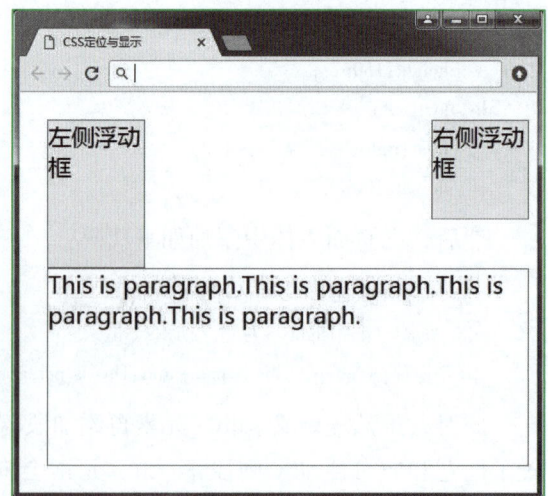

图 14-25

如何在不设置包围元素的尺寸的基础上，让包围元素在视觉上包围浮动元素呢？此时，需要在这个元素中的某个地方应用 clear 属性来清除浮动元素的影响，原理如图 14-26 所示。

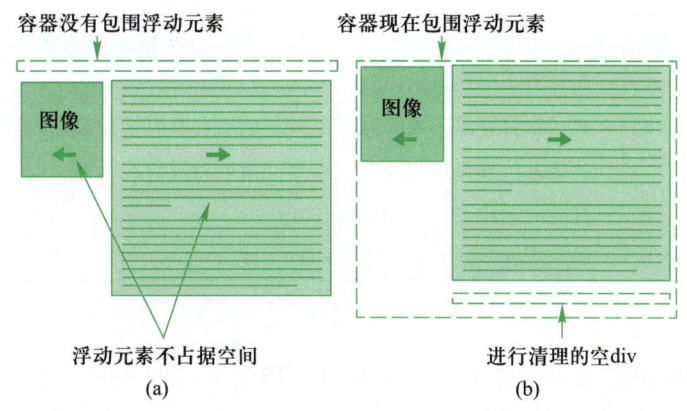

图 14-26

由图 14-26（a）可以看出，由于浮动元素不占据空间，因此容器（虚线所示元素框）并没有包围浮动元素。在不允许为容器设置高度和宽度的限制下（比如并不清楚需要多少尺寸），可以添加一个空元素（任意元素，比如<div>元素）并且为其添加 clear 属性来清理浮动，如图 14-26（b）所示，即加入一个空的<div>元素，进行清理。

14.4 显示

和显示相关的属性见表 14-9。

表 14-9 显示属性

属　　性	说　　明
display	规定元素应该生成的框的类型
visibility	规定元素是否可见
overflow	规定当内容溢出元素框时发生的事情
clip	裁剪绝对定位元素
cursor	规定要显示的光标的类型（形状）

14.4.1 显示方式（display）

现在，读者应该已经对"一切皆为框"这句话有了深刻的理解：页面上所有的元素都可以显示为框。不过，像 <div>和<h1>元素常常被称为块级元素，这意味着这些元素显示为一块内容，即"块框"；与之相反，<span> 和 <i> 等元素被称为"内联元素"或者"行内元素"，这是因为它们的内容显示在行中，即"行内框"。

除了默认的显示效果之外，还可以使用 display 属性来修改元素框的显示方式，即改变生成的框的类型。该属性可能的取值见表 14-10。

表 14-10 display 属性的取值

值	说　　明
none	此元素不会被显示
block	此元素将显示为块级元素（元素前后会带有换行符）
inline	此元素会被显示为内联元素（元素前后没有换行符）
inline-block	行内块元素（CSS2.1 新增的值）
inherit	规定应该从父元素继承 display 属性的值

1. block 值

如果将 display 属性值设置为 block，可以让行内元素（如 <a> 元素）表现得像块级元素一样。例如，定义如下样式规则：

```
a {
    width:100px;
    height:30px;
    border:1px solid gray;
    background-color:#f0f0f0;
    text-align:center;}
a.displayAsBlock  {display:block;}
```

然后，在页面的主体中添加如下代码：

```
<a href="#">链接 1</a><a href="#">链接 2</a><br /><br />
<a href="#" class="displayAsBlock">链接 1</a>
<a href="#" class="displayAsBlock">链接 2</a>
```

上述代码在浏览器中的显示效果如图 14-27 所示。

由图 14-27 可知，设置了 <a> 元素的显示类型为 block 之后，该元素就显示为块级元素的效果，可以定义高度和宽度，且会自动换行。

2. inline 值

如果将 display 属性值设置为 inline，可以让块级元素（如 <p> 元素）表现得像内联元素一样。例如，定义如下样式规则：

```
p {
    width:100px;
    height:50px;
    border:1px solid gray;
    background-color:#f0f0f0;
    text-align:center;}
p.displayAsInline  {display:inline;}
```

然后，在页面的主体中添加如下代码：

```
<p>普通段落</p>
<p class="displayAsInline">段落 1</p>
<p class="displayAsInline">段落 2</p>
```

上述代码在浏览器中的显示效果如图 14-28 所示。

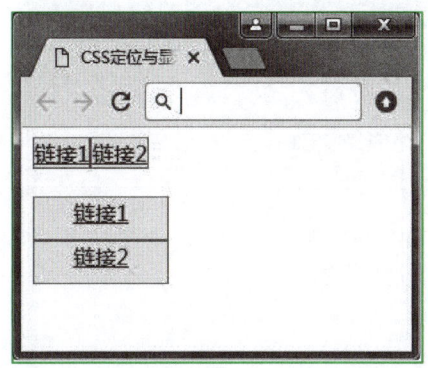

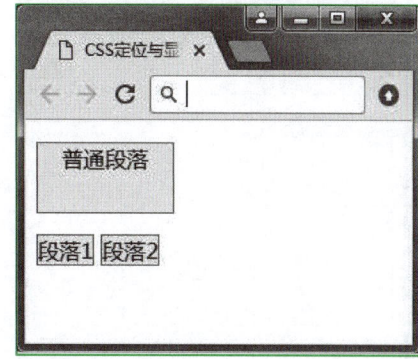

图 14-27　　　　　　　　　　　　　　图 14-28

由图 14-28 可知，设置了 `<p>` 元素的显示类型为 inline 之后，该元素就显示为内联元素的效果，定义的高度和宽度失效，且不会自动换行。

3. inline-block 值

inline-block 值表示行内块元素，是 CSS2.1 新增的值。为了更好地理解此属性值的作用，添加如下样式规则：

```
p.displayAsInlineBlock   {display:inline-block;}
```

然后，在页面的主体中添加如下代码：

```
<p>普通段落 1</p>
<p class="displayAsInline">段落 1</p>
<p class="displayAsInline">段落 2</p><br />
<p class="displayAsInlineBlock">段落 3</p>
<p class="displayAsInlineBlock">段落 4</p>
```

上述代码在浏览器中的显示效果如图 14-29 所示。

由图 14-29 可知，设置了 `<p>` 元素的显示类型为 inline-block 之后，多个段落元素依然显示在同一行，但是在同一行内的段落元素表现的如同块级元素，即可以为其定义高度和宽度，会占据相应的空间（如段落 3 和段落 4）。

4. none 值

可以通过把 display 属性值设置为 none，让生成的元素根本没有框。这样，该框及其所有内容就不再显示，不占用文档中的空间。例如，继续定义如下样式规则：

```
p.noDisplay    {display:none;}
```

然后，在页面的主体中添加如下代码：

```
<p>普通段落 1</p>
<p class="noDisplay">普通段落 2</p>
<p>普通段落 3</p>
```

上述代码在浏览器中的显示效果如图 14-30 所示。

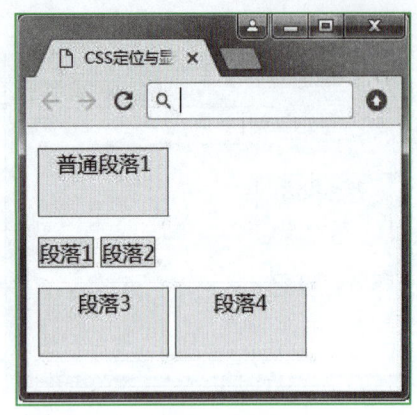

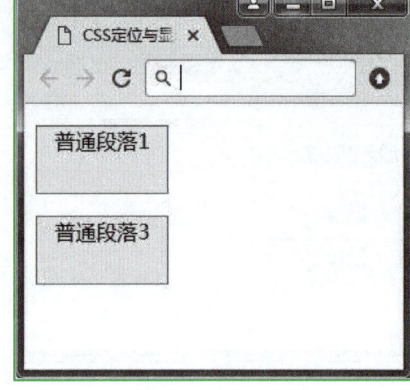

图 14-29   图 14-30

由图 14-30 可知，设置了 <p> 元素的显示类型为 none 之后，该元素就不再显示，且不占用空间，就像没有定义过一样。

由这些示例可以看出，可以使用 display 属性来定义元素生成的显示框类型，从而实现页面布局中的某些特殊显示效果。另外，在实际使用时，经常会使用脚本代码来动态地修改元素的显示方式以实现某些页面的动态效果。

14.4.2 是否可见（visibility）

visibility 属性用于设置元素是否可见，可以使用该属性隐藏元素框，使其不可见。但是，即使不可见的元素也会占据页面上的空间，因此会影响页面的布局。如果需要创建不占据页面空间的不可见元素，则请使用上一节中讲述的 display 属性。

微课视频 071
其他显示相关属性

visibility 属性可能的取值见表 14-11。

表 14-11 visibility 属性的取值

值	说明
visible	元素框可见，将显示元素框和它的内容，为默认值
hidden	元素框及其内容不可见，但是依然占据页面空间
collapse	用于从表布局中删除列或行；如果此值被用在其他的元素上，会呈现为"hidden"
inherit	规定应该从父元素继承 visibility 属性的值

其中，值 visible 为默认值，即显示元素及其内容，如果设置属性值为 hidden，则会隐藏元素及其内容。例如，定义如下样式规则：

```
p         {
    height:100px;
    border:1px solid gray;
    background-color:#f0f0f0;
    font-size:24px;}
span      {background-color:White;}
span.hidden   {visibility:hidden;}
```

然后，在页面主体中添加如下代码：

```
<p>
    段落文本<span class="hidden">隐藏的元素</span><span>显示的元素</span>
</p>
```

上述代码在浏览器中的显示效果如图 14-31 所示。

由图 14-31 可以看出，设置了 visibility 属性值为 hidden 的元素并不显示，但是却依然占据原有的空间，因此，后续的 <span> 元素依旧显示在原来的位置，不会自动向前移动。

因此，visibility 属性常用于隐藏页面的错误提示信息以便仅在用户需要看到这些内容时才显示，或者隐藏测试的答案直到用户选择某个选项之后再显示。

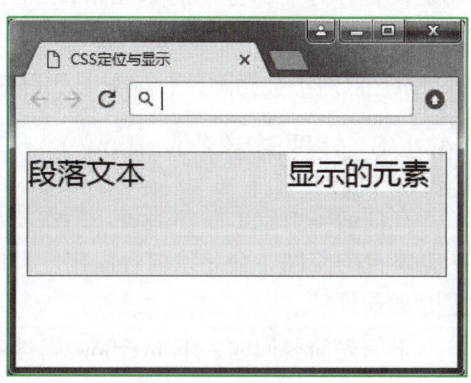

图 14-31

表 14-11 中的值 collapse 仅用于动态的表行和列效果，不能用于其他元素。当在表格元素中使用此值时，此值可删除一行或一列，但是它不会影响表格的布局。被行或列占据的空间会留给其他内容使用。例如，定义如下样式规则：

```
td          {
    width:50px;
    height:30px;
    border:1px solid gray;}
tr.hidden    {visibility:hidden;}
tr.collapse  {visibility:collapse;}
```

然后，在页面主体中添加如下代码：

```
<table>
    <tr><td>第 1 行</td></tr>
    <tr class="hidden"><td>第 2 行</td></tr>
    <tr><td>第 3 行</td></tr>
    <tr class="collapse"><td>第 4 行</td></tr>
    <tr><td>第 5 行</td></tr>
</table>
```

上述代码在浏览器中的显示效果如图 14-32 所示。

由图 14-32 可以看出，设置了 visibility 属性值为 hidden 的表格行虽然不显示，但是却依然占据原有的空间（第 1 行和第 3 行之间有一行的空白距离）；而设置值为 collapse 的表格行不仅不显示，也不占据原有的空间（第 3 行和第 5 行之间没有空白距离），相当于删除了当前行，并不影响其他行的布局。

需要注意的是，此属性除了可以对于表行 <tr> 元素设置，也可以为单元格 <td> 或者 <th> 元素设置。为某一行中的单元格设置此属性时，如果设置某单元格的 visibility 属性值为 collapse，而其他单元格不设置或者设置属性值为 hidden，依然不会删除整行，只是删除单个单元格而已。

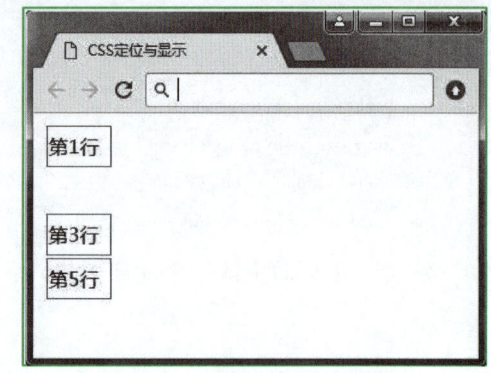

图 14-32

14.4.3 处理溢出（overflow）

在前面章节中已经介绍过，当使用尺寸属性控制框的大小时，如果内容所需的空间大于框本身的空间，会导致内容溢出。此时，可以使用 overflow 属性来控制当内容溢出元素框时如何处理。

下面先简要回顾一下 overflow 属性不同取值的含义。

- visible：内容不会被修剪，会呈现在元素框之外，为默认值。
- hidden：内容会被修剪，并且其余内容是不可见的。
- scroll：内容会被修剪，但是浏览器会显示滚动条以便查看其余的内容。
- auto：如果内容被修剪，则浏览器会显示滚动条以便查看其余的内容。

由此可见，使用 auto 值是最常用的，以便于当内容超出框尺寸时，自动显示滚动条。但是，此属性用于同时控制水平和垂直方向的滚动条。

如果只想显示水平滚动条或者垂直滚动条，则可以使用 CSS3 中定义的用于处理内容溢出的属性 overflow-x 和 overflow-y，分别用于控制不同方向上的内容溢出效果。

1. overflow-x

overflow-x 属性用于设置当对象的内容超过其指定宽度时如何管理内容。该属性可设置的值同 overflow 属性，即可以设置为 visible、auto、hidden 和 scroll。

在页面上添加一个 <div> 元素，包含一个 <img>，并设置 <div> 元素的样式规则如下：

```
div {
    height:200px;
    border:1px solid gray;
    overflow:auto;
    overflow-x:hidden;}
```

图 14-33 给出了上述样式规则在浏览器中的显示效果。

由图 14-33 可以看出，设置了 overflow-x 属性的值为 hidden 以后，会覆盖 overflow 属性为横向滚动条所作的设置，即使屏幕尺寸不足以显示图片，也不会出现横向滚动条。

2. overflow-y

overflow-y 属性用于设置当对象的内容超过其指定高度时如何管理内容。该属性可设置的值同 overflow 属性，即可以设置为 visible、auto、hidden 和 scroll。

修改 \<div\> 元素的样式规则如下：

```
div  {
    height:200px;
    width:400px;
    border:1px solid gray;
    overflow:auto;
    overflow-y:hidden;}
```

图 14-33

图 14-34 给出了上述样式规则在浏览器中的显示效果。

由图 14-34 可以看出，设置了 overflow-y 属性的值为 hidden 以后，即使图像的高度超出了包含元素的高度，也不会显示纵向滚动条。

图 14-34

14.4.4 图像裁剪（clip）

当需要在页面显示一幅图像时，可以使用 \<img\> 元素或者将图像作为某元素的背景。作为背景的图像是不能为其添加链接或者单击事件等功能的，如果需要为图像添加其他操作，则需要使用 \<img\> 元素。

使用 \<img\> 元素显示图像时，默认情况下会按照图像原有的高度和宽度来显示，也可以为\<img\> 元素设置 width 或者 height 属性来缩放图像。除此之外，还有一种特殊情况是需要考虑的：当一幅图像的尺寸大于包含它的元素时会发生什么？

先查看如下样式规则：

```
div  {
    height:200px;
    width:400px;
    padding:5px;
    border:1px solid gray;}
```

然后查看如下代码：

```
<div><img src="image/Tulips.jpg" /></div>
```

图 14-35 给出了上述代码在浏览器中的显示效果。

由图 14-35 可以看出，虽然设置了包含元素的高度和宽度，但是当图片的大小超出包含元素时，会出现内容溢出。此时，可以使用上一节中讲述的 overflow 属性来处理。

除此之外，还可以使用 clip 属性规定图像的可见尺寸，从而将图像修剪并显示为设置的形状和尺寸。

clip 属性用于定义一个裁剪矩形，在这个矩形内的内容才可见。出了这个裁剪区域的内容会根据 overflow 的值来处理。裁剪区域可能比元素的内容区大，也可能比内容区小。该属性可能的值见表 14-12。

图 14-35

表 14-12　clip 属性的取值

值	说　　明
shape	设置元素的形状。合法的形状值是 rect（top，right，bottom，left）
auto	浏览器可设置元素的形状，为默认值
inherit	规定应该从父元素继承 clip 属性的值

其中，auto 为默认值，即不会对图像进行裁剪；使用 rect（top，right，bottom，left）值是指规定图像上的一个矩形区域并显示。以图像的左上角为原点，top 和 bottom 值分别表示矩形的上边框和下边框在垂直方向上的位置；right 和 left 值分别表示矩形的右边框和左边框在水平方向上的位置。

为了更好地理解此属性的用法，定义如下样式规则：

```
img.one {
    position:absolute;
    clip:rect(0px 150px 200px 0px);}
img.two {
    position:absolute;
    clip:rect(0px 400px 200px 200px);}
```

修改页面主体中的代码如下：

```
<div>
    <img class="one" src="image/Tulips.jpg" />
    <img class="two" src="image/Tulips.jpg" />
</div>
```

上述代码在浏览器中的显示效果如图 14-36 所示。

由图 14-36 可以看出，设置了图像的 clip 属性之后，会根据该属性的值对图像进行裁剪。在只需要显示图像的一部分时，此属性会非常有用。

需要注意的是，如果要设置图像的裁剪，必须设置图像的定位机制为绝对定位方式，否则 clip 属性失效。

图 14-36

14.4.5 光标（cursor）

默认情况下，光标会根据用户的操作发生改变。比如，当鼠标悬停在一个链接上时，光标将从指针形状变为手状形状；而当鼠标悬停在一个按钮上时，光标会显示为箭头。

可以使用 cursor 属性指定显示给用户的鼠标光标类型（形状）。比如，当一个图像可以被单击，甚至可以作为表单上的提交按钮时，则可以使用此属性修改光标的形状为手状，这样可以为用户提供一种可视化的暗示，提示他们可以单击该图像。

cursor 属性可能的取值见表 14-13。

表 14-13 cursor 属性的取值

值	说 明
auto	由浏览器设置的光标，为默认值（遇到文本时显示 I 形状，遇到链接时显示手状等）
default	默认光标（通常是一个箭头）
pointer	光标呈现为指示链接的指针（一只手）
crosshair	光标呈现为十字线
move	显示为握着的手，此光标指示某对象被移动
text	显示竖线 I，表示文本
wait	此光标指示程序正忙（通常是一只表或沙漏）
help	此光标指示可用的帮助（通常是一个问号或一个气球）
url	需使用的自定义光标的 URL
e-resize	此光标指示矩形框的边缘可被向右（东）移动
ne-resize	此光标指示矩形框的边缘可被向上及向右移动（北/东）
nw-resize	此光标指示矩形框的边缘可被向上及向左移动（北/西）
n-resize	此光标指示矩形框的边缘可被向上（北）移动
se-resize	此光标指示矩形框的边缘可被向下及向右移动（南/东）
sw-resize	此光标指示矩形框的边缘可被向下及向左移动（南/西）
s-resize	此光标指示矩形框的边缘可被向下移动（北/西）
w-resize	此光标指示矩形框的边缘可被向左移动（西）

其中，auto 值表示由浏览器自动根据元素类型设置光标形状，而 default、pointer、crosshair、move、text、wait 和 help 都容易理解，不再赘述。

url 值是指可以为元素定义一个自定义的图标作为光标形状，只是使用 url 时，最好在列表的末端始终定义一种普通的光标。这样，当没有由 URL 定义的可用光标时，还可以替代显示普通光标。例如，可以这样定义：

```
div.definedCursor  {cursor:url(image/s1.cur) default;}
```

14.4.6 透明度（opacity）

CSS3 提供了 opacity 属性，用于设置元素的透明度。在默认情况下，元素是不透明的，可能需要调节元素的透明度来实现某些特定的效果，比如模糊的遮罩层。

opacity 属性的取值为 0.0（完全透明）~1.0（完全不透明）的数值，默认为 1，即完全不透明。如果对某个对象设置了 opacity 透明度属性的时候，其子集元素也会有透明度效果。设置了透明度的元素，究竟如何表现呢？先查看如下样式规则：

```
p {border:1px solid black;}
#p1 {opacity:0;}
#p2 {opacity:0.5;}
#p3 {opacity:1;}
```

然后查看如下代码：

```
<p id="p1">段落,opacity 值为 0</p>
<p id="p2">段落,opacity 值为 0.5</p>
<p id="p3">段落,opacity 值为 1</p>
```

图 14-37 给出了上述代码在浏览器中的显示效果。

由图 14-37 可以看出，设置了透明度为 1 的元素，正常显示，如图中的第三个段落所示；设置了透明度为 0.5 的元素，会有模糊显示的效果；而设置透明度为 0 的元素，则完全不显示（此时，元素依然位于页面上，只是完全透明而已）。

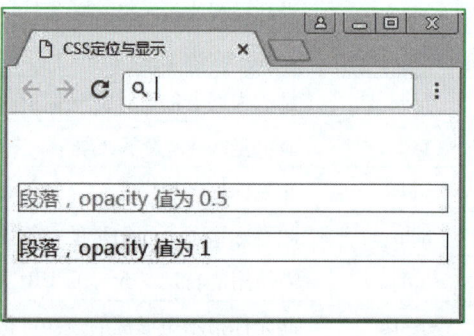

图 14-37

14.5 案例：CSS 定位与显示

微课视频 072

案例：CSS 定位与显示

14.5.1 案例描述

本实例中，需要创建一个两级的网页菜单。页面初始化时，只显示第一级菜单，网页效果如图 14-38 所示。

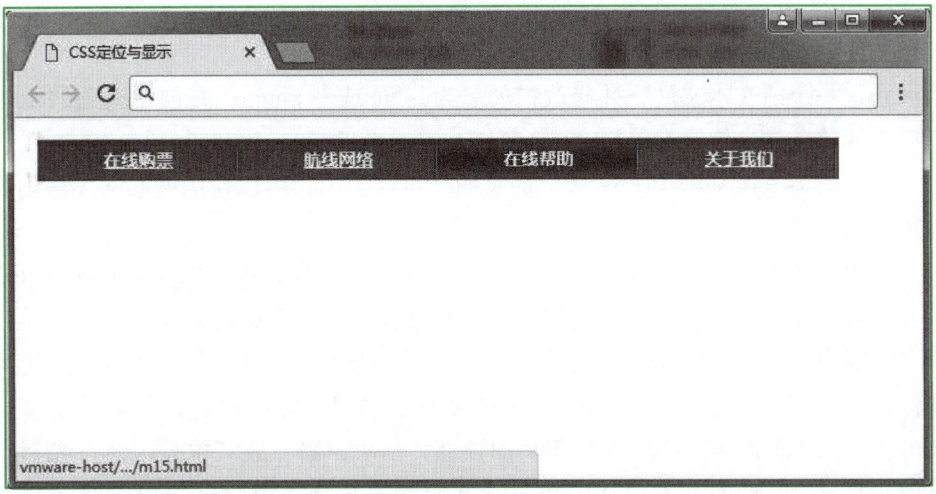

图 14-38

当鼠标悬浮在某菜单项上，会修改菜单项的背景图片，且会出现当前菜单项的下级菜单，页面效果如图 14-39 所示。图中显示了每个一级菜单下的二级菜单项目，且鼠标悬浮在二级菜单项时，会修改菜单项的背景色。

该页面需要使用的两个背景图像文件如图 14-40 所示。

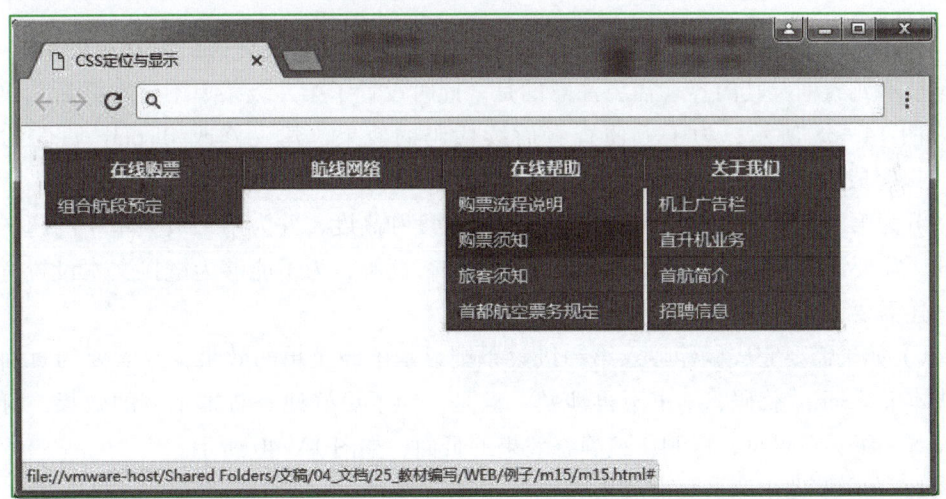

图 14-39

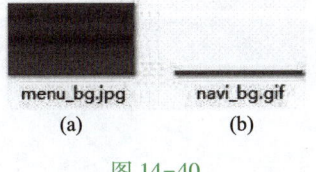

图 14-40

14.5.2 案例分析

实现上述案例的步骤如下:

(1) 新建一个纯文本文件,并修改扩展名为 .htm 或者 .html,并创建文档的结构(版本信息、头部信息和主体元素等)。

(2) 分析图 14-38 和图 14-39 所示的页面,可以看出,可以使用嵌套的无序列表来实现二级菜单的创建。

(3) 创建外部样式表文件 MyStyleSheet.css,用来添加样式规则以控制页面的外观。

(4) 为页面设置统一的字体样式和大小,并设置列表和列表项没有边距。

(5) 需要为包含列表的 <div> 元素定义样式,这里使用元素 id 选择器,然后为此元素定义样式(设置背景色、字体颜色等)。需要注意的是,需要设置该元素的定位方式为绝对定位,是因为页面菜单一般都位于页面顶部;其次,当二级菜单显示时,必然会与页面的其他元素重叠,此时,需要让菜单显示在页面最顶部,因此设置了绝对定位方式以后,还需要设置元素的堆叠顺序。

(6) 定义第一级菜单项的样式,需要设置菜单项向左浮动,并为第一级菜单项中的超链接定义样式。为了使得超链接能够填充整个列表项 <li> 元素并居中排列,需要设置它显示为块级元素,并设置其背景图像。

(7) 当鼠标悬浮第一级菜单项时,需要改变背景图像,且不显示链接文本的下画线。

(8) 第二级菜单在默认情况下并不显示,因此设置用于嵌套第二级菜单的所有 <ul> 元素不显示元素框及其内容(需要注意的是,此时设置了第二级菜单不显示之后,页面效果会如图 14-38 所示;为了方便查看后续代码的效果,建议修改 display 属性的值为 block,以完成图 14-39 所演示的页面效果)。

(9) 为第二级菜单项定义样式,需要设置宽度和高度,并为第二级菜单中的超链接设置样式,需要设置下边框、背景色、文本缩进和行高等,为了能够为链接文本设置宽度和高度,还需要设置为块级元素显示。

(10) 如果需要完成鼠标移入第一级菜单则显示下级菜单的效果,则需要为页面元素添加脚本 javaScript 代码,本书不再涉及。但是,为了更好地查看本示例的效果,可以先暂时设置二级菜单可见,以制作纯静态效果的页面,如图 14-40 所示。

(11) 在浏览器中测试页面效果。

14.5.3 案例实现

(X) HTML 文档的代码如下:

<!DOCTYPE html>
<html>
    <head>
        <title>CSS 定位与显示</title>

```html
        <link href="MyStyleSheet.css" type="text/css" rel="Stylesheet" />
    </head>
    <body>
        <div id="menu">
            <ul>
                <li>
                    <a href="#">在线购票</a>
                    <ul>
                        <li><a href="#">组合航段预定</a></li>
                    </ul>
                </li>
                <li>
                    <a href="#" target="_blank">航线网络</a>
                </li>
                <li>
                    <a href="#">在线帮助</a>
                    <ul>
                        <li><a href="#">购票流程说明</a></li>
                        <li><a href="#">购票须知</a></li>
                        <li><a href="#">旅客须知</a></li>
                        <li><a href="#" target="_blank">首都航空票务规定</a></li>
                    </ul>
                </li>
                <li>
                    <a href="#">关于我们</a>
                    <ul>
                        <li><a href="#">机上广告栏</a></li>
                        <li><a href="#">直升机业务</a></li>
                        <li><a href="#">首航简介</a></li>
                        <li><a href="#">招聘信息</a></li>
                    </ul>
                </li>
            </ul>
        </div>
    </body>
</html>
```

外部样式表 MyStyleSheet.css 文件中的代码如下：

```css
body {
    padding: 10px;
    font-family: "microsoft yahei", arial, "宋体";
```

```css
    font-size:14px;}
ul,li
{
    margin:0px;
    padding:0px;
    list-style-type:none;}
#menu
{
    position:absolute;
    height:30px;
    z-index:50;
    padding:0px;
    background: url(image/navi_bg.gif);
    border:1px solid transparent;
    color: #ffffff;}


#menu>ul>li {
    width:161px;
    float:left;
}
#menu>ul>li>a {
    text-align: center;
    line-height:30px;
    width:161px;
    display: block;
    height:30px;
    font-weight: bold;
    background: url(image/menu_bg.jpg) no-repeat left bottom;
    color: #ffffff;
}
#menu>ul>li>a:hover {
    background: url(image/menu_bg.jpg) no-repeat left top;
    text-decoration: none;
}
#menu>ul>li>ul   {}
#menu ul li   ul li {
    width:158px;
    height:28px;
}
#menu ul li ul li a {
    border-bottom:2px solid #c00;
```

```
    color：#ffffff；
    text-indent：10px；
    display：block；
    width：158px；
    background：#e91b25；
    font-weight：normal；
    line-height：27px；
    text-decoration：none；
}
#menu ul li ul li a:hover {
    background：#c00；
}
```

14.6 本章小结

第 13 章介绍了如何使用表格创建页面布局并控制页面中内容的位置。事实上，在 CSS 出现之前，通常都使用表格来完成页面布局的任务，这将无法真正实现样式独立于内容，而且复杂的表格嵌套会降低页面的显示速度。

CSS 为定位和浮动提供了一些属性。利用这些属性，可以建立列式布局，将布局的一部分与另一部分重叠，还可以完成多年来通常需要使用多个表格才能完成的任务。

定位的基本思想很简单，它允许用户定义元素框相对于其正常位置应该出现的位置，或者相对于父元素、另一个元素甚至浏览器窗口本身的位置。

本章主要介绍了 CSS 中的 3 种主要定位方式：流定位（包括普通流定位和相对定位）、绝对定位（包括固定定位和绝对定位）、浮动定位。这些是控制文档内容显示位置的强大工具。它们完成了将样式独立于内容的功能，因为不需要使用表来控制文档的布局。

实现流定位和绝对定位时，需要使用属性 position 和框偏移属性；如果元素框出现了重叠，则可以使用 z-index 属性定义元素框的堆叠顺序。实现浮动定位时，需要使用 float 属性和 clear 属性。

除了可以设置元素的定位，还可以设置元素的显示机制。可以用 display 属性设置元素框的显示方式，用 visibility 属性设置元素是否可见。当内容超出包含元素的尺寸时，可以使用 overflow 属性来处理溢出。对于绝对定位的图像元素，可以使用 clip 属性实现裁减。最后，还可以使用 cursor 属性定义光标的形状，以及使用 opacity 属性定义元素的透明度。

郑重声明

高等教育出版社依法对本书享有专有出版权。任何未经许可的复制、销售行为均违反《中华人民共和国著作权法》，其行为人将承担相应的民事责任和行政责任；构成犯罪的，将被依法追究刑事责任。为了维护市场秩序，保护读者的合法权益，避免读者误用盗版书造成不良后果，我社将配合行政执法部门和司法机关对违法犯罪的单位和个人进行严厉打击。社会各界人士如发现上述侵权行为，希望及时举报，本社将奖励举报有功人员。

反盗版举报电话　（010）58581999　58582371　58582488
反盗版举报传真　（010）82086060
反盗版举报邮箱　dd@hep.com.cn
通信地址　北京市西城区德外大街4号
　　　　　高等教育出版社法律事务与版权管理部
邮政编码　100120

资源服务提示

欢迎访问职业教育数字化学习中心——"智慧职教"（http://www.icvc.com.cn），以前未在本网站注册的用户，请先注册。用户登录后，在首页或"课程"频道搜索本书对应课程"Web前端开发"进行在线学习。用户也可以在"智慧职教"首页下载"智慧职教"移动客户端，通过该客户端进行在线学习。